Der maschinelle Wasserbau

Von Dr.-Ing. Günter Kühn
em. o. Professor an der Universität Karlsruhe (TH)

Mit 494 Abbildungen und 48 Tafeln

 B. G. Teubner Stuttgart 1997

Die Deutsche Bibliothek – CIP-Einheitsaufnahme

Kühn, Günter:
Der maschinelle Wasserbau / von Günter Kühn.
Stuttgart: Teubner, 1997
   ISBN 3-519-05259-8

© B. G. Teubner Stuttgart 1997

Printed in Germany

Gesamtherstellung: Wilhelm Röck GmbH, Weinsberg
Einbandgestaltung: Peter Pfitz, Stuttgart

Vorwort

Nach dem „Maschinellen Erdbau" und dem „Maschinellen Tiefbau" erscheint nun als 3. Band der Maschinen-Trilogie der „Maschinelle Wasserbau". Wie bei den beiden vorausgegangenen Bänden bilden auch hier die Vorlesungen für Bauingenieur-Studenten die Grundlage der stofflichen Auslegung und damit die Frage: Was muß der Student vom Wasserbau wissen, um sich in diesem riesigen Gebiet einigermaßen zurecht zu finden, – und das alles begrenzt auf den Umfang eines Lehrbuches.

Das vorliegende Buch ist kein „Buch über den Wasserbau", sondern nur eine Darstellung seiner maschinellen Komponente. Wie in den anderen Teilgebieten des Bauingenieurwesens greift auch hier die Maschine immer mehr in das Geschehen auf der Baustelle ein, und es sind meist wenige, aber besonders teure Maschinen, die die Arbeit machen.

Das Buch will einen Querschnitt geben und die Palette der maschinellen Möglichkeiten darstellen, die dem Wasserbau zur Verfügung stehen – samt der Lösung der Probleme, die dabei auftreten.

Eines gilt zu bedenken: Der Stoffumfang ist enorm, aber die Platzmöglichkeiten für die Darstellung in Buchform sind bescheiden. Immer wieder steht man vor der Frage: Was gehört zum Basiswissen, – und dabei fällt dann vieles unter den Tisch, was man noch gern angesprochen hätte. Es muß bei einer Darstellung der grundlegenden „Philosophie" bleiben, und alles, was darüber hinausgeht, kann nur durch die Literaturhinweise abgedeckt werden. Aber auch dabei stößt man sehr schnell wieder an Grenzen.

Dieses Buch soll ein „Vademecum" sein, das den Anfänger beim Vordringen in dieses Stoffgebiet begleitet und den Leser bei der Hand nimmt, um ihm Schritt für Schritt zu zeigen: So ist es, – und das und das spielt dabei eine wichtige Rolle! Für den Wasserbau gilt im besonderen: Die Baumaschine – dein Freund, dein Helfer! Und zum modernen Wasserbau gehört, daß man sich auch mit den Maschinen auskennt. Das „Bauen mit Maschinen" ist auch hier das Leitthema. –

Zu danken ist zunächst den Werften und Bau- und Baumaschinenfirmen für die wertvolle Unterstützung mit Informations- und Anschauungsmaterial. Manches Bild und manche Zeichnung wurden aus dem Archiv vergangener Zeiten hervorgeholt, weil sie einen hohen Informationsgehalt enthielten und dabei in der Darstellung einfach „schön" sind oder mit wenigen Strichen und Zahlen die Geheimnisse so manches maschinellen Vorganges offenbaren, deren geschriebene Darstellung sonst Seiten gefüllt hätte. Und es sei auch nicht verschwiegen, daß es dem Autor oft schwer gefallen ist, sich von manchem Bild zu trennen, nur weil der Umfang der Illustration den Rahmen gesprengt hätte.

Zu danken habe ich meinem Assistenten, Herrn Gube, der schon beim 2. Band mitgewirkt hat und auch diesmal wieder dafür sorgte, daß Text, Bilder und Tabellen den richtigen Schliff bekamen.

Besonders danken möchte ich dem Chef des B. G. Teubner-Verlages, Herrn Krämer, der auch hier die Anregung zu diesem Buch gegeben hat, und der nicht nur als „Kapitän auf großer Fahrt" auf der Kommandobrücke des Verlagsschiffes stand und den Kurs bestimmte, sondern noch bis ins kleinste Detail mit Zielvorgabe und Kurskorrekturen die „Schiffe" seiner Autoren auf dem weiten Meer der Möglichkeiten erfolgreich zu lenken verstand.

Und da ist schließlich die Herstellerin des Buches, Frau Opitz, die nicht nur – um bei dem Vergleich mit der Seefahrt zu bleiben – an der „Maschine" stand und für den nötigen Dampfdruck im Kessel sorgte, damit das Schiff in Fahrt blieb, sondern sich auch mit geschickter Hand viel Mühe gab, daß es ein schönes und damit elegantes schnelles Schiff wurde.

Karlsruhe, Herbst 1996   G. Kühn

Inhalt

Hinweise auf DIN-Normen in diesem Werk entsprechen dem Stand der Normung bei Abschluß des Manuskriptes. Maßgebend sind die jeweils neuesten Ausgaben der Normblätter des DIN Deutsches Institut für Normung e.V. im Format A4, die durch die Beuth-Verlag GmbH, Berlin und Köln, zu beziehen sind. – Sinngemäß gilt das gleiche für alle in diesem Buche angezogenen amtlichen Richtlinien, Bestimmungen, Verordnungen usw.

Vorbemerkungen

Ein paar Worte seien vorausgeschickt, um den Aufbau des Buches besser zu verstehen. Es zeichnet sich aus durch viele Bilder und einen teilweise recht ausführlichen Text. Warum das?

Erste Zielgruppe waren die Studenten. Abgesehen davon, daß wir alle „Studenten" sind – man denke nur an das „lebenslange Lernen" – ging es darum, einen ungewöhnlich interessanten und faszinierenden technischen Stoff im Rahmen eines Lehrbuches darzustellen. Und was eignet sich dazu besser als Bilder? Mit ihnen kann man am besten das Atmosphärische der gesamten Thematik schildern und viele Worte sparen.

Und wenn trotzdem hier und da auf textliche Breite nicht verzichtet wurde, so resultiert das daher, daß Vorlesungen mit Nachfragen seitens der Zuhörer verbunden sind und diese am besten erkennen lassen, wo Unklarheiten bestehen. Abgesehen davon stellt das gesprochene Wort die verbindende „Philosophie" zum Verständnis der Bilder dar.

Schließlich sollen die Zuhörer nicht nur die Fakten in sich aufnehmen, sondern auch verstehen können, wie alles zusammenhängt und warum es so ist. Die vielen Rückfragen aus dem Zuhörerkreis haben immer wieder neue Verständnisprobleme aufgezeigt – vor allem bei den Themenbereichen der Gemischförderung und der Pumpenhydraulik.

Eine zweite Zielgruppe findet das Buch in den „alten Hasen". Sie mögen staunen darüber, wie facettenreich und faszinierend die Welt des Bauens – hier speziell in der Verknüpfung des Wasserbaus mit den Maschinen – ist. Und vielleicht kann es hier und da auch Anregungen geben für manches noch zu lösende (und in ähnlicher Weise schon früher gelöste) Problem.

Auf eines sei am Schluß noch hingewiesen: Der Inhalt des Buches orientiert sich an dem heutigen Stand der Technik, nicht an dem, was (vielleicht) morgen sein wird. „Heute" wird dabei interpretiert als der Baubetrieb, wie er heute praktisch betrieben wird, d. h. mit Geräten, die sich bewährt haben und die dem Stadium der „Versuchskaninchen" längst entwachsen sind. Zu leichtsinnig geht man heute mit Begriffen wie „neu" oder „revolutionär" um. Das sind Prädikate, mit denen der Praktiker nichts anfangen kann. Was den „alten Hasen" interessiert, muß sich in der Vergangenheit bewährt haben, muß zuverlässig und robust sein, und dieser Erfahrungsstand ist es, der den Praktikern von morgen – den Studenten von heute – vermittelt werden soll.

0 Überblick

Der Inhalt des Buches folgt der gedanklichen Entwicklung zur Lösung einer Bauaufgabe – und zwar weit ausholend etwa bei der „Stunde Null", wie sie sich für Studenten darbietet, die erstmals etwas über den Wasserbau – hier genauer: Über die Rolle der Maschinen – hören und in verschiedenen Vorgehensstufen hingeführt werden sollen zu der Ausarbeitung einer kompletten Lösung für den maschinellen Einsatz bei einer Bauaufgabe. Diese gedankliche Entwicklung ist in Bild 0.1 dargestellt. Sie vollzieht sich in einer Haupt- und zwei Nebenlinien:

Die „Kernlinie" ist ganz mit dem Maschinenwesen angefüllt und verdichtet sich, beginnend mit dem Wesen des Wasserbaus und der Struktur seiner technischen Ausprägung über die maschinellen Möglichkeiten hin bis zu den Maschinen und Geräten – dem Schwerpunktkapitel – und den Spezialgeräten bis zu deren Einsatz. Dieses letzte Kapitel am Ziel der Entwicklung zeigt an markanten Beispielen mit hoher „maschineller Dichte", wie maschineller Wasserbau in der Praxis abläuft.

Die erste der beiden Nebenlinien mit ihren Kapiteln Problemlösungsmethoden, Bodenerkundung und Verfahrenstechnik schafft gewissermaßen die Voraussetzungen für die Lösungsfindung und ist als Hilfe für die generelle Lösung zu betrachten. Die zweite Nebenlinie mit den Kapiteln Arbeitstechnik, hydraulischer Feststofftransport und praktischer Einsatz zielt auf die bessere Handhabung der Naßbaggerei und soll helfen, den Maschineneinsatz besser in den Griff zu bekommen.

Die stoffliche Entfaltung beginnt also mit einer Betrachtung über das Wesen des Wasserbaus: Warum geht es dabei, welchen Stellenwert haben die Verfahrensschritte, welche Bodenverhältnisse sind gegeben, welche verfahrenstechnischen Grundoperationen sind beteiligt, welche Möglichkeiten und welche konkreten Gerätekonstruktionen stehen zur Debatte, wie arbeitet die Maschine, was geht überhaupt beim hydraulischen Feststofftransport vor – bis hin zu einigen markanten Einsätzen – also dem Spiel mit „großem Orchester", und schließt mit verschiedenen Rechenbeispielen, so weit sich die Phänomene überhaupt rechnerisch in den Griff bekommen lassen.

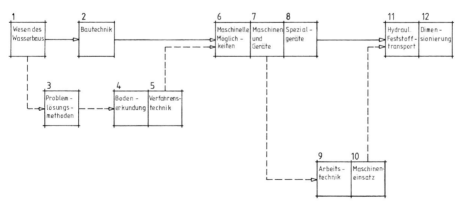

0.1   Gedankliche Entwicklung des Inhaltes

0.2　Typischer Maschineneinsatz im Seehafenbau

Das Wesen des Wasserbaus ist geprägt durch den Umgang mit Wasser – sowohl in der Umgebung der Baustelle wie zum Transport von Boden und Fels (Bild **0.**2). Aufstellungen über die Art der Bauwerke, der Bauteile und Bauelemente sollen helfen, erste Vorstellungen für die Bestandteile einer technischen Lösung zu bilden.

Von besonderer Wichtigkeit sind die Bodenuntersuchungen, ist dieser Boden doch meist unsichtbar unter der Wasseroberfläche verborgen, aber seine Kenntnis dennoch notwendig für alle kräfte- und leistungsmäßigen Überlegungen.

Das Spiel mit den verfahrenstechnischen Grundoperationen leitet hin zu einer ersten Konstruktion des Lösungsweges, und die maschinellen Möglichkeiten geben dann eine Vorstellung von der maschinentechnischen Machbarkeit.

Die ausführlichen Kapitel 7 und 8 befassen sich mit der technischen Ausprägung der Maschinen. Die Arbeitstechnik soll eine Vorstellung geben von dem richtigen Umgang mit den Maschinen auf der Baustelle, – wie man sie einsetzt und wie die dabei auftretenden Schwierigkeiten zu überwinden sind.

Von großer Wichtigkeit ist der „internistische Blick" für das Innenleben der beteiligten Maschinen und ihr Mitwirken im hydraulischen Fördersystem, wobei dem Wasser die „tragende Rolle" zukommt und dieses Wasser nicht nur angesaugt, sondern auch dazu gebracht werden muß, seine Aufgabe als Trägerflüssigkeit für die Feststoffteile im Fördersystem möglichst erfolgreich zu übernehmen. Ein Beispiel soll das verdeutlichen: Der mit Abstand wichtigste Arbeitsprozeß im maschinellen Wasserbau ist die Naßbaggerei oder konkreter: die sogenannte „Gemischförderung", d. h. die Bodenbewegung im Nassen – mit Hilfe des Wasserstromes. Man kann das Ganze in wenigen Bildern vergleichen etwa mit der Darstellungsweise des Anatomie-Atlasses, der, beginnend mit der „Oberfläche" des Menschen, Schicht für Schicht bis zum Knochengerüst vordringt.

0.3 Schneidkopfsaugbagger bei der Landvorspülung [202]

Bei der Naßbaggerei sieht das dann so aus: Aus der Luft betrachtet (Bild **0.**3) erkennt man in einer großen Wasserfläche ein schwimmendes Arbeitsgerät, das über eine Art Nabelschnur mit einer hellen Landfläche verbunden ist und vom Ende der Nabelschnur (Rohrleitung) ausgehend strahlenförmig verlaufende Strömungsbahnen zeigt.

Eine Ebene tiefer besteht dieser (zunächst unsichtbare) Vorgang – nacheinander betrachtet – aus:

- einem Saugorgan (Bild **0.**4), hier zusätzlich zur Vorlockerung des Bodens mit einem rotierenden Schneidkopf versehen, –
- einem Saugrohr,
- einer Baggerpumpe (Bild **0.**5), die auf der Ansaugseite Unterdruck (Sog), auf der Austrittsseite Überdruck (angegeben als Druckhöhe in mWS – Meter Wassersäule –),
- einer Druckleitung (Bild **0.**6),
- einer Spülöffnung (Bild **0.**7), aus der das angesaugte und transportierte Medium mehr oder weniger dunkel gefärbt (Feststoffgehalt) „Blumenkohlartig" austritt und sich in der Fläche verteilt.

Eine Ebene weiter geht es dann um den Nutzeffekt: Um die Förderleistung des Gesamt-Gemisches, um die Feststoffkonzentration und um die Fördergeschwindigkeit.

In der letzten Ebene schließlich interessieren die Rechengrößen: Die Gemischförderleistung der Pumpe, deren Saug- und Druckhöhe, die Förderweite und die Rohrwiderstände (Rohrreibung usw.).

Das „Herz" der ganzen Anlage ist die Pumpe. Sie erzeugt „Druck", – auf der Saugseite, indem sie dort Unterdruck erzeugt, – auf der Druckseite durch den Aufbau eines Wasserdruckes in der Druckleitung, der durch den rotierenden Pumpenkreisel erzeugt wird.

Dieser Arbeitsvorgang gilt streng genommen nur für den sogenannten Schneidkopfsaugbagger, gilt aber in ganz ähnlicher Form auch für den Laderaumsaugbagger.

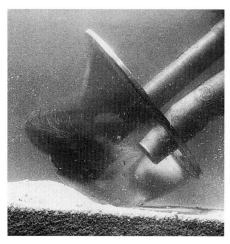

0.4 Schneidkopf mit Saugrohr – Beginn der
     Gemischförderung

0.5 Die Baggerpumpe, das Herz der Naß-
     bagger

0.6 Druckleitung für den Spülbetrieb

0.7 Spülkopf – das Ende der Gemisch-
     förderung

1 Das Wesen des Wasserbaus

Wasserbau ist „nasser Erdbau" (Bild **1**.1). Vieles, was im trockenen Erdbau gilt, trifft auch für die nasse Variante zu. Auf jeden Fall ist immer Wasser mit im Spiel, und es geht nicht nur darum, Rinnen, Gräben und Kanäle auszuheben, die das Wasser leiten, sondern auch wasserdichte Wände, Sohlen und Umschließungen herzustellen, die gegen den Wasserandrang schützen. Auch die Wasserhaltung spielt eine Rolle, – die Frage also, wie man den Wasserspiegel auf einer vorgegebenen Höhe hält oder das andrängende Wasser am besten entfernt. Und schließlich ist an Dämme und Deiche zu denken, die oberirdisch vor dem Wasserandrang schützen.

1.1   „Nasser Erdbau": Spülfeld einer Landanhöhung mit Schutensauger (rechts unten) und Spülleitung

Von besonderer Bedeutung ist bei der „Naßbaggerei" der Transport von Boden und Fels mit Hilfe des Wassers. Das Wasser ist hier vergleichbar mit dem Förderband im trockenen Betrieb: Es ist „Trägerflüssigkeit", – bekommt also den gelösten Boden aufgeladen und muß ihn zum Einbauort transportieren. Damit wird aus dem reinen Wasserstrom eine „Gemischförderung", und damit finden die Gesetze der Hydraulik Eingang in die sonst so einfache trockene Bodenförderung. Der Boden wird nicht mehr geschoben, getragen oder gefahren, sondern er wird „gesaugt" und „gedrückt" und muß eine Beschaffenheit haben, die es dem Wasser als Trägerflüssigkeit ermöglicht, ihn „mitzunehmen".

Das alles ist es, was man dem „weichen" Wasserbau zuordnen könnte. Daneben aber gibt es auch den „harten" Wasserbau, den sogenannten konstruktiven Wasserbau, d. h. die Erstellung von Ingenieurbauwerken, die die im Wasser verborgene Kraft und Energie nutzbar machen, wie etwa Kraftwerke und Staumauern. Aber der klassische Wasserbau ist eben „weich", und nur der kombinierte Wasserbau (zusammen mit dem Ingenieurbau) gehört in die „harte" Rubrik. Die Wesensanalyse soll hier beschränkt werden; auf den weichen Bereich und seine maschinelle Ausprägung.

Generell kann man – je nach dem (weichen) Umfeld, in dem gearbeitet wird – unterscheiden zwischen

> Arbeiten a m Wasser, d. h.
>   im wesentlichen vom Trockenen aus,
> Arbeiten i m Wasser, also
>   den eigentlichen Naßbaggerbereich,
>   weitläufig auch mit „onshore" bezeichnet,
> Arbeiten u n t e r Wasser, hier
>   den Einsatz von Spezialgeräten für den
>   „offshore"-Bereich,
> Arbeiten auf dem M e e r e s b o d e n, also
>   den Meeresbergbau im Tiefseebereich.

Aus dieser Aufstellung wird schon ersichtlich, daß es sich hinsichtlich der Maschinen und ihrer Fahrwerke um

> fahrende, schwimmende und watende Geräte

handeln muß.

Wasserbau, gesehen als „Erdbewegung im Nassen", hat es immer mit Boden, Wasser und Steinen zu tun und läuft, verfahrenstechnisch betrachtet, nach den Regeln der Erdbewegung ab: Es geht also um das Gewinnen, den Transport, den Einbau und das Verdichten von Bodenmassen innerhalb vorgegebener Profile für den Aushub und Auftrag. Gegenüber dem normalen Erdbau kommt jedoch hinzu, daß die bewegten Massen kaum verdichtet, dafür aber in ihren Begrenzungsflächen gesichert werden müssen. Das führt zu dem ganz wesentlichen (und auch entsprechend schwierigen) Bereich des Sicherns der (weichen) Böschungsflächen der Kanäle, Gräben oder Baugruben.

Und als weiteres Spezifikum sei erwähnt, daß der Transport meist nicht mit Fahrzeugen, sondern schwimmend mit Schuten oder Pontons erfolgt, und daß man bei Arbeiten im Tide-Bereich das Auf und Ab von Ebbe und Flut sehr gut dazu benutzen kann, um schwerste Lasten (Pfeiler, Brückenfelder) zu heben und zu senken, also vertikal zu transportieren (Bild **1**.2).

1.2 Brückenfeld – eingeschwommen bei Hochwasser

1.3   Schlammbaggerung in einer Spundwand-Baugrube

Bei der Grundfunktion „Erdbewegung", für die die Literatur des trockenen Erdbaus äußerst hilfreich ist [10], [21], stehen die verfahrenstechnischen Begriffe des Lösens, Ladens, Transportierens, Einbauens, Verdichtens und Profilierens im Mittelpunkt. Erschwerend ist hier nur, daß die Konsistenz des Materials breiig bis flüssig ist und schon beim Aushub (Bild **1**.3) große Schwierigkeiten bereitet, dann aber vor allem beim Transport erhebliche Probleme aufwirft: Wird es im Fahrzeug transportiert, so führt es durch das Überschwappen des Transportmulden-Inhalts sehr schnell zu einer Verschlammung der Baustraßen; wird es dagegen flüssig transportiert (mit Pumpen und Rohrleitungen) so werden große Flächen für die Absetzbecken benötigt, in denen sich die festen Bestandteile von der Transportflüssigkeit trennen (absetzen) können, während das Wasser von der Oberfläche des Absetzbeckens wieder abläuft.

Das Arbeiten am Wasser, also der Aushub von Gräben und Kanälen, wird meist mit konventionellen Erdbaugeräten ausgeführt, wobei es vor allem auf große Reichweiten ankommt, damit vom Trockenen aus weit ins Nasse „hineingegriffen" werden kann (Bild **1**.4).

1.4   Kanalräumung mit weitreichendem (45 m) Seilbagger

Das Arbeiten im Wasser ist vor allem das Einsatzfeld der Naßbagger, die schwimmend den Boden unter Wasser lösen und in Schuten oder Spülsystemen hydraulisch abtransportieren (Bild **1**.5).

1.5   Schneidkopfsaugbagger im Spüleinsatz [202]

Muß unter Wasser gearbeitet werden, also ohne freie atmosphärische Verbindung, z. B. unter Druckluft in Taucherkammern (Bild **1**.6), so tritt das Problem der Drucklufthaltung in den Vordergrund, oder aber es erfolgt die Fernsteuerung der Geräte von der Wasseroberfläche aus, wobei die Arbeitsbewegungen der Maschinen über Fernsehkameras verfolgt und von Monitoren in einem Begleitschiff gesteuert werden (Bild **1**.7).

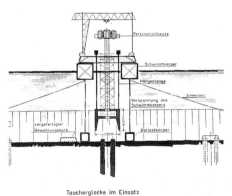

1.6   Betonierarbeiten 24 m unter der Wasseroberfläche im Schutz einer Taucherkammer

1.7   Der sichtbare Teil aus Bild **1**.6: Hubinsel mit Druckluftanlage

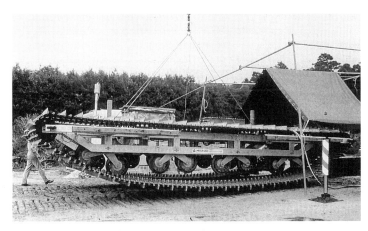

1.8 Raupenfahrwerk für den Meeresboden

Beim Arbeiten auf dem Meeresboden, wie z. B. beim Meeresbergbau – z. B. für die Gewinnung der Manganknollen – treten weitere Probleme auf: Die Geräte müssen Fahrwerke bekommen, die auf dem weichen Meeresboden nicht nur fahren, sondern auch ziehen bzw. schieben können, also bei möglichst geringer Bodenpressung noch eine hohe Traktion aufweisen (Bild **1.**8). Außerdem ist es nicht ganz einfach, das Material auf dem Meeresboden zu gewinnen und dann vor allem nach oben abzutransportieren.

Einen breiten Raum nehmen die verschiedenen Hilfsgeräte und Hilfsmaßnahmen ein wie z. B. Geräte für das Rammen von Pfählen, Dalben und Spundbohlen (Bild **1.**9), zum Verlegen von Wasserbausteinen, zur Wasser- und Drucklufthaltung, zum Einbringen

1.9 Rammen von Ankerpfählen 1 : 1 für eine Kaimauer

von Dichtungsteppichen als Erosionsschutz und Dammhäuten sowie von Kranen, Seilbahnen und Bandstraßen zum Materialtransport. Wichtige Betriebsmittel sind dabei komplette hydraulische Systeme mit Pumpen und Rohrleitungen.

Am Anfang aller Überlegungen steht die Frage, ob noch vom Trockenen aus (am billigsten!), schwimmend (meist mit Spezialschiffen) oder unter Druckluft (bis 30 m unter der Wasseroberfläche) oder ferngesteuert (ausschlaggebend hier: der Wasserdruck auf die Armaturen usw.) gearbeitet werden muß. Danach erhebt sich die Frage, wie das Material transportiert werden kann (ob in offenen Mulden oder in geschlossenen Rohrsystemen) und dann: Wie es nach dem Einbau gesichert wird (besonders problematisch!).

Auf eine Besonderheit muß noch hingewiesen werden, die sich bei den schwimmenden Geräten einstellt: Sie brauchen eine gewisse Wassertiefe, um überhaupt schwimmen zu können. Das wird besonders kritisch beim Verlegen der Schiffe zu einem anderen Standort. Und für alle im Tide-Bereich eingesetzten Schiffe gilt, daß sie dem Einfluß der Gezeitenbewegung unterliegen und dabei im Rhythmus von Ebbe und Flut ihre Manövrierfähigkeit unter Umständen einbüßen.

2 Problemlösungen

Jede technische Aufgabe steckt voller Probleme. Wie aber findet man die Lösung? Die einfachste Antwort heißt: Man muß darüber nachdenken. Aber bietet das „Nachdenken" die Gewähr, daß man auf dem richtigen Weg ist, daß man keinen Einflußfaktor übersieht und daß man die optimale Lösung findet? Es gibt einen besseren Weg als sich den Intuitionen hinzugeben: Bild **2**.1. Dort wird das klassische Vorgehen der Systemtechnik bei Problemlösungen vorgestellt, wobei unter „Konzeptsynthese" die Modellbildung, mit „Konzeptanalyse" das Modellexerzieren (Variantenstudium) zu verstehen ist. Beide Begriffe zusammen (gestrichelte Umrandung in der Abbildung) bilden gewissermaßen den Kern der ganzen Systemtechnik: das Durchspielen der verschiedenen Möglichkeiten im Modell und damit die Ermittlung der günstigsten Lösung [24]. Wichtig dabei ist, daß man sich streng an dieses Programm hält. Es bietet die beste Gewähr dafür, daß man keinen Aspekt übersieht und geradezu gezwungen wird, den richtigen Weg zu gehen, um das optimale Ziel zu finden. Grundlage hierfür bietet die Systemtechnik. Diese Vorgehensweise hat ihren Sinn natürlich nur bei der Lösung komplexer Bauvorhaben. Dennoch hat das Systemdenken, vor allem das Systemerkennen, im gesamten Wasserbau seine Berechtigung und sollte, wenn immer möglich, auch bei kleineren Projekten angewendet werden.

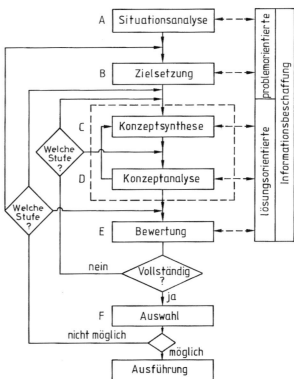

2.1 Vorgehensschritte
      bei Problemlösungen

In der systemtechnischen Vorgehensweise unterscheidet man ganz grob zwischen Ziel-, Bau- und Handlungssystem. Das Zielsystem beinhaltet vor allem wirtschaftliche Überlegungen. Die Kosten müssen minimiert werden, und auf die prinzipielle Frage: Was ist das oberste Ziel? lautet die Antwort fast immer: So billig wie möglich muß die Lösung sein!

Aber es sind nicht nur die Kosten, die im Zielsystem ganz oben stehen. Es können auch Bautermine, die Ausnutzung des Bauwerkes oder des Geländes, die Haltbarkeit (z.B. bei Brücken) oder die Wassertiefe eine primäre Rolle spielen. Immer ist es jedoch der wirtschaftliche Nutzen, nach dem gesucht wird und der so erfolgreich wie irgend möglich sein muß.

Als Bausystem wird das Bauwerk in seinen Einzelteilen und in der Gesamtheit bezeichnet. Seine räumliche Ausdehnung, die Bauwerkshöhe, die Lage der Materialdeponien und die Gestaltung der Feldfabrik spielen für die Baustelleneinrichtung (und damit für deren maschinelle Ausgestaltung) eine große Rolle.

Von wichtigster Bedeutung ist das Handlungssystem, also die Art und Weise, wie man das Bauvorhaben ausführen will. Hier wird gefragt nach den Möglichkeiten der Ausführung, untergliedert wieder in die einzelnen Arbeitsschritte des Vorgehens. Diese werden z.B. bei einem Bauwerk im oder unter Wasser bestehen aus dem Gründen (Herstellen des Fundamentes), dem Herstellen, Einschwimmen und Absenken der Fertigteile (Bauelemente), dem (wasserdichten) Verbund der Teile miteinander und der Kolksicherung (gegen Unterspülen des Bauwerkes).

Wichtig ist der eigentliche Bauvorgang (etwa beim Bau einer Bohrinsel): Das Erstellen der Basisplattform im Baudock oder in der Feldfabrik bis zum Stadium des Aufschwimmens, dann das Weiterbauen in einem Zwischendock, die Vorbereitung der eigentlichen Gründungssohle und schließlich das Einschwimmen, Absenken und Verankern des fertigen Bauwerkes (eine Bohrinsel ist bis zu 180m hoch!) (Bild **2.**2).

2.2 Einschwimmen der Arbeitsplattform auf 180 m lange Betonfüße

Die Systemtechnik liefert das Gerüst für das stufenweise Vorgehen bei der Ausarbeitung und Konkretisierung der Lösung. Wie beim Abfragen einer Check-Liste klärt man die einzelnen Punkte und hat durch dieses leiterartige Vorgehen die größte nur denkbare Gewißheit, daß man in seiner gedanklichen Entwicklung alle maßgebenden Einflüsse erfaßt (und technisch ausgeformt) hat.

Theoretisch gesehen ist ein System eine Art Transformator, und bei den Experimenten, die man zur Vorbereitung der Lösung anhand eines Modells macht, will man testen

> das input-output-Verhalten, d. h.:
> > wie das System eine bestimmte Eingabe verarbeitet,
> das Stör-Verhalten, d. h.:
> > wie das System auf bestimmte äußere Einflüsse reagiert.

Das Modell wird also benutzt, um alle Varianten durchzuspielen, um die optimale Lösung zu erhalten. Die Modellbildung und das „Spielen" mit dem Modell zum Zweck der Optimierung ist der Kern der Systemtechnik [22]. Ein Beispiel für die Modellbildung gibt Bild **2.**3.

2.3   Beispiel einer Modellbildung für die Kabelbahn

Hat man die einzelnen in Frage kommenden praktischen Lösungswege aus dem sogenannten morphologischen Kasten (Bild **2.**4) herausgefiltert und in den dafür gebildeten Modellen auf ihre Brauchbarkeit getestet, so geht es darum, die einzelnen Lösungsvarianten zu bewerten. Dazu dient die Nutzwertanalyse, – ein umstrittenes, aber doch recht brauchbares Verfahren. Über ein vorgegebenes Punktsystem werden die einzelnen Varianten (senkrechte Auflistung) hinsichtlich ihrer Nützlichkeit für das vorgegebene Ziel mit Punkten bewertet.

Hingewiesen werden muß auf die verschiedenen Hilfsmittel für die konsequente Anwendung der Systemtechnik. Dabei ist wichtig, daß man ein komplexes System (z. B. eine Baustelle) zunächst in einzelne Blöcke auflöst, diese für sich optimiert, dann ihre Vernetzung untereinander herausarbeitet und schließlich die einzelnen Teilergebnisse in das Gesamtsystem integriert (Bild **2.**5).

Wichtig ist das Erkennen von „Schaltern" (Engpässe, „Flaschenhälse") im Betriebsablauf. Ihre Durchlaßkapazität muß bewertet und in die Ermittlungen eingebaut werden.

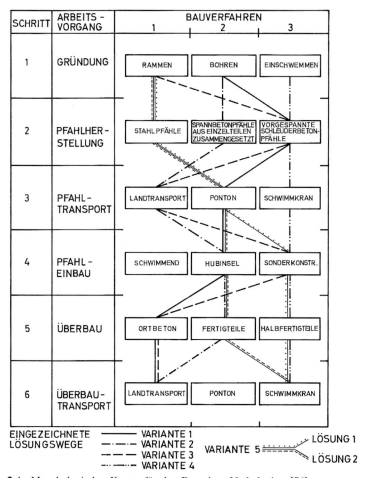

2.4   Morphologischer Kasten für den Bau eines Verladepiers [76]

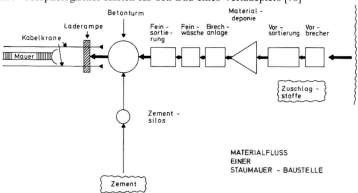

2.5   Gewinnungs- und Einbaustellen beim Bau einer Staumauer

Jedes Tor, das z. B. LKW's passieren, stellt einen solchen „Schalter" dar und bremst den Fahrzeugfluß durch Wartezeiten vor dem Schalter.

Die i-j-Beziehungen sind wichtig beim Aufbau eines vernetzten und vermaschten Systems (oder Modells, z. B. Netzplan). Bei jeder Gelegenheit sollte man sich fragen: „Welche i's müssen beendet sein, bevor j beginnen kann?"

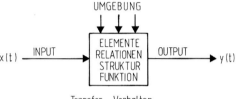

2.6 Das Transfer-Verhalten einer Black-Box

Das black-box-Denken spielt eine wichtige Rolle, wenn man die Wirkungsweise eines Systems ergründen will, aber seinen inneren Aufbau noch nicht in allen Einzelheiten überblickt. Dann wird das System zunächst als sogenannte black box betrachtet, d. h. man hält sich nicht bei den mehr oder weniger (noch) unbekannten Einzelheiten im Innern des Systems auf, sondern schickt von außen her Signale durch dieses System und beobachtet dann, wie diese sich durch das Systeminnere verändern (Bild **2.**6). Man spricht dabei von sogenanntem Transfer-Verhalten. Aus den außerhalb in Erscheinung tretenden „Lebensäußerungen" des Systems zieht man dann Rückschlüsse auf sein „Innenleben", die dann mehr und mehr an Sicherheit gewinnen und schließlich gute Erkenntnisse über den inneren Aufbau des Systems und seine Funktionsweise, kurz: Über die einzelnen Elemente des Systems und deren Eigenschaften sowie ihre Beziehungen untereinander – liefern. Bild **2.**7 veranschaulicht die Struktur eines Systems (schematisch) und die Verknüpfung der Elemente untereinander.

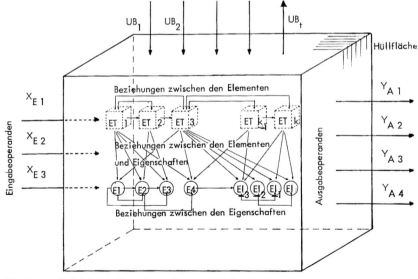

2.7 Der prinzipielle Aufbau eines „Systems" [77]

Wichtig bei der Systemanalyse [23] ist das systematische Vorgehen: Es sollte – wenigstens zu Anfang – immer nur *ein* Parameter auf der Eingangsseite verändert werden. Man stellt dann auf der Ausgangsseite fest, wie sich der einzelne Parameter beim Systemdurchgang verändert bzw. wie dieser Parameter unter Umständen den gesamten output beeinflußt hat. Eine ähnliche Praxis gilt auch für das spätere „Modell-Exerzieren".

Eine ganz wesentliche Bedeutung kommt der Kybernetik zu, wenn man es mit Systemen zu tun hat, die auf ein vorgegebenes Optimum hin geregelt werden müssen. Ein solches System ist die Baustelle, die im output einen Zielwert hat (Termin, Kosten, Leistung usw.), der durch Veränderungen im input oder im Systeminnern erreicht oder gehalten werden muß (Bild **2**.8). Betrachtet man ein zu lösendes Problem, so sollte man es auf Regelkreise hin untersuchen. Sind die vorhanden, so werden Stellglieder erforderlich, die diese Regelkreise „ausregeln", – und man sollte das dann auch wirklich praktizieren.

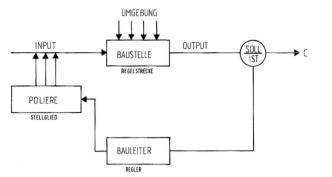

2.8 Beispiel: Regelkreis

Ein anderes Instrument der Kybernetik ist der Entscheidungsbaum (Bild **2**.9). Er besteht aus einer linearen Verknüpfung der verschiedenen Einflußfaktoren und besitzt *keine* Regelkreise. Geregelt werden können nur die einzelnen Einflußgrößen für sich, wobei zu beachten ist, daß jede Veränderung einer einzelnen Größe auf das Endergebnis durchschlägt. Beim Regelkreis wird das Systeminnere im Hinblick auf eine konstant zu haltende Ausgangsgröße ausgeregelt, beim Entscheidungsbaum mit seinem linearen Aufbau wird die Ausgangsgröße durch die Regelung vorgeschalteter Einflußgrößen „flexibel"; ein regelnder Eingriff in das (lineare) System zeigt auf jeden Fall „Wirkung" am Systemausgang – im Gegensatz zum Regelkreis, wo das vermieden werden soll.

Ein weiteres Problem ist dann die Übertragung der Modellerkenntnisse in die Wirklichkeit. Das Arbeiten mit Modellen zur Vorklärung und Optimierung von realen Systemen (z.B. das „Handlungssystem Baustelle") ist ein wesentliches Element der Kostenreduzierung: Man „experimentiert" nicht mehr auf der Baustelle durch Eingreifen in den laufenden Betrieb, sondern man experimentiert am Modell und ermittelt die endgültigen Lösungen dort, bevor der reale Betrieb in Gang gesetzt wird. Das zur Systemtechnik passende Hilfsmittel ist die Dimensionsanalyse, – ein Rechensystem zur Übertragung der Modellergebnisse auf den Großbetrieb. Zur Information sei zunächst auf die Literatur hingewiesen [25], [26].

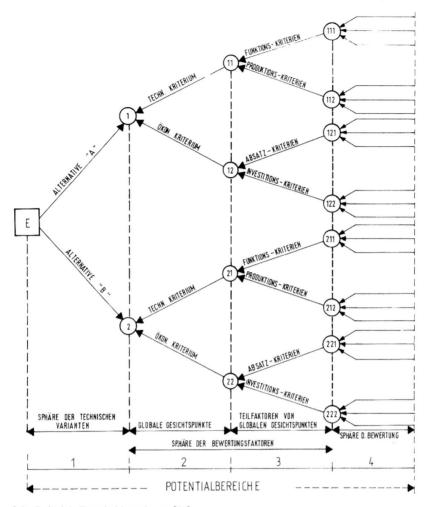

2.9 Beispiel: Entscheidungsbaum [78]

Die wesentlichen Stationen des Vorgehens (im technischen Bereich) sind:

1. Die Ermittlung der Zielgröße und der Einflußgrößen des Prozesses.
2. Für die Grunddimensionen wird das F-L-T-System (Kraft, Länge, Zeit) gewählt.
3. Bildung der sogenannten Dimensionsmatrix aus den Einflußgrößen und den Grunddimensionen.
4. Untersuchung, wieviel dimensionslose Größen (π-Größen) für die Durchführung benötigt werden.
5. Die maßgebenden Größen müssen dimensionslos gemacht werden. Damit werden die π-Größen gebildet.
6. Bildung eines Koordinatensystems mit den π-Größen. Eintragung der experimentel-

len Meßergebnisse. Damit ist ein dimensionsloser Bereich geschaffen, in dem die Modellereignisse in den großen Maßstab umgerechnet werden können.

Wesentlich ist die Bildung der (dimensionslosen) π-Größen und deren Einordnung in das Umrechnungssystem. Die Dimensionsanalyse stellt die einzige für die Praxis brauchbare (mit vertretbarem Zeitaufwand) Methode der Modellübertragung dar und ist ein unentbehrliches Hilfsmittel für jede Modellerprobung und damit letztlich für jedes systemtechnische Vorgehen zur Erzielung praktisch verwertbarer Ergebnisse [27]. –

Beim Umgang mit der Systemtechnik ist zunächst erforderlich, daß man sich über die Aufgabenstellung im klaren ist: Was soll gemacht werden? Das Notieren von Stichworten (mit Papier und Bleistift!) ist hier hilfreich. Als nächstes empfiehlt sich eine Grobanalyse der Lösungsmöglichkeiten. Dazu dient der schon erwähnte morphologische Kasten (Bild **2**.4), der senkrecht die Arbeitsschritte und waagrecht die verschiedenen Ausführungsmöglichkeiten für diese Arbeitsschritte auflistet. Es ist eine Art Matrix, die das Feld der Lösungsmöglichkeiten mit ihren Komponenten aufbereitet, um sinnvolle Ausführungsvarianten zu finden.

Dann aber beginnt die Denkarbeit: Welche Komponenten passen zueinander hinsichtlich einer möglichst optimalen Ausführung? Man „baut" – gewissermaßen in Gedanken – mit den verschiedenen Möglichkeiten der Ausführung (den Komponenten im waagrechten Bereich) denkbare Lösungswege und ordnet sie hinsichtlich ihrer praktischen (und wirtschaftlichen) Brauchbarkeit. Am Ende dieses Grob-Bereiches steht das Variantenstudium, das in Aussicht genommene Varianten der Lösung auf ihre Brauchbarkeit hin untersucht.

Danach beginnt die Feinarbeit in einem zweiten Ansatz. Hier nun kommt die Systemtechnik ins Spiel, die ein ganzes Instrumentarium von Vorgehensweisen entwickelt hat. Grundgedanke der Systemtechnik ist die Modellbildung und die Arbeit mit diesem Modell hinsichtlich seiner Optimierung und seines Reaktionsverhaltens. Das Modell, um das es hier geht, kann – je nach der Art des zu lösenden Problems –,

> bildhaft (z. B. Sandkasten, Modellbaukasten)
> analog (Entscheidungsbaum, Netzwerk)
> formal (mathematische Formel)

sein. Mit einem solchen Modell kann dann experimentiert werden zum Zwecke der Lösungsfindung. Man muß mit dem Modell regelrecht „exerzieren", um zu sehen, wie es funktioniert und vor allem, wie es auf Störeinflüsse reagiert. Um wirklichkeitsrelevante Ergebnisse zu erzielen, muß das Modell möglichst eindeutig beschrieben werden, sonst sind die Ergebnisse verfälscht und passen nicht in die Wirklichkeit.

3 Baustruktur

Im Vorfeld des Maschineneinsatzes, dem eigentlichen „Schlachtfeld" des maschinellen Baubetriebes, ist es zweckmäßig, sich über die wesentlichen Komponenten der Bauausführung am, im und unter Wasser klar zu werden. Dazu gehören

> die Bauwerke insgesamt,
> die Bauelemente,
> das Baumaterial und
> die Bauhilfen.

Einen Überblick über die verschiedenen *Bauwerke*, die man dem Wasserbau zuordnen kann, gibt Tafel **3**.1. Hier kann man unterteilen in „weiche" und „harte" Bauwerke. Zu den ersteren gehören Kanäle, Dämme, Rinnen, Becken und Vorlandbefestigungen (Lanen usw.), zu den harten Bauwerken kann man alles das zählen, was im weiteren Sinn „Ingenieurbau" ist, also: Den Bau von Staumauern, Flußkraftwerken, Kaimauern, Molen, Löschbrücken usw., – Bauwerke, die in der Hauptsache aus Beton bestehen (Bild **3**.1).

Tafel **3**.1 Bauwerke im Wasserbau

weich	hart
Kanäle	Kaimauern
Dämme	Molen
Fahrtrinnen	Umschlagbrücken
Hafenbecken	Wellenbrecher
Vorlandgewinnung	Flußkraftwerke
Sandvorspülung	Schleusen
Bodensicherung	Wehre
	Staudämme
	Hebewerke
	Unterwassertunnel
	Tunnelsicherungen
	Sperrwerke
	Bohrinseln
	Leuchttürme/Radartürme
	Düker
	Seebrücken

Bauelemente (Tafel **3**.2) sind Stollen, Kavernen, Pfähle, Pfeiler, Spundwände, Brükken (als Elemente), Senkkästen, Dichtwände, Wannen usw., – kurz: Alle jene Bauwerksteile, aus denen sich ein Bauwerk insgesamt zusammensetzt (Bild **3**.2).

Baumaterial (Tafel **3**.3) ist neben Beton, Stahl, Kies und Bitumen vor allem auch Holz, Gestrüpp (Faschinen!), Steine (Wasserbausteine), Jute und Nylon (Bild **3**.3).

3.1   Bau eines Flußkraftwerkes

Tafel **3.**2   Bauelemente
           (bleibende)

Pfähle
Dalben
Pfeiler
Spundwände
Dichtwände
Wannen
Brücken
Senkkästen

3.2   Kastenspundbohlen mit
      Rückverankerungspfählen
      für eine Kaimauer

Tafel **3.**3   Baumaterial

Stahlrohre (Dalben)	Faschinen
Spundbohlen	Beton
Kanaldielen	Asphalt
Stahlbleche	Steinasphalt
Stahlträger	Asphaltmastix
Senkkästen	Sand
Steine (Wasser-)	Kies
Tetrapoden	Steine
Betonblöcke	

3.3   Aufbau einer Mole aus Wasserbausteinen

Zu den Bauhilfen (Tafel **3.**4) gehört alles das, was nur vorübergehend für die Bau-durchführung benötigt wird, also kein bleibender Bestandteil der Baustelle ist. Hier spielen vor allem die verschiedenen „Haltungen" (z. B. Kanalhaltung) eine Rolle, dann das, was für den Betonbau notwendig ist und schließlich ein großes Arsenal von Spund-bohlen und Strahlträgern für Hilfskonstruktionen (Bild **3.**4), ferner Behelfsbrücken, Kräne usw. Nicht zu übersehen ist die wichtige Rolle, die Asphalt im Wasserbau spielt.

Tafel **3.**4   Bauhilfen

Wasserhaltung	Kunststoffplanen
Drucklufthaltung	Nylonsäcke (ca. 2 m^3)
Schalung	Rammbrücken
Rüstung	Bohrplattformen
	Offshore-Einrichtungen
Spundwände	
Kreiszellen	
Behelfsbrücken	

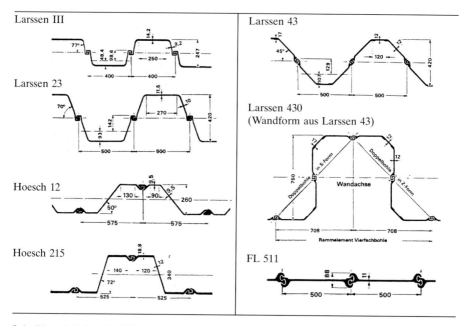

3.4 Unentbehrlich für Hilfskonstruktionen: Spundbohlen, Stahlträger und Rohre

Ob nur als Vergußmasse zur Befestigung von Steinschüttungen, als Asphaltmastix zur Erosionssicherung oder als Steinasphalt zur Befestigung von Gründungsplatten oder als Molensicherung – ohne die „schwarze Komponente" wird man kaum auskommen, und d.h.: Mischanlagen aus dem Straßenbau gehören eigentlich mit dazu! Und das wohl wichtigste Baumaterial im Wasserbau sind Sand und Kies, – unverzichtbar bei jeder Deichanlage und Sandvorspülung (Bild **3.5**).

3.5 Sand und Kleiboden – wichtiges Baumaterial im Wasserbau (Absperrung der Alten Süderelbe in Hamburg)

4 Bodenerkundung

4.0 Problematik

In keinem anderen Teilgebiet des Bauingenieurwesens sind Bodenuntersuchungen so wichtig und gleichzeitig so schwierig durchzuführen wie im Wasserbau. Meist haben die Bauwerke beträchtliche Dimensionen (Häfen, Kanäle usw.) und müssen mit sehr großen und teuren Maschinen erstellt werden. Dabei handelt es sich um Böden, die unter Wasser anstehen und damit schwierig zu erfassen sind.

Im 3-Phasen-System Wasser-Boden-Luft ist der Anteil des Wassers immer von maßgeblicher Bedeutung für den Zustand und das Verhalten des Bodens bei der Maschinenarbeit, und da der Wassergehalt häufig nahe der Sättigungsgrenze liegt, d. h. also, daß die Hohlräume im Boden mehr oder weniger vollständig mit Wasser gefüllt sind und dieser Boden dann durch die Maschinenarbeit noch kräftig bewegt und „umgerührt" wird, sind Prognosen über den Bodeneinfluß auf die Maschinenarbeit immer schwer zu erstellen.

Es gilt auch zu bedenken, daß der Boden nicht nur im gewachsenen Zustand von Interesse ist, sondern daß man auch über sein Verhalten beim hydraulischen Transport in Rohrleitungen und über Art und Umfang seiner Ablagerung in Schuten und auf Spülkippen informiert sein möchte.

Möglichst genaue Aussagen über den Boden sollen nicht nur schon in der Ausschreibung enthalten sein, sondern nachher im laufenden Betrieb immer wieder mit dem Baufortschritt vorgenommen werden, um die Maschinen optimal in ihrer Arbeitstechnik einzustellen. Immer moderner und damit immer „sensibler" werden die heutigen Naßbagger-

4.1 Voraussondierung mit einer 200-kg-Rammsonde vor dem Einsatz eines Schneidrad-Saugbaggers beim Kanalaushub

geräte in ihrer Konstruktion und vor allem in ihrer technischen Ausrüstung, so daß man jede Möglichkeit nutzen sollte, um Höchstleistungen mit den Geräten zu erzielen. So zeigt Bild **4.**1 beispielhaft, wie beim Aushub eines Kanalbettes mit Naßbaggern (hier: Unterwasser-Schaufelradbagger) rund 100m im voraus laufend Bodenuntersuchungen (hier: Rammsondierungen mit einer 200-kg-Rammsonde) durchgeführt wurden, um die Kommando-Zentrale des folgenden Naßbaggergerätes mit den aktuellen Bodeninformationen zu versorgen und damit eine optimale Einstellung des Gewinnungsgerätes zu gewährleisten.

Ist die Gewinnungsfestigkeit des Bodens noch verhältnismäßig einfach zu ermitteln – Schwierigkeiten bereitet hier nur das Herankommen an den Boden unter Wasser –, so ist es meist schwierig, konkrete Aussagen über das Verhalten des gelösten Bodens in der Rohrleitung zu machen. Hier kommt es in besonderem Maße darauf an, daß die Schleppkraft des Wassers die gelösten Bodenteilchen mitnimmt und diese sich nicht in der Rohrleitung ablagern. Manches größere Bauvorhaben mußte schon im nachhinein total umgestellt werden, weil man sich hinsichtlich des hydraulischen Transportes des Aushubmaterials total getäuscht hatte – eben weil diese Frage mit den üblichen technischen Mitteln schwer zu lösen war.

4.1 Bodenuntersuchungen

Grundsätzlich ist zu unterscheiden (und auch mit dem entsprechenden Schwierigkeitsgrad behaftet), ob die Untersuchungen

- von der Geländeoberfläche aus,
- vom Schiff aus oder
- direkt auf dem Fluß- oder Meeresgrund

durchgeführt werden sollen.

Ferner ist zu unterscheiden, ob es sich

- um Voruntersuchungen handelt (z.B. für die Ausschreibung),
- ob Bodenkennwerte ermittelt werden sollen,
- ob Bodenproben genommen werden müssen oder
- ob eine direkte Inspektion des Meeresbodens stattfinden soll.

Dann ist die Zielrichtung zu präzisieren: Ob bei der Untersuchung Aussagen über

- die Gewinnungsfestigkeit des Bodens,
- seine Eignung für den hydraulischen Transport und
- sein Verhalten im Absetzbecken (Laderaum, Schute oder Spülkippe)

gewonnen werden sollen, die dann schon sehr tief in die Auswahl der Maschinen und sonstigen technischen Anlagen (z.B. Saugvorrichtungen, Schneidköpfe, Spülrohre, Pumpen usw.) hineinreichen.

Sehr oft wird es schwierig sein, direkt am Boden unter Wasser Messungen durchzuführen. Es werden Bodenproben genommen, um sie im Labor zu analysieren. Hier stellt sich dann die Frage nach der Übertragbarkeit der Laborergebnisse in die Wirklichkeit. Das Spülverhalten einer Bodenprobe im Labor kann ein ganz anderes Bild ergeben als nachher das Verhalten des Spülstromes in einem Rohrleitungssystem von 600 oder 1000mm Durchmesser. Hier bietet auch die Dimensionsanalyse nur bescheidene Möglichkeiten. Am zuverlässigsten sind dabei – trotz aller modernen technischen Hilfsmittel – noch immer die Erfahrungen altgedienter Spül-, Ramm- und Baggermeister, die so etwas wie den „rechten Blick" für diese Art von Problemen haben.

Auch sollte man das Netz der Meßpunkte so eng wie möglich wählen (100 bis 250 m Abstand im Quadrat). In stark wechselnden Böden ist die „Maschendichte" noch enger zu ziehen. Werden Proben entnommen, so sollten sie je nach Korngröße und Kornzusammensetzung bei rolligen Böden zwischen 0,5 kg bei Feinkorn und 35 kg bei Kies liegen. Bodenproben in bindigem Material sollten im weichen Zustand mindestens 5 cm Durchmesser und 0,5 m Länge haben, in hartem Zustand (z. B. fester Ton) mindestens 10 cm dick und 1 m lang sein. Miniproben haben keinen praktischen Sinn.

Eine Übersicht über die verschiedenen Möglichkeiten der Bodenuntersuchung gibt Tafel **4.1**.

4.1.0 Methodik

Wasserbauarbeiten, speziell Naßbaggerarbeiten, spielen sich weitgehend international ab. Man denke nur an das derzeit laufende Großprojekt des neuen Flughafens in Hongkong. Im Vorfeld der Arbeiten stellt sich immer (schon bei der Ausschreibung) die Fra-

Tafel **4.1** Werkzeuge zur Bodenerkundung

Bodenart	Ton	Schluff	Sand	Kies	Steine	Fels weich	Fels hart
a) von der Geländeoberfläche aus:							
Greiferzange	o	o	o	o	o		
Bohrgerät	o	o	o	o		o	
Stechzylinder	o	o	o	o			
Stoßbüchse	o	o	o	o			
Kernbohrung	o					o	o
Drucksonde	o	o	o				
Rammsonde	o	o	o				
Flügelsonde	o	o	o				
Vibrosonde			o	o			
Greifbagger				o	o		
Schürfbagger			o	o			
SPT	o	o	o				
Rotary-Bohren						o	o

Tafel **4**.1   Werkzeuge zur Bodenerkundung (Fortsetzung)

Bodenart	Ton	Schluff	Sand	Kies	Steine	Fels weich	Fels hart
b) von der Wasseroberfläche aus:							
Sonar	o	o	o			o	o
Schleppfisch	o	o	o	o			
Greifbagger				o	o		
Schürfbagger			o	o			
Echolot	o	o	o	o	o	o	o
Schußsonde		o	o	o			
Vibro-Kernsonde	o					o	
c) vom Meeresboden aus:							
UBUG	o	o	o	o			
Arbeitskammer	o	o	o	o			
Arbeits-U-Boot				o	o	o	o
ReCUS	o	o	o				
Portunus				o	o	o	

ge: Wie und mit welcher Präzision wird der Boden auf Naßbaggerarbeiten zugeschnitten ausgeschrieben. Die verfügbaren Informationen sind auch fast immer abhängig von der Darstellungsweise der beteiligten Untersuchungsinstanzen (Ingenieurbüros, Bodengutachter) und deren lokal geprägter Ausdrucksweise.

Im folgenden soll daher so etwas wie ein „Sternenhimmel" der Ansatzpunkte für die erforderlichen Bodenuntersuchungen präsentiert werden. Es beginnt alles – gewissermaßen zur Einführung und Gedankenordnung – mit einem Überblick über die Grundrichtung solcher Untersuchungen, d. h. ob die erforderlichen Untersuchungen zunächst

> von der trockenen Erdoberfläche aus,
> von der Wasseroberfläche (d. h. vom Schiff aus) oder
> vom Gewässerboden (Fluß, Meer) aus

durchgeführt werden können.

Prinzipiell geht es beim Wasserbau um die gleichen verfahrenstechnischen Prozesse wie im trockenen Erdbau, d. h. um das Gewinnen, Transportieren und Einbauen des Bodens, nur daß das Gewinnen wieder unterteilt werden muß in das eigentliche Lösen des

Bodens und das anschließende Laden, das nicht mehr grabend, sondern saugend erfolgt. Auch wird der Transport als „Feststoff-beladene Flüssigkeit" durchgeführt, wobei die Flüssigkeit das tragende (und bewegende) Element ist (gewissermaßen das „Förderband"), während der „Einbau" des geförderten Bodens in ein Spülfeld erfolgt, das dann wieder die Trennung von Feststoff und Wasser im angeförderten Gemisch vornimmt.

Ähnlich wie die amerikanischen Erdbaupraktiker den „Boden" nur in 4 Kategorien unterteilen, nämlich in

Common earth – Sand – Clay – Rock

und danach die Wahl der Geräte vornehmen, unterscheiden die gestandenen Wasserbauer bei uns

Schlamm	(mit Saugbagger zu gewinnen)
Feinstsand	(mit Laderaumsaugbagger aufzunehmen)
Mittelsand	(mit Schneidkopfbagger zu lösen)
Kleiboden	(mit Schneidkopfbagger zu gewinnen)
Geröll	(mit Eimerkettenbagger zu lösen)
Fels	(mit Reißen, Meißeln oder Sprengen zu gewinnen),

wobei für die Durchführung einer hydraulischen Förderung nicht nur die Gewinnung des Materials, sondern auch sein Verhalten als feststoffbeladene Flüssigkeit, also in der Rohrleitung wichtig ist.

Soweit die Praktiker. Doch das reicht meist nicht. Zuverlässiger sind konkrete Informationen über Bodenart und Zustand, und dazu muß man sich den Boden konkreter ansehen.

Die Geräte und ihre zugehörigen Verfahren müssen – zusammen mit den üblichen Bodenkennwerten (s. Abschnitt 4.4) – das Minimum an Bodeninformationen, die man für einen einigermaßen fundierten Naßbaggereinsatz benötigt (Tafel **4.2**), liefern.

Tafel **4.2**   Bodenerkundung (Minimalforderung)

Bohrsondierungen	:	Schlauchkern
Kornanalyse	:	Mittlerer Korndurchmesser
Wichte (Spezifisches Gewicht)	:	Feststoff Haufwerk
Wassergehalt (Feststoff : Wasser)	:	1 : n
Dichte	:	Lagerungsdichte
Konsistenz	:	Atterberg : Roll-/Fließgrenze
Scherfestigkeit	:	Flügelsonde Hand-Penetrometer
Druckfestigkeit	:	SPT Druckversuch (unbehindert)
Gewinnungsfestigkeit	:	Handwerkzeuge: Schaufel Reißzahn Spaten Meißel Hacke Keil

4.1.1 Untersuchungen von der Geländeoberfläche aus

Hier kommen zunächst, wenn es sich um trockenen, feuchten oder nassen Boden handelt, die gleichen Methoden zur Anwendung wie im Erd- und Tiefbau. Dazu sei verwiesen auf [21], Seite 137–152 und [10], Seite 90–142. Zu erwähnen sind

> Greiferzangen
> Bohrgeräte
> Stechzylinder
> Stoßbüchsen
> Kernbohrungen
> Drucksondierungen
> Rammsondierungen
> Drehsondierungen
> Vibrosondierungen.

Müssen Untersuchungen im größeren Rahmen und in geringer Tiefe durchgeführt werden, so sind Greifbagger und Schürfkübelbagger zweckmäßig, die am Ufer stehen und mit ihren Gitterauslegern 20–50 m weit in den Wasserbereich hineinreichen. Hier haben Greifbagger größere Tiefen und Schürfkübelbagger größere Reichweiten (Ausschwingen des Kübels) anzubieten.

Die gebräuchlichsten Sondierwerkzeuge für den Hand- und leichten Maschinenbetrieb sind in Bild **4.**2 dargestellt. Dabei ist darauf hinzuweisen, daß die Schneckenbohrer und die offenen Schappen nur für bindige Böden geeignet sind. Rollige Böden werden besser mit Stoßbüchsen (mit Bodenklappe) oder Kiespumpen untersucht (Bild **4.**3).

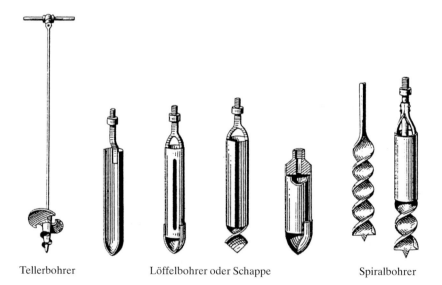

Tellerbohrer   Löffelbohrer oder Schappe   Spiralbohrer

4.2 Die gebräuchlichen Sondierwerkzeuge für den Handschacht

TROCKEN-BOHRWERKZEUGE

a) Stoßbüchse
b) Schlammbüchse
c) Kiespumpe

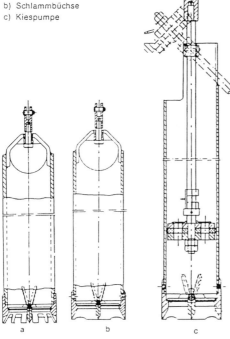

4.3 Kiespumpe zur Bodensondierung [207]

4.4 Schwere Rammsonde mit 50 kg
Fallgewicht (SRS 50)

Sehr gebräuchlich sind Drucksondierungen (vor allem in feinkörnigen Böden) und Rammsondierungen. Letztere sind in ihrer Reichtiefe stark vom
Schlaggewicht abhängig. So reichen
schwere Rammsonden mit 50 kg Fallgewicht bis ca. 20 m Tiefe, überschwere Rammsonden mit bis zu 200 kg
Fallgewicht bis 40 m Tiefe. Eine
schwere Rammsonde zeigt Bild **4.**4,
eine überschwere Rammsonde Bild
4.5.

4.5 Überschwere Rammsonde mit 200 kg
Fallgewicht (SRS 200)

Eine Drehsonde (Flügelsonde) ist in Bild **4.**6 dargestellt. Dort wird das erforderliche Drehmoment als Kennwert gemessen. Eine Flügelsonde mit verstellbaren Schneidflügeln (Bild **4.**7) ist vor allem dort zweckmäßig, wo in mehr oder weniger bindigen Böden gearbeitet werden soll und die Schnittfähigkeit des Bodens, d. h. die Frage, ob schneidende Werkzeuge (rotierende Schneidköpfe, Schürfkübel oder Eimerkettenbagger) eingesetzt werden müsen, von Bedeutung ist.

4.6 Drehflügelsonde   **4.**7 Flügelsonde mit verstellbaren Schneidflügeln

Einigermaßen ungestörte Bodenproben liefert nur der Stechzylinder. Dabei ist zu beachten, daß die Probenabmessungen   mindestens 10 cm × 15 cm betragen sollen – je größer, um so besser! Diese sind jedoch praktisch nur für Druckfestigkeitsuntersuchungen (bei unbehinderter Seitenausdehnung) bindiger Bodenproben einzusetzen. Für rollige Böden bieten Kiespumpen, für steinige Böden Stoßbüchsen eine Einsatzmöglichkeit, jedoch sind die Proben meist mehr oder weniger stark gestört (Bild **4.**8).

Das sind die gängigsten Methoden – mit geringem Aufwand und billig in der Durchführung. Darüber hinaus sei auf Echolot und andere Sonar-Methoden hingewiesen (z. B. Seismic-Test), deren Aussagefähigkeit jedoch umstritten ist.

4.8 Stoßbüchse für das Sondieren in steinigen Böden

4.1.2 Untersuchungen von der Wasseroberfläche aus

Hier ist auf jeden Fall eine schwimmende Basis für das Untersuchungsgerät erforderlich. Gebräuchlich sind Bohrinseln, Hubinseln und Schreitinseln, Pontons und schwere Arbeitsschiffe (Bild **4.**9).

Bodenuntersuchungen von der Wasseroberfläche – also von einem schwimmenden oder stehenden Untersatz aus waren früher eigentlich der Normalfall für Untersuchungen im Wasserbau. Sie waren, wenn sie schwimmend durchgeführt wurden, mit großer Ungenauigkeit behaftet und auch wegen der Abhängigkeit von Wasserstandsschwankungen und Wellenbewegungen immer problematisch. Vom festen Standort aus (Hubinsel, Stelzenponton) konnte zwar ein Großteil der im vorigen Kapitel behandelten Methoden angewandt werden, aber es blieb das Problem der stabilen Verbindung zwischen Standortoberfläche und zu untersuchendem Untergrund.

4.9   Stelzenponton als Plattform für Unterwasser-Sondierungen

Aus heutiger Sicht kommt der Einsatz von Greif- oder Schürfkübelbaggern von einem Ponton aus in Frage. Die instabile Verbindung zwischen der (schwankenden) Potonoberfläche und dem festen Untergrund wird ausgeglichen durch die flexible Seilverbindung zwischen Bagger und Grabgefäß und stellt meist – trotz aller Nachteile – eine solidere Lösung dar als ein festes Bohr- oder Rammgestänge, mit dem andere Untersuchungswerkzeuge (drückend, drehend, stoßend) angetrieben werden. In den Bereich der seilgetriebenen Untersuchungen gehören auch die sogenannten Schleppfische, die etwa mit dem Einsatz von Eimerseilkübeln zu vergleichen sind.

Gebräuchlich sind auch die sogenannte Schußsonde und die Vibrokernsonde – erstere durch senkrechtes Einschießen eines Entnahmezylinders von einem am Seil herabgelassenen Führungsgestell aus, letztere nicht durch Einschießen, sondern durch Einvibrieren des Entnahmezylinders. Die Schußsonde dient vor allem der Untersuchung von Sandschichten; zwar wird die Lagerungsdichte durch die Explosionswirkung beeinträchtigt, aber der Schichtaufbau wird kaum beeinflußt und entspricht in etwa den Ergbnissen der

Schlauchkernbohrung, eignet sich also besonders auch für rollige Böden mit fein- und feinstkörnigen (Schluff-)Einlagerungen, die bei konventionellen Untersuchungen meist ausgespült werden.

Recht erfolgreich hat sich in neuerer Zeit die sonst für horizontale Rohr- oder Kabeldurchpressungen verwendete Erdrakete erwiesen, – hier senkrecht in die Tiefe eingesetzt. In den bisherigen Erprobungseinsätzen wurden im Fein- und Kiessand Tiefen bis zu 15 m im festen Material (ohne die überdeckende Wassertiefe) erreicht [28].

Bei der Vibrokernsonde wird in das Entnahmerohr aus Metall ein Plastikrohr eingesetzt, das dann mit der Bodenprobe weitergeleitet wird. Um die Eindringgeschwindigkeit und die Eindringtiefe zu registrieren, sind spezielle Meßgeräte entwickelt worden. Die Kerne haben 7 cm Durchmesser und sind bis zu 5 m lang. Für grobkörnige Böden können Kerne mit größerem Durchmesser verwendet werden [29].

Im weiteren Umfeld sind Echolot und spezielle Sonar-Methoden zu erwähnen, die versuchen, auf akustischem Wege Informationen über die Beschaffenheit des Untergrundes zu erlangen.

4.1.3 Untersuchungen vom Gewässerboden aus

Um die Schwierigkeiten bei der Verwendung einer schwimmenden Standfläche auf der Wasseroberfläche zu umgehen und überall dort, wo die Wassertiefe eine Verbindung zwischen Ponton und Untergrund über feste Stelzen oder Füße nicht mehr zuläßt, sind Geräte entwickelt worden, die die Bodenuntersuchungen direkt vom Meeresboden aus durchführen und sich auf Raupenfahrwerk oder Stelzenfahrwerk fortbewegen.

Zu nennen ist hier vor allem das UBUG (Unterwasser-Boden-Untersuchungs-Gerät) (Bild **4.**10). Das Gerät ist mit Raupenfahrwerk ausgerüstet und kann bei geeigneter Böschungsneigung (flaches Ufer) mit eigenem Antrieb bis in ca. 80 m Wassertiefe (erweiterungsfähig bis 250 m) eingesetzt werden. Es wird ferngesteuert und kann

> Drucksondierungen,
> Probeentnahmen mit Stechzylinder,
> Flügelsondierungen und
> Messungen über die Schneid-, Saug- und
> Transportfähigkeit von Böden

durchführen. Um die letztere Aufgabe wahrzunehmen, es ist mit einem Schneidkopf, einer kleinen Baggerpumpe und einer Meßvorrichtung ausgerüstet, um Menge und Dichte (Feststoffkonzentration) des gelösten Bodens zu untersuchen. Diese Vorrichtung dient vor allem dazu, die Einsatzmöglichkeiten eines Schneidkopfsaugbaggers zu untersuchen, d. h.: ob und mit welchem Erfolg ein Schneidkopfsaugbagger einsetzbar ist und der gelöste Boden für den hydraulischen Feststofftransport aufbereitet werden kann [30].

Wichtig ist vor allem, daß ein solches Gerät Bodenproben auch in größerer Tiefe (hier bis 80 bzw. 250 m) entnehmen kann, die dann im Labor analysiert werden. Einen anderen Weg beschreitet die beim Bau des Oosterschelde-Sperrwerkes entwickelte sogenannte bemannte Arbeitskammer (Bild **4.**11), die von einem Begleitschiff aus auf dem Meeresboden abgelassen wird. Die Arbeitskammer ist an ihrer Unterseite mit einer Drehbohranlage ausgerüstet, kann über einen Hydraulikzylinder Drucksondierungen durchführen und Bohrkerne ziehen. Die Hydraulikanlage kann bis zu 60 t Druck mit 1 m Hub ausführen und ist bisher für Wassertiefen bis 200 m (Wasserdruck!) ausgelegt [5].

4.10 Unterwasser-Boden-Untersuchungsgerät (UBUG)

4.11 Bemannte Arbeitskammer „Johan V" [66]

Weiter ist zu nennen das von den Japanern entwickelte sogenannte ReCUS, – eine kleine unter Wasser ferngesteuert einsetzbare Schreitinsel (Bild **4.**12), die zunächst als Geräteträger vorgesehen war, nun aber für vielfältige Arbeiten auf dem Meeresboden eingesetzt wird (Bild **4.**13).

4.12 Ferngesteuerte Unterwasser-Schreitinsel als Geräteplattform

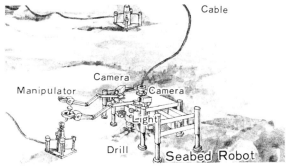

4.13 Einsatzbeispiel für das „ReCUS" nach Bild **4.**12

4.14   Unterwasser-Inspektionsfahrzeug Portunus [66]

Schließlich ist noch der „Portunus" zu erwähnen (Bild **4.**14), der – ebenfalls im Zusammenhang mit dem Bau des Oosterschelde-Sperrwerkes – zur Inspektion des Meeresbodens und der Mattenoberfläche entwickelt wurde. Er ist 6 × 4 m groß, wiegt 6,5 t und fährt normalerweise auf Raupen. Zur besseren Beweglichkeit hat er zusätzlich ein Reifenfahrwerk, das vor allem die gute Querbewegung sicherstellen soll.

Das Gerät ist ausgerüstet mit

1 Voraus-Sonargerät zur Ortung von Hindernissen vor dem Fahrzeug,
1 Sidescan-Sonargerät zum Aufzeigen von größeren Ablagerungen und Steinen neben dem Fahrzeug,
4 Sensoren zur Messung von bis zu 15 cm starken Sandablagerungen in Fahrtrichtung voraus,
6 eingebauten Leuchtstofflampen zur Aufhellung der Fahrbahn,
1 Fernsehsystem mit
  6 Unterwasser-Kameras mit Klarsichtvorsatz,
  das an einem Galgen hängt und für Rundumaufnahmen geeignet ist,
1 Sandlagen-Dichtemesser, bestehend aus mehreren Echoloten für 15 bis 25 cm dicke Bodenschichten.

An der Vorderseite des Fahrzeugs befindet sich der eigentliche Inspektionswagen mit 3 Klarsicht-Vorsetzblöcken, um die begrenzten Sichtverhältnisse unter Wasser für die Fernsehkameras zu verbessern – was sich jedoch als außerordentlich schwierig erweist, wenn das Fahrzeug in Bewegung ist und die Raupenketten Schlamm aufwirbeln (Bild **4.**15).

Zu Portunus gehört das Begleitschiff Wijker Rib, das über ein Umbilical (vieladriges Versorgungskabel, 7 cm dick und 250 m lang) den Portunus steuert und mit Energie versorgt. Wenn Portunus in seiner jetzigen Form auch nicht als eigentliches Bodenuntersuchungsgerät bezeichnet werden kann, so ist es doch als universeller Geräteträger äußerst interessant und vor allem durch die gute Beobachtungsmöglichkeit der (eventuellen) Arbeitsvorgänge von Bedeutung. Es ist also ein „sehendes" Unterwasserfahrzeug.

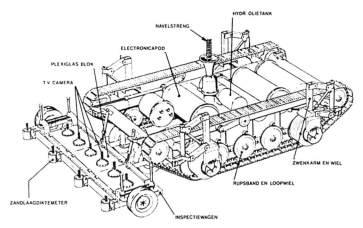

4.15 Systemzeichnung des Portunus [66]

Schließlich sind Arbeits-U-Boote zu erwähnen, die in kleinsten Abmessungen für 1 bis 2 Mann Bedienung auf dem Markt sind und die Arbeitsvorgänge direkt vor Ort beobachten und optimal steuern können.

4.2 Terramechanik

Auf ein Problem muß in diesem Zusammenhang hingewiesen werden: Meist wird der zu bearbeitende Boden mit bodenmechanischen Kennziffern beschrieben. Die aber treffen nicht unbedingt den Kern der Sache und sind oft Ursache für Fehlkalkulationen. So wird z. B. zur Kennzeichnung der Gewinnungsfestigkeit oft die Druckfestigkeit von Bodenproben (bei unbehinderter Seitenausdehnung) herangezogen. Das aber ist nur ein „Teil der Wahrheit". Es geht nicht um die Druckfestigkeit (oder eine andere bodenmechanische Größe), sondern um die G e w i n n u n g s festigkeit. Die Druckfestigkeit ist eine lineare Größe, die Gewinnungsfestigkeit aber ist dreidimensional. „Gewinnen" heißt immer: Herauslösen einer definierten Bodenmenge aus dem gewachsenen Zusammenhang – und dieser Vorgang ist (fast immer) dreidimensional ausgerichtet [32].

Ein Beispiel sei angeführt: Zäher Ton unter Wasser weist meist eine geringe Druckfestigkeit auf; er steht weich bis steifplastisch an und weicht dem eindringenden Druckstempel (oder der Kegelsonde) geschmeidig aus, – ist aber äußerst schwer zu gewinnen. Um ihn aus seinem Zusammenhang herauszureißen, muß der Boden oft mit einem Meißel keilförmig vorgelockert und seitlich weggebrochen werden, bevor er mit dem Grabgefäß aufgenommen werden kann. Drucktechnisch gesehen handelt es sich um einen Boden mittlerer Festigkeit (z. B. Bodenklasse 4 oder 5 nach DIN 18300), hinsichtlich seiner Gewinnungsfestigkeit ist er jedoch auf jeden Fall in Klasse 6 einzuordnen, weil er nicht in einem einzigen Arbeitsgang gelöst werden kann, sondern immer vorgelockert werden muß.

Und noch eines sei in aller Deutlichkeit gesagt: Die Gewinnungsfestigkeit läßt sich nicht „berechnen", – etwa aus der Druck- oder Scherfestigkeit. Bodenmechanische Kennwerte können hier nur Hilfswerte sein, – die Gewinnungsfestigkeit ist immer eine Kombination aus verschiedenen bodenmechanischen Einflußgrößen und muß oft mehr „erfühlt" werden.

Der Wirklichkeit wird man viel eher gerecht, wenn man z. B. die Bodeneinteilung nach Kögler-Scheidig anwendet (s. Tafel **4.**6), die sich an der Gewinnbarkeit des Bodens mit Hand-Werkzeugen orientiert und z. B. abfragt, ob der Boden mit der Schaufel, dem Spaten, der Hacke, dem Meißel usw. gewonnen werden kann. Diese Einteilung wird dem Gerwinnungsmechanismus der Erdbaugeräte viel besser gerecht als bodenmechanische Kennwerte. Voraussetzung ist natürlich, daß der zu untersuchende Boden in situ mit einem Hand-Werkzeug angegriffen werden kann bzw. als Bodenprobe so groß ist, daß er mit einem solchen Werkzeug im Labor zu bearbeiten ist.

Und schließlich sei darauf hingewiesen, daß die bodenmechanische „Optik" quasi statisch, zum mindesten auf sehr langsame Bewegungen (man denke etwa an Setzungen!) ausgerichtet ist, während die Terramechanik mit Geschwindigkeiten um etwa 1 m/s arbeitet und zwangsläufig zu anderen Ergebnissen führen muß.

4.3 Bodenklassifizierung

Von Interesse sind hier:

a) Im Vorfeld der Untersuchungen

     – DIN 18196 Bodenklassifizierung für bautechnische Zwecke
     – DIN 18300 VOB: Erdarbeiten.

Ferner   – DIN 4022 Korngrößen
     – DIN 4023 Kurzzeichen, Zeichen und Farben für Bodenarten und Fels

b) Zur Kennzeichnung der Böden speziell für Naßbaggerarbeiten:

     – DIN 18311 VOB: Naßbaggerarbeiten
     – PIANC (Permanent International Association of Navigation Congress)
     – Kögler/Scheidig: Gewinnungsklassen-Einteilung (s. Tafel **4.**6)

Maßgebend bei uns (d. h. im inländischen Gebrauch) ist die DIN 18311, die den Boden aus der Sicht der Naßbaggerei in 12 Klassen einteilt:

Klasse A:	fließende Bodenarten
Klasse B:	bindige Bodenarten, weich bis steif
Klasse C:	bindige Bodenarten, steif bis fest
Klasse D:	bindige Bodenarten, rollig/bindig
Klasse E:	rollige Bodenarten, gleichförmig feinkörnig
Klasse F:	rollige Bodenarten, feinkörnig
Klasse G:	rollige Bodenarten, mittelkörnig
Klasse H:	rollige Bodenarten, gemischtkörnig
Klasse I:	rollige Bodenarten, grob und gemischtkörnig
Klasse K:	rollige Bodenarten, grobkörnig
Klasse L:	lockerer Fels und vergleichbare Bodenarten
Klasse M:	fester Fels und vergleichbare Bodenarten

In der PIANC-Einteilung (Tafel **4.**3) werden als wichtigste Merkmale herausgestellt (siehe auch Tafel **4.**4 [33]):

Wichtig dabei ist immer, daß der Boden nicht nur

    – hinsichtlich seiner Gewinnungsfestigkeit im gewachsenen Zustand, sondern auch
    – in seinem Verhalten beim Wassertransport (feststoffbeladene Flüssigkeit, Schleppkraft des Wasserstromes) und
    – in seiner Ablagerung beim Einbau

beurteilt wird.

Auch die Druckfestigkeit der Gesteine kann von Bedeutung sein (z. B. für den Verschleiß durch Abrieb, für die Gewinnungsfestigkeit).

Tafel **4.**3   Vorgehen nach Pianc

Tafel 1: Allgemeine Klassifikation der Böden
Tafel 2: Erforderliche Untersuchungen (Boden)
Tafel 3: Untersuchungsmethoden
Tafel 4: Klassifikation von Fels
Tafel 5: Erforderliche Untersuchungen (Fels)
Tafel 6: Untersuchungsmethoden
Tafel 7: Untersuchungsverfahren
Tafel 8: Baggermethoden für verschiedene Böden

Tafel **4.**4   Die wichtigsten Bodenkennwerte nach Pianc

Rolliger Boden	Sondierwerte
Korngröße	Drucksondierung
Kornverteilung	Rammsondierung
Lagerungsdichte	SPT
Ungleichförmigkeit	Flügelsondierung
	Proctordichte
Bindiger Boden	
Plastizität	Allgemein
Konsistenz	Eindringwiderstand
Kohäsion	Porenvolumen
Scherfestigkeit	Porenwasserdruck
	Innere Reibung

4.4 Bodenbeschreibung

Handelt es sich um Arbeiten ü b e r Wasser, also im trockenen, feuchten oder nassen Boden, so kann man sich nach den gängigen Regeln des Erdbaus richten, d. h. also von der DIN 18 300 ausgehen und die im Erdbau gebräuchlichen Kennwerte heranziehen (s. [21]). Für Arbeiten i m Wasser sind jedoch eine Reihe zusätzliche Informationen erforderlich, wobei die Grenze zwischen trocken und naß von Fall zu Fall verschieden ist.

Die Beschreibung der Böden unter Wasser ist wesentlich schwieriger. Eigentlich kann man nie genug Kennziffern erhalten, um eindeutige Aussagen über die hier interessierenden Bereiche aus

> Eindringwiderstand
> Gewinnungsfestigkeit,
> hydraulischem Bodentransport und
> Absetzverhalten (auf der Spülkippe)

zu machen. Der Boden ändert bei der Gewinnung durch die Maschinen ständig seinen Zustand, weil das auftretende Wasser den Boden umrührt und den Gewinnungsprozeß meist vereinfacht. In der (hydraulischen) Bodenförderung jedoch wirken die Korngröße

Tafel **4**.5 Die Rammfähigkeit der Böden [67]

Schwere der Böden	Bodenart	Spülhilfe angebracht = ja nicht angebracht = nein bei Rammteilen aus			Bemerkungen
		Holz	Stahlbeton	Stahl	
sehr leicht	Moor, Torf, Schlick, weicher Klei und ähnliche breiige bis weiche Bodenarten	nein	nein	nein	
leicht	locker gelagerte Mittel- und Grobsande, angeschüttete, nicht künstlich verdichtete Böden	nein	nein	nein	
	weiche Tone	nein	nein	nein	
mittel	mitteldicht gelagerte Mittel- und Grobsande (evtl. mit kleinen Steinen)	nein	ja	nein	Artesisches Grundwasser begünstigt den Rammfortschritt
	feinkiesige Böden	ja	ja	nein	
	steife Tone und Lehm	nein	nein	nein	
schwer	Feinsande	ja	ja	nein	
	fest gelagerte Feinkiese	–	–	nein	
	halbfeste bis feste Tone, Lehm	nein	nein	nein	
	Trümmerschutt (bis zu mehreren Metern Mächtigkeit), jedoch ohne Beton- oder Stahleinschlüsse	–	nein	nein	kräftige, rammgünstige Profile wählen
sehr schwer	fest gelagerte feinsandige und schluffige Böden, evtl. leicht tonig	ja	ja	ja	
	fest gelagerte Mittel- und Grobkiese, Geröll- und Moränenschichten	–	–	nein	
	harte Tone	–	–	nein	
	Geschiebemergel	–	–	nein	Rammtiefe begrenzt
	Verwitterungsschicht von Fels	–	–	nein	
	Schiefertone, weicher Fels	–	–	nein	

Bemerkung: Das Zeichen – bedeutet, daß Holz- bzw. Stahlbetonpfähle oder -Spundwände hier nicht angewendet werden sollten.

der Bodenteilchen (im bindigen Boden die Größe der gelösten Bodenspäne) und die Strömungsgeschwindigkeit des Wassers zusammen, wenn es um das Fließverhalten der feststoffbeladenen Flüssigkeit geht und die tatsächlich auftretende Schleppwirkung des Wassers gefragt ist. Sie real zu bestimmen ist außerordentlich schwierig, und hier sind auch Bodenkennwerte immer nur eine bescheidene Hilfe. Selbst erfahrene Naßbaggerexperten haben in ihren Aussagen oft neben der Wirklichkeit gelegen. Hier ist also Vorsicht im besonderen Maße geboten und man tut gut daran, mit möglichst großen Schwankungsbreiten zu arbeiten und von vornherein immer an Varianten zu denken, wenn die Naßbaggerlösung keine befriedigende Ergebnisse bringt (s. a. [31]). Oft muß man sich mit einer verbalen Beschreibung helfen. Ein Beispiel dafür gibt Tafel **4**.5. Hier gilt es zu bedenken, daß sich der Boden bei einem 30 m langen Pfahl auf dem Weg in die Tiefe von den verschiedensten Seiten zeigen kann und sein Eindringwiderstand zahlenmäßig kaum zu erfassen ist.

4.5 Nutzanwendung

Zur Orientierung: Erwähnt wurde die Unterteilung des Naßbaggerprozesses in die Verfahrensschritte Lösen – Laden – Transportieren – Ablagern. Erwähnt wurden die verschiedenen Möglichkeiten der Bodenkennzeichnung und Klassifizierung, ebenso die wichtigsten Kennwerte, die man unbedingt benötigt, um klare Einsatzentscheidungen zu treffen. Aus der gesamten Prozeßkette vom Beginn bis Ende der Bodenförderung sollen hier nur die beiden ersten (das Lösen und Laden) behandelt werden, während auf das Transportieren und Ablagern in Kapitel 10 (hydraulische Förderung) eingegangen wird.

„Lösen" heißt immer: Herausbrechen einer „Portion Boden" aus dem größeren Zusammenhang. Leitgröße ist dabei die Gewinnungsfestigkeit. Sie setzt sich aus vielen Teilgrößen zusammen und ist nicht etwa nur mit Zylinderdruckfestigkeit usw. zu definieren. Am aussagekräftigsten hinsichtlich des Maschineneinsatzes ist die Gewinnungsklasseneinteilung nach Kögler-Scheidig (Tafel **4**.6), die sich am Arbeitsaufwand beim Handschacht (Hand-Werkzeuge) orientiert. Ihre Verfeinerung nach Tafel **4**.7 ermöglicht eine bessere Verständigung gerade im Problembereich zwischen Gewinnungsklasse 5 und 6, also im Grenzbereich von Boden und Fels.

Folgt man dem Prozedere einer Ausschreibung von Naßbaggerarbeiten, so steht am Anfang die Anfrage nach der Festigkeit des zu lösenden Bodens. Sie wird in der 1. S t u f e am besten über die Gewinnungsfestigkeit definiert. Diese wird im einfachsten (leider aber auch im häufigsten) Fall verbal angegeben, – etwa in der DIN 18311 oder der PIANC-Classification oder auch, wie bereits erwähnt, über die Einteilung nach Kögler-Scheidig (Tafel **4**.6) und deren Verfeinerung in Tafel **4**.7.

Etwas genauer geht die 2. S t u f e das Problem an: über Bodenkennwerte. Sie sind entweder in der Ausschreibung enthalten oder müssen im Labor anhand von Bodenentnahmen ermittelt werden. Eine Zusammenfassung aller für die Dimensionierung wichtigen Bodenkennwerte – soweit sie bisher erhältlich sind – wurde in Tafel **4**.8 vorgenommen. Diese Tafel stellt den Versuch dar, die in der Literatur erschienenen Angaben (die sich oft widersprechen), kombiniert mit den eigenen praktischen Erfahrungen zu einer Art Matrix zusammenzufügen, die bei der Frage nach der Gewinnungsfestigkeit helfen

Tafel 4.6   Kennzeichnung der Gewinnungsfestigkeit nach Kögler-Scheidig, aus [82]

VOB DIN 1962	b	c		d			e	
Klasse	1	2	3	4	5	6	7	8
Name	loser Boden	Stichboden		Hackboden		Hackfelsen	Schießfelsen	
		normal	schwer	normal	schwer		normal	schwer
Kennzeichnung	ohne Zusammenhang, oder sehr geringer Zusammenhang	geringer Zusammenhang, weiche Beschaffenheit	mittlerer Zusammenhang	fester Zusammenhang	sehr fester Zusammenhang, oder Gewinnung von Boden 4 besonders erschwert	verwitterte Gesteine oder in leicht lösbaren schwachen kluftigen Bänken	gesunde Gesteine in geschlossenen Bänken von rd. 1 m geschichtet	ganz feste, gesunde, schwer bohr- und schießbare Gesteine, wenig zerklüftet
Beispiele	Dünensand, Acker-, Gartenerde. Ganz loser Fluß- und Grubensand und -kies. Weicher, nicht zäher Schlamm	schwach lehmiger Sand oder Kies. Feuchter Sand und Kies. Echter Löß. Sehr weich. Lehm oder Ton oder Schlick oder Klai. Torf. Zäher Schlamm, Wiesenkalk	Weicher oder sandiger Lehm. Grober loser Kies. Grobes loses Gerölle. Boden 2, der zäh an Schaufel klebt. Torf mit größeren Holzeinschlüssen	Fester Lehm oder Ton oder Mergel. Bindiger, sehr grober Kies oder Gerölle	Sehr fester Lehm (Ton, Mergel). Boden nach 4, aber mit großen Steinen über Kopfgröße durchsetzt. Festes, grobes Gerölle, loser verwitterter Fels in groben Stücken	Brüchiger Schiefer, weicher Sandstein oder Kalkstein, Kreide, Rotliegendes	Sand- und Kalksteine. Feste Schiefer. Stark zerklüftete, ganz feste Gesteine	Granit, Syenit, Gneis, Porphyr usw.
Lösegerät und -arbeit	nur Schaufel	erschwerte Schaufelarbeit oder leichte Spatenarbeit	schwere Spatenarbeit oder leichte Hackarbeit	Breit- oder Spitzhacke. Normale Hackarbeit	Spitzhacke, Kreuzhacke (Keile). Schwere Hackarbeit	Spitzhacke, Brechstange, Keile, Preßluftmeißel	teilweise Brechstangen, teilweise Bohren und Schießen	nur Bohren und Sprengen

Tafel **4.6** Kennzeichnung der Gewinnungsfestigkeit nach Kögler-Scheidig, aus [82] (Fortsetzung)

Leistung in m³ je Std. / Mittel m³	1–1,5 / 1,2	0,8–1,2 / 1,0	0,6–0,8 / 0,7	1–1,5 / 1,2	0,7–0,9 / 0,8	0,4–0,6 / 0,5	0,3–0,4 / 0,35	0,15–0,20 / 0,17	0,10–0,15 / 0,12
	für Lösen und Laden			für Lösen allein					
Würfelfestigkeit (at)	0	0–0,5	0,5–1,5		1–3	2–6	sehr verschieden	200–600	>600
Auflockerung aufgs. / bleibd. %	10–15 / 1–2	15–20 / 1–2	20–25 / 2–4	25–30 / 4–6	30–45 / 6–7	40–50 / 6–7	40–50 / 6–7	40–50 / 10–15	40–50 / 10–15
mkg/m³ max.	10000	15000	20000	26000	70000	100000		15000	

Tafel **4.7** Präzisierung der Gewinnungsklassen 6 und 7

Handwerkzeug	Lösemethoden	Bezeichnung	Gew. Kl.
Breithacke 10 cm	Hacken	Hackboden, leicht	4
Breithacke 5 cm	Hacken	Hackboden, schwer	5
Hackfels:			
Spitzhacke	Kratzen	Hackfels, leicht	6a
Spitzhacke	Hacken	Hackfels, mittel	6b
Spitzhacke	Brechen	Hackfels, schwer	6c
Reißfels:			
Pickelhacke	Hacken	Reißfels, leicht	7a
Brechstange	Stoßen	Reißfels, mittel	7b
Brechstange	Brechen	Reißfels, schwer	7c
Meißelfels:			
Brechstange	Meißeln	Meißelfels, leicht	7d
Keile + Schlägel	Meißeln	Meißelfels, mittel	7e
Keile + Schlägel	Meißeln	Meißelfels, schwer	7f

Tafel **4.8** Die wichtigsten Bodenkennwerte für die Gewinnungsklassen

Gewinnungsklasse		1	2	3	4	5	6	7	8
		Loser Boden	Stichboden		Hackboden		Hackfels	Fels	
Lösewerkzeug		Schaufel	Schaufel/Spaten		Breithacke		Spitz-hacke	Reißzahn	Meißel/Sprengen
Gewinnungsfestigkeit	mkg/m^3	10000	15000	20000	26000	70000	100000		
Raumgewicht, erdfeucht	t/m^3	1,5	1,6	1,8	2,0	2,2	2,5		
Raumgewicht, naß	t/m^3	1,85	1,9	2,0	2,3	2,7	2,8		
Lagerungsdichte	D	<0,3	0,3–0,6	0,6–1,0					
Druckfestigkeit, Fläche	kg/cm^2	<0,10	30	50	70	100	200	700	>1000
Druckfestigkeit, Würfel	kg/cm^2	0	0,1–0,6	0,6–1,4	1,4–3,0	3,0–6,0	6,0–120	120–600	>600
Druckfestigkeit, Kugel (60°)	kg/cm^2	0–10	10–40	40–75	75–150	150–250	250–500		
Scherfestigkeit	kp/cm^2	0–0,7	0,17–0,45	0,45–0,9	0,9–1,35	>1,35			
	kp/cm^2		0,7–1,1	1,1–1,8	1,8–2,6	>2,6			
Kohäsion	kp/cm^2	–	0,1	0,2	0,3	0,5	0,7		
SPT rollig	N	<4	4–10	10–30	30–50	15–30	>30		
SPT bindig	N	<2	2–4	4–8	8–15	15–100			
SRS 50	n_{10}	3–14	3–38	14–34	3–21	10–20	>20		
SRS 200 (n*)	n_{10}	1–2	2–5	3–8	5–10				
Grabwiderstand	kp/cm^2	0–1	1–2	2–3	3–4	4–5	5–7		

kann. Man verwendet dieses Tableau etwa nach Art eines morphologischen Kastens (Bild **2**.4) und bildet aus der quantitativen Integration der verfügbaren Werte eine Zusammenfassung in der (Leitgröße) Gewinnungsfestigkeit.

An dieser Stelle sei folgende Zwischenbemerkung eingefügt: Über den Boden etwas Konkretes auszusagen ist nahezu unmöglich. Den Boden schlechthin gibt es nicht, seine Beschaffenheit und Zusammensetzung wechselt ständig: Und dennoch wird im Angebot für eine Leistungsposition nur eine definierte Zahl erwartet, und die gilt dann für die gesamte Bauausführung. Wie problematisch der Boden ist, wenn er präzisiert beschrieben werden soll, zeigen manche Baugrunduntersuchungen, die nachher zu Auseinandersetzungen führten, weil beim Aushub ein ganz anderer Boden zutage trat, als im Gutachten beschrieben wurde. „Boden" ist kein St. 37 oder B 25 mit klar festgelegten Eigenschaften. Die Unsicherheit ist hier besonders groß – und wird eigentlich nur noch übertroffen von den Ausbruch- und Ausbauklassen im Tunnelbau. Man kann den Boden kaum in Kurven fassen. Wenn hier dennoch „Kurven" präsentiert werden, so sollen das nichts anderes als Einflußlinien sein. Sie sind nicht als exakte Werte aufzufassen, sondern wollen nur zeigen, in welchem Bereich man sich bewegt. Die hier aufgezeigten Zusammenhänge wollen (und können) nur Mosaiksteinchen an Informationen sein, die den Entscheidungshorizont ein wenig heller machen.

Sind weitere Untersuchungen erforderlich, so erfolgen sie dann in S t u f e 3 dieses Vorgehens in Form von Sondierungen. In Frage kommen Druck-, Ramm-, oder Drehsondierungen und der Standard-Penetration-Test. Hier werden die Rammsondierungen in den Vordergrund gestellt. Beginnend mit Angaben über die Druckfestigkeit von Böden allgemein werden die Angaben verfeinert über eine Korrelation mit der Zylinderdruckfestigkeit (unbehinderte Seitenausdehnung), um dann über die Schlagzahlen einer SRS 200 weitere – schnell zu erlangende – Informationen zu erhalten (Bild **4**.16). Schließlich wird in Bild **4**.17 eine Möglichkeit der Umrechnung anderer Sondierwerte in die Kategorien der SRS 200 gegeben.

Damit ist eine grobe Vorselektion insoweit erreicht, als nun Klarheit über die Gewinnungsfestigkeit gefunden sein sollte. S t u f e 4 befaßt sich dann mit der Ermittlung des Schneidwiderstandes, wobei die Schneidwiderstände allgemein in Bild **4**.18 dargestellt

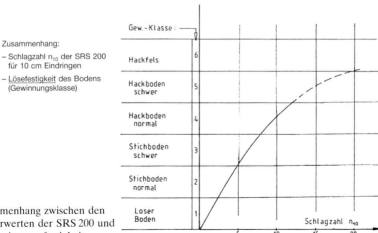

4.16 Zusammenhang zwischen den
Sondierwerten der SRS 200 und
der Gewinnungsfestigkeit

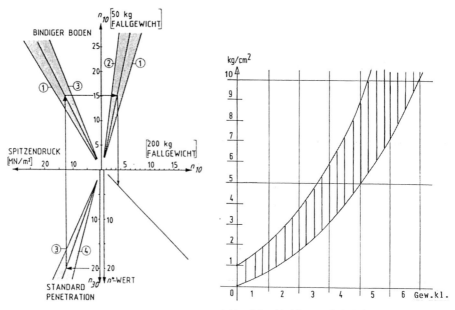

4.17   Umrechnung verschiedener Son-
       dierwerte in andere Systeme

4.18   Schneidwiderstände bei der Boden-
       Gewinnung

sind. Bild **4.**19 gibt die in situ gemessenen Schneidwiderstände eines Schaufelrades unter
Wasser [17] an, bezogen auf die Sondierergebnisse einer SRS 200.

In Stufe 5 erfolgt nun die Auswahl der Maschinenart (nicht der Größe), soweit sie bo-
denbedingt ist, – und das ist in den meisten Fällen der Einstieg in die Problemlösung.
Bild **4.**20 gibt eine Vorstellung über den Zusammenhang. –

Ergänzend zu diesem „Bilderbuchvorgehen", das immer nur für idealisierte Verhältnisse
gelten kann, muß man allerdings darauf hinweisen, daß zu einer einigermaßen treffsi-
cheren Prognose die Berücksichtigung der nach Tafel **4.**9 zu ermittelnden Hilfswerte insgesamt gehört, wenn es um die erforderliche Grabkraft eines Naßbaggers geht.

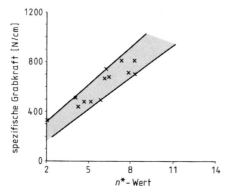

4.19   Schneidwiderstände, gemessen beim Kanalaushub nach Bild **4.**1

		Ton	Schluff	Sand			Kies		Geröll	Fels		
				fein	mittel	grob	fein	grob		weich	fest	hart
HYDRAULISCHE BAGGER												
Grundsauger	SH		•	•	•							
Schneidkopf - Bagger	CS	•	•	•	•	•	•					
Laderaum - Saugbagger	TH		•	•	•							
Schneidrad - Bagger	ES	•	•	•	•							
MECHANISCHE BAGGER												
Eimerketten - Bagger	BL	•	•	•	•	•	•	•	•	•	•	
Hochlöffel - Bagger	BD	•	•	•	•	•	•	•	•	•		
Tieflöffel - Bagger	BB				•	•	•	•	•	•	•	•
Eimerseil - Bagger	BE		•	•	•	•	•					
Greifbagger	BG			•	•	•	•	•				
Schürfraupen	SR			•	•	•						
Schürfwagen (Scraper)	SW			•	•	•						

4.20 Überblick über die verfügbaren Maschinenarten

Tafel **4.**9 Orientierungshilfen zur Ermittlung der Grabkraft

Druckfestigkeit
Drehfestigkeit
Verdrängungswiderstand
Zähigkeit
Adhäsion
Feinstkornanteil
Wassergehalt

Das gilt besonders für die Diskrepanz zwischen Eindringwiderstand und Bodenzähigkeit. Zäher Boden, wie er meist als steifplastischer („steifer") Ton in Erscheinung tritt, hat einen geringen Eindringwiderstand, aber eine hohe Zähigkeit. Letztere ist es, die den Maschinen ihre Arbeit schwer macht. Daher ist es ein fundamentaler Irrtum, die Schwierigkeiten bei der Gewinnung solchen Bodens von den Ergebnissen allein der Druck- oder Rammsondierung herzuleiten.

Problematisch bei allen Erscheinungsformen von „Zähigkeiten" ist, daß man sie nicht genau definieren kann. Sie läßt sich einigermaßen nur aus der Erfahrung in die Skala der Gewinnungsfestigkeit einordnen. Auf jeden Fall erschwert sie die Löse- (und auch die Lade-)Arbeit um mindestens e i n e Gewinnungsstufe!

Bleibt noch ein Wort über die Adhäsion zu sagen. Hier geht es um die Haftung eines Bodens an die Metallflächen der Arbeitswerkzeuge. Mit der Adhäsionsspannung als Zielgröße steht ein Adhäsions-Meßgerät zur Verfügung, das quantitative Aussagen über

die Abhängigkeit der Adhäsion vom Wassergehalt eines Bodens sowie
den Einfluß der Plastizität auf die Adhäsion

ermöglicht. Während die Adhäsion im ersten Fall ein deutliches Minimum (im untersuchten Boden) bei etwa 26% erreicht, steigt sie bei zunehmender Plastizität kabelförmig an. Da das Verkleben der Grabgefäße große Leistungseinbußen mit sich bringen kann, ist diesem Punkt immer größte Aufmerksamkeit zu widmen. Das gilt besonders auch für das Festrütteln des Feinsandes in den Grabgefäßen der Eimerkettenbagger!

Nach wie vor gilt die Gewinnungsfestigkeit als wichtiger – vielleicht „der wichtigste" Orientierungswert für die maschinelle Erdbewegung, ob trocken oder naß. Was man al-

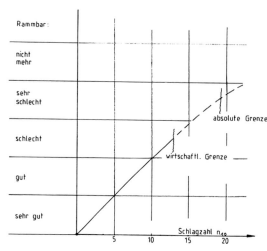

Zusammenhang:
– Sondierwerte der SRS 200
   (n_{10} = Zahl der Schläge
       für 10 cm Eindringen)
– Rammbarkeit des (rolligen) Bodens
   mit MS 100 und IP 600–1000

4.21   Ableitung der Rammbarkeit
von Böden aus der Schlag-
zahl der SRS 200

les damit anfangen kann, beweist besonders eindringlich Bild **4.21**. Dort wurden die Rammergebnisse mit einem IP 600 (teilweise bis IP 1000) den Sondierwerten einer überschweren Rammsonde (200 kg Fallgewicht) im Hinblick auf die Rammbarkeit des Bodens zugeordnet: Hinter den N_{10}-Werten der SRS 200 verbirgt sich der Verdrängungswiderstand und damit die Gewinnungsfestigkeit des Bodens.

Eine Zusammenfassung über das Vorgehen – eine Art Aufhellung des Entscheidungshorizonts – von „grob" nach „fein" gibt Tafel **4.10**, beginnend mit allgemeinen verbalen Angaben über den Boden bis hin zur Auswertung der Einsatzerfahrungen anhand von Analogien zu ähnlich gelagerten Einsatzaufgaben (immer mit Vorsicht zu genießen!).

Tafel **4.10**   Vorgehensstufen zur Präzisierung der Bodenangaben

1. Verbale Angaben
   z. B. über Rammbarkeit der Böden
	4. Angaben über Bodenkennwerte
	   aus Ausschreibungsunterlagen

2. Bodenklassifikation
   DIN 18300
   PIANC
   DIN 18311
	5. Entnahme von Bodenproben für
	   Laboruntersuchungen

	6. Bodensondierungen z. B. SRS 200

3. Gewinnfestigkeit
   Kögler-Scheidig
	7. Einsatzerfahrungen
	   Analogien

4.6 Zusammenfassung

Steht man vor der Aufgabe, den Maschineneinsatz für eine Arbeit im Wasserbau-Bereich zu planen, die geeigneten Maschinen auszuwählen und ihre zu erwartenden Förderleistungen zu prognostizieren, so sollte man zunächst alles an Bodeninformationen zusammentragen, was irgendwie verfügbar ist. Dazu gehören natürlich geologische Beschreibungen. Ebenso wichtig sind die Bodenkennziffern. Nur: Sie sind immer nur Einzelbausteine für die Bestimmungsgrößen, die für den Einsatz von Maschinen wesentlich sind. Und das sind

der Eindringwiderstand im gewachsenen Boden,
die Gewinnungsfestigkeit des Bodens,
das Verhalten bei hydraulischer Förderung,
das Absetzverhalten auf der Kippe

und im weiteren Sinn dann

– die Saug- bzw. Füllfreudigkeit beim „Laden", d. h. bei der Überführung des gelösten Materials in das Transportsystem,
– die Verdichtungsfähigkeit beim Einbau,
– die Verdrängungseignung,
– die Fahrbahnfestigkeit.

Am Beispiel in Abschn. 4.2 wurde gezeigt, wie unterschiedlich die „Festigkeit" eines Bodens in bodenmechanischer und terramechanischer Sicht sein kann, und daß eine bodenmechanische Kenngröße allein (etwa die Druckfestigkeit) eben nicht ausreicht, um die Gewinnungsfestigkeit zu quantifizieren. Maschinenarbeit muß terramechanisch gesehen werden: Neben dem Faktor „Geschwindigkeit" ist es die dreidimensionale Ausdehnung der Problematik, das Kräftespiel im Raum, das bei der Terramechnik eine große Rolle spielt und mit der eindimensionalen Druckfestigkeit nie erschöpfend charakterisiert, geschweige denn „berechnet" werden kann.

In den meisten Fällen muß von der Ausschreibung ausgegangen werden. Sie enthält eine allgemeine Bodenbeschreibung und (vielleicht) einige Bodenkennwerte. Aber was kann man damit anfangen? Der „Internationale Ausschuß über die Klassifikation von Baggerböden" hat festgelegt, was eine Bodenbeschreibung für Naßbaggerarbeiten enthalten sollte (Tafel **4.**11). Aber in welcher Ausschreibung findet man so etwas?

Tafel **4.**11   International geforderte Bodenbeschreibung
(nach: Internationaler Ausschuß für Klassifikation von Baggerböden)

Jede Bodenbeschreibung sollte enthalten:

a) Aufbau:	Eindringwiderstand (Penetration)
	Dichte
	Festigkeit (Druck-, Scherfestigkeit)
b) Rollige Böden:	Körnungskurven (Siebanalyse)
	Kornzusammensetzung
	Kornverteilung
	Kornform (Einzelkorn)
	Ungleichförmigkeit
c) Bindige Böden:	Dichte
	Konsistenz
	Kohäsion
	Scherfestigkeit

Oft muß man sich – so Zeit dafür vorhanden ist – zusätzliche Sicherheit durch eigene Bodenuntersuchungen beschaffen. Was darunter zu verstehen ist, wird in Tafel **4.**12 angegeben. Das ist ein Minimum von dem, was einsatzvorbereitend gemacht werden sollte, um

Klarheit über den Boden zu gewinnen. Aber: Die Kennwerte sind nur die „Vokabeln". Die aussagekräftigen Sätze müssen über die terramechanische Betrachtungsweise gefunden werden, z. B. über die Gewinnungsklassen-Einteilung von Kögler/Scheidig: Dieser Boden läßt sich mit dem „Spaten leicht" gewinnen usw.!

Die Auswahl der Geräte erfolgt dann am besten nach Bild 4.20. Und was die Leistungsaussage anbetrifft (Feststoffkonzentration, Förderleistung in m^3/h) so sollte man auf Laboruntersuchungen (mit ausreichend großen Proben und nicht nur kleinen Plastiktüten) nie verzichten!

Ein „alter Praktiker der Naßbaggerzunft" faßt seine Lebenserfahrungen im Umgang mit dem Boden so zusammen [13]: Allgemein gelten für die Eignung der Böden im Spülbetrieb, wenn man als Kriterien die Feststoffkonzentration, die Förderweite, den Lösewiderstand und den Rohrreibungswiderstand ansetzt, folgende Erfahrungswerte:

Tafel **4**.12 Bodenerkundung für Naßbaggereinsätze – Kurzform

Verfahrensschritte
  Lösen
  Laden
  Transportieren
  Einbauen
Welche Werte sind erforderlich?
  Geländeoberfläche
  Wasseroberfläche
  Gewässergrund
Wie erhält man sie?
  durch Bodenproben
    Schürfgrube
    Bohrungen
    Stechzylinder
    Baggerpumpe
  durch Sondierungen
    Drucksondierung
    Rammsondierung
    Drehsondierung
Dichtebestimmung
  elektrisch
  radiologisch
Boden-Durchlässigkeit?

am besten geeignet ist gut saugbarer Mittelsand
  mit Korngrößen zwischen 0,2 und 0,6 mm.
  Er läßt sich meist noch im Grundsaugebetrieb lösen (Trichtersaugen).
Schwieriger zu saugen sind Feinsande
  mit Korngrößen zwischen 0,1 und 0,2 mm.
Erhöht sich der Feinstkornanteil > 0,063 mm
  (Schlemmkorn) um mehr als 5 %, so steigt die Lagerungsdichte erheblich. Dieses Material ist nicht mehr allein mit der Saugwirkung eines Grundsaugers – auch nicht mit Druckwasseraktivierung – zu gewinnen, sondern es muß mit einem Schneidkopf vorgelöst werden.

Beim Übergang zum Schneidkopfbagger gewinnt der Grabwiderstand entscheidende Bedeutung. Gegenüber leicht schneidbaren Bodenarten erreicht er bei mittleren Lagerungsdichten den etwa dreifachen, bei festgelagerten Böden den sechsfachen Wert.

Im Hinblick auf den erschwerenden Einfluß des Feinstkorns sollte man in jedem Fall Schlauchkernbohrungen durchführen, um den Feinstkornanteil größenmäßig zu erfassen. Bei normalen Kernbohrungen wird – vor allem im Grundwasser – das Feinstkorn schon im Bohrloch ausgeschwemmt und die Bodenanalyse verfälscht. Schwierigkeiten beim Lösen und Fördern des Bodens sind die Folge. Je größer die Lagerungsdichte wird, um so mehr wird dann der Einsatz von Druck- oder Rammsondierungen zwingend. Schlemmkornanteil und Lagerungsdichte sind – vor allem in rolligen Böden – wichtige Bestimmungsgrößen für den Naßbaggereinsatz.

5 Verfahrenstechnik

5.0 Überblick

Während die bisherigen Kapitel „Vorbereitungen" zum Inhalt hatten und sich mit dem Lösen von Problemen, der bautechnischen Aufgliederung und den erforderlichen Bodenuntersuchungen befaßten, dienen die folgenden 3 Kapitel der „Zielfindung", suchend nach der optimalen maschinellen Lösung, und gehören innerlich zusammen.

Den Auftakt bildet dabei die Verfahrenstechnik. Die hier beschriebene Methode kommt natürlich nur für große Projekte in Frage, bei denen neuartige Wege beschritten werden müssen und tastendes Herumprobieren verhindert werden soll. Sie sind „Stufen der Annäherung" an das gesuchte Ziel, – Stufen allerdings, die nach strengen Grundsätzen absolviert werden und Irrtümer in der Wegfindung ausschließen sollen. Während man kleinere Bauaufgaben oft noch mit Intuition und Erfahrung angeht, wird hier ein wohl durchdachtes Instrumentarium eingesetzt, um das Ziel zu erreichen, – nach dem Motto: So und nicht anders kann es sein!

Bausteine des verfahrenstechnischen Vorgehens sind die sogenannten Grundoperationen, aus denen sich die maschinelle Lösung zusammensetzt. Steht man vor einer neuen (und zunächst schwer zu entwirrenden) Bauaufgabe, so geht man nach den Regeln der Verfahrenstechnik mit 4 richtungsweisenden Fragen vor:

1. Wie wurde es bisher gemacht? (So oder ähnlich!)
2. Wie kann man die bisherigen Verfahren modifizieren?
3. Welche neuen technischen Erkenntnisse bieten sich an?
4. Gibt es vielleicht einen ganz neuen Weg?

Gerade für die letzte Frage sind die Grundoperationen besonders hilfreich. Dienen sie doch dem Sezieren einer zunächst komplex erscheinenden Bauaufgabe in bestimmte Grundbausteine, die dann entweder direkt oder indirekt bei der Findung einer neuen Lösung helfen können.

Als Beispiel kann die Aufgabe „Baustelle unter Wasser" dienen, also ein zunächst recht futuristisch klingendes Thema. Die entscheidenden Fragen lauteten hier:

1. Wie würde eine solche Aufgabe über Wasser (also terrestrisch) gelöst werden?
2. Wie kann man die terrestrische Lösung auf die Situation unter Wasser übertragen?
3. Welche neuen Erkenntnisse für die Gewinnbarkeit, die Befahrbarkeit und die Energieversorgung unter Wasser bieten sich an?
4. Inwieweit können hier neue Methoden – wie Atomtechnik, Laserstrahlen, Funkfernsteuerung, Versorgung mit Arbeitsluft usw. – helfen?

Nun wird detailliert untersucht, wie z.B. mit Mini-Kernreaktoren unter Wasser Strom erzeugt werden kann, oder wie Funksignale unter Wasser an entsprechende Empfänger der Arbeitsgeräte geleitet werden können.

5.1 Wesen der Verfahrenstechnik

Bei der klassischen Verfahrenstechnik (heute: „Chemieingenieurwesen") geht es darum, die labortechnischen Verfahrensweisen in den technischen Großbetrieb umzusetzen, also „klein" in „groß" umzuwandeln. Wie geht diese Transformation vor sich? Die Verfahrenstechnik ist tätigkeitsorientiert. Sie zerlegt eine Bauaufgabe in einzelne Tätigkeiten – Operationen – und ist durch folgende Verfahrensschritte gekennzeichnet:

a) Zerlegung der Bauaufgabe über ein „labortechnisches Experimentierfeld" in sogenannte Grundoperationen

b) Untersuchung der Mechanik, Physik oder Chemie dieser Grundoperationen („wie funktioniert das?")

c) Entwicklung oder Auswahl der geeigneten Geräte für den Großbetrieb.

Die Grundoperationen sind so etwas wie die Gelenke, die „Drehpunkte" bei der Transformation von klein in groß, und dienen außerdem der genauen Analyse des Systeminnenlebens. Sie sind die Eingangsstufen für die Lösungsfindung, und das „Exerzierreglement" der Verfahrenstechnik fragt dabei:

1. Welche Grundoperationen sind hier im Spiel?
2. Welche Möglichkeiten gibt es, um diese Grundoperationen maschinell umzusetzen?
3. Welche Maschinen mit welchen Werkzeugen stehen in diesem Bereich zur Verfügung bzw. müssen neu entwickelt werden?

Die Verfahrenstechnik reicht tief in den maschinellen Bereich hinein. Die ausgedachten und entwickelten Verfahren müssen umgesetzt werden in Maschinen des technischen Großbetriebes: Aus dem Bunsenbrenner im Labor muß ein industriell arbeitender „Flammenwerfer" gemacht werden. Aber wie? Die „Seziertechnik" des Systems Engineering (so nennt sich die Verfahrenstechnik im englischen Sprachgebrauch) hilft dabei, den rechten Weg zu finden.

5.2 Arbeitsweise

Nochmals sei darauf hingewiesen: Die verfahrenstechnisch orientierte Vorgehensweise bezieht sich nur auf Großprojekte mit komplexer Aufgabenstellung, und dabei auf die Ausarbeitung neuer Lösungswege.

Wie die Verfahrenstechnik eine Bauaufgabe analysiert, zeigt das Beispiel „Aushub eines Hafenbeckens" in Tafel **5.1**. Dort sind die Grundoperationen bereits in eine weitere Verfeinerung aufgegliedert von „allgemein" nach „speziell". Am Anfang stehen sogenannte „Leitoperationen", die sich auf das Vorhaben im großen beziehen. Danach erst folgen die Grundoperationen als Angelpunkte der gesamten Betrachtungsweise. Etwa wie bei einer Eieruhr sind die Grundoperationen die engste Stelle, durch die der gesamte Systemablauf hindurch muß. Danach weitet sich die Analyse in den speziellen Bereich und erfaßt dann Details, die für jeden Anwendungsfall verschieden sind und der Fixierung der (optimalen) maschinellen Lösung dienen. So wird im Beispiel zunächst nach den zweckmäßigen Lösewerkzeugen, dann nach deren Antrieb, nach den Methoden für das Hochfördern des gelösten Materials (vom jeweiligen Aushubgrund aus), nach dem sinnvollen Arbeitswerkzeug und am Ende nach dem zweckmäßigen Grundgerät gefragt. Hinweise auf die erforderlichen Hilfsgeräte schließen diese verfahrenstechnische Analyse ab.

Tafel 5.1 Arbeitsschritte: Aushub eines Hafenbeckens

Bauwerk	Hafenbecken					
Leitoperation	Aushub unter Wasser					
Grundoperation	Lösen					
System	mechanisch					hydraulisch
Arbeitsoperationen	Greifen	Schneiden	Schürfen	Reißen	Sprengen	Saugen	Schneiden + Saugen
Werkzeug	Seilgreifer	Tieflöffel	Schürfraupe Dragline	Schürfraupe Reißzähne	–	Grundsauger Schleppkopf	Schneidkopf Schneidrad
Antrieb	Seilwinde	Hydraulikzylinder	Fahren Seilzug	Fahren	–	Baggerpumpe Seilzug	Drehantrieb
Hochfördern	Seil	Hub	Fahren	Kübel	Greifer	Förderstrom Baggerpumpe	
Transport	Schwenken	Fahren	Fahren	Schieben	Gefäße	Rohr	Rohr
Arbeitsgerät	Greifer-Einrichtung	Tieflöffel-Einrichtung	Kübel	Reißzahn	Bohrkopf	Saugrüssel	Schneidkopf
Grundgerät	Bagger	Bagger	Schürfraupe	Schürfraupe Bulldozer	Bohrgerät	Grundsauger Hopper-Bagger	Cutter-Bagger
Hilfsgeräte	Schuten					Gemisch-Förderung	

Nehmen wir den in Tafel **5**.1 beschriebenen Vorgang als Beispiel für diese Art der Zielfindung: Aus dem weiten Bereich der Erstellung eines Hafenbeckes wird der Teilprozeß „Aushub unter Wasser" herausgegriffen und als Leitoperation bestimmt. Daraus wird das Lösen des Materials als besonders problematische Grundoperation – gewissermaßen als der „Brennpunkt" des mit der Sammellinse eingefangenen Problemfeldes: Bau eines Hafenbeckens – herausgegriffen und dann zur Aufbereitung der Zielfindung zunächst in die denkbaren Arbeitsoperationen unterteilt und daraus dann die geeigneten Arbeitswerkzeuge, die dazu gehörigen Antriebe und schließlich die optimalen Grundgeräte abgeleitet.

Für das Lösen des Bodens kommen 2 verschiedene Arbeitssysteme in Frage (Tafel **5**.2): Das mechanische und das hydraulische. Entscheidet man sich für den hydraulischen Weg, so stehen als Arbeitsoperationen das Saugen und das Schneiden (Cuttern) zur Debatte. (An das Bohren und Sprengen sei gar nicht gedacht, weil es zu aufwendig und damit zu teuer ist!) Angenommen, es muß Fels (z. B. Korallenfels) gelöst werden, so kommt als Werkzeug nur der Schneidkopf (hier ein spezieller Fels-Schneidkopf) in Frage. Der Antrieb dieses Schneidkopfes erfolgt über einen speziellen Drehmotor. Das Hoch- und Weiterfördern des Materials wird dann von einer Baggerpumpe, die im Förderstrom das gelöste (und für die hydraulische Förderung aufbereitete) Material mitnimmt. Als Arbeitsgerät wird eine Cutter-Vorrichtung, also ein Saugrüssel mit Schneidkopf und Baggerpumpe gewählt, und als zu wählendes Grundgerät weist die Zielfindung auf den Schneidkopf-Saugbagger hin. Hilfsgeräte dazu sind entweder Schuten, in die das Material direkt am Gewinnungsgerät verladen wird, oder eine Rohrleitung mit (eventuell) Zwischenpumpen zur hydraulischen Förderung der feststoffbeladenen Flüssigkeit.

Tafel **5**.2   Anwendungsbereich der Naßbagger abhängig von der Bodenart

Grundoperation	Saugen		Schneiden	Schürfen	Greifen	Meißeln
Gerät	Grund-sauger	Schuten-sauger	Cutter-Bagger	Hopper-Bagger	Greif-Bagger	Felsmeißel
Schluff	o	o				
Sand, fein	o	o		o		
Sand, grob			o		o	
Kies					o	
Schotter					o	
Lehm, Ton			o	o		
Fels, weich			o		o	o
Fels, hart						o

Weitere Teilbereiche kann man auf diese Weise aufgliedern und in Matrixform darstellen, um eine bessere Übersicht über den zu wählenden Lösungsweg zu gewinnen. So zeigt z. B. Tafel **5**.2 den Zusammenhang zwischen der zu baggernden Bodenart und dem zweckmäßigen Lösegerät. In Tafel **5.**3 ist auf ähnliche Weise der Zusammenhang zwischen Bodenfestigkeit und Gewinnungsgerät im Handschacht dargestellt.

Tafel **5.**3   Anwendungsbereich der Handwerkzeuge, zugeordnet zu den verschiedenen Bodenarten

	Schaufel	Spaten	Breit-hacke	Spitzhacke	Reißzahn	Meißel	Bohren + Sprengen
Loser Boden	o						
Stichboden, leicht	o	o					
Stichboden, schwer		o					
Hackboden, leicht			o				
Hackboden, schwer				o			
Hackfels, leicht				o			
Hackfels, mittel				o	o		
Hackfels, schwer					o		
Reißfels					o		
Brechfels	o						
Sprengfels, leicht						o	o
Sprengfels, schwer							o

Der verfahrenstechnische Weg zur Lösung eines technischen Problems mag manchem Praktiker recht umständlich erscheinen. Aber hier ist es so ähnlich wie bei der Arbeit mit dem Computer: Zunächst erscheint einem alles sehr, sehr kompliziert, und man sehnt sich nach der Schreibmaschine zurück (etwa bei der Textverarbeitung) und kommt damit viel schneller zum Ziel. Mit einiger Übung aber gibt man die eingegebenen Befehle eines Programms (z. B. „Speichern", „Drucken" usw.) wie im Schlaf ein und findet die moderne elektrische Datenverarbeitung doch besser als das Hantieren mit der Schreibmaschine.

Und immer wieder mögen die Praktiker daran denken, daß der Weg über die Grundoperationen nur dann seinen Sinn hat, wenn große Projekte mit einer oft sehr „vermaschten" Problemstellung und mit recht komplexen Lösungsmöglichkeiten anstehen, – oft schon, um die erforderliche Klarheit im Überblick zu gewinnen und sich schnell zurechtzufinden. Dann kann man Systems Engineering schon durchaus wörtlich nehmen: Die Technik, mit Systemen umzugehen und diese – nach optimalen Gesichtspunkten – in den Griff zu bekommen.

5.3 Aktivitäten

Nachdem sich bei der hier vorgestellten Denkweise alles um die Grundoperationen dreht, sollen einige davon noch vorgestellt werden. Grundsätzlich gelten auch für den Wasserbau alle Leit-, Grund- und Arbeitsoperationen, wie sie im maschinellen Tiefbau [10] aufgelistet wurden. Die wichtigsten Grundoperationen sind in Tafel **5**.4 zusammengefaßt. Speziell für den Bereich Wasserbau kommen noch einige zusätzliche Begriffe hinzu (Tafel **5**.5). Die wichtigsten Leitoperationen enthält Tafel **5**.6.

Tafel **5**.4   Die wichtigsten Grundoperationen im Erd- und Tiefbau

Vordringen nach unten:	Rammen
	Bohren
	Absenken
	Sondieren
	Verdichten
Vordringen horizontal:	Vorpressen
	Vorschieben
	Verfüllen
	Transportieren
Sichern:	Aussteifen
	Verbauen
	Verankern
	Verrohren
Lösen:	Schürfen
	Graben
	Reißen
	Meißeln
	Sprengen
Fördern horizontal:	Gleis
	Band
	Seil
	Rohr
	Schute
Fördern vertikal:	Heben
	Ziehen
	Pumpen

Tafel **5**.5   Spezielle Grundoperationen im Erd- und Tiefbau

Gewinnen:	Saugen
	Cuttern (Schneiden + Saugen)
	Schürfen (Kratzen + Saugen)
	Greifen
Transportieren:	Werfen (Lufttransport)
	Pumpen (Rohrförderung)
	Schwimmen (Schuten)
Einbauen:	Verspülen
	Verteilen
	Entwässern

Tafel **5.**6   Leitoperationen für den Wasserbau

Leitoperationen	Beispiel
Umschließen	Baugrube
Gründen	Bauwerke
Absenken	Senkkästen
Ausheben	Hafenbecken
Transportieren	Boden/Fels/Wasser
Einbauen	Spülkippe

Aus dem über die verschiedenen „Operationen" zunächst stichwortartig aufgelisteten Tätigkeitsspektrum lassen sich dann sehr bald Vorstellungen über die zu verwendenden Maschinen und Geräte gewinnen.

Der Vorteil dieser verfahrenstechnischen Betrachtungsweise besteht darin, daß man geradezu gezwungen wird, auch das gesamte Umfeld mitzubetrachten. Im Hintergrund steht immer die Frage: Wie muß die zweckmäßige Maschine aussehen? Zu beachten ist auch, daß jede Arbeitsaufgabe ein spezielles Raster von Leit-, Grund- und Arbeitsoperationen hat und eigentlich für jeden Anwendungszweck neu entwickelt werden muß.

Die verfahrenstechnische Vorgehensweise hat den großen Vorteil, daß man dadurch mit ziemlicher Sicherheit auf den richtigen Weg der Zielfindung geführt wird und vor allem die Gewißheit hat, keine wichtigen Aspekte übersehen zu haben. Die „Treffsicherheit" wird dadurch also wesentlich gesteigert.

5.4 Querverbindungen

Es bereitet gewisse Schwierigkeiten, die Verfahrenstechnik gegen verwandte Gebiete, z. B. die Systemtechnik, abzugrenzen. Beide befassen sich im weitesten Sinne mit Problemlösungen, nur mit dem Unterschied, daß

- die Systemtechnik mit Hilfe der Modellbildung ein gesamtes System, also eine Baustelle, zu optimieren sucht, während
- die Verfahrenstechnik über den Weg der Fertigungstechnik die optimale Maschine für einen speziellen Zweck sucht.

Die Systemtechnik optimiert das System, die Verfahrenstechnik optimiert die Instrumentierung dieses Systems, wählt also die geeigneten Maschinen aus. Die Überprüfung der so gefundenen Lösung erfolgt dann nach Leistung, Kosten und Zeitaufwand, wobei wieder Methoden aus der Systemtechnik wie Nutzwertanalyse und Netzplantechnik eine Rolle spielen und auch der morphologischen Kasten wieder zu Ehren kommen kann (s. Kapitel 2).

6 Die maschinellen Möglichkeiten

6.0 Überblick

Bevor man zur Auswahl eines bestimmten Maschinentyps (und vielleicht eines bestimmten Fabrikates) schreitet, sollte man sich ein Bild von den maschinellen Möglichkeiten machen. Rammen z. B. kann man auf die verschiedenste Art und Weise: Schlagend oder vibrierend, langsam oder schnell schlagend, mechanisch, elektrisch oder hydraulisch usw. Welches aber ist der beste Weg? Diese Frage steht an, nachdem man die Bauaufgabe klar definiert (was soll gemacht werden?), den Untergrund (Boden, Wasser) erkundet und das verfahrenstechnische Vorgehen abgeklärt hat.

Die Verfahrenstechnik ist es auch, die den weiteren Weg weist. Will man sich in diesem „Markt der Möglichkeiten" einigermaßen zielsicher zurechtfinden, so orientiert man sich am besten an den zur Anwendung in dem speziellen Fall erforderlichen Grundoperationen. So ist auch das nun folgende „Schaufenster" dekoriert. Erst wenn man die aus

Tafel **6.1** Maschinenauswahl: Links die Arbeitsaufgaben, rechts die betreffenden Unterkapitel

	Überblick		6.0
1	Gründen		
		Rammen	6.1
		Bohren	6.2
2	Absenken		6.3
3	Gewinnen		
		Saugen	6.4
		Cuttern	6.5
		Schürfen	6.6
		Graben	6.7
4	Vorlockern		
		Reißen	6.8
		Meißeln	6.9
		Sprengen	6.10
5	Aufbreiten		
		Aufschlämmen	6.11
		Fluidisieren	6.12
6	Transportieren		6.13
		Gefäß	
		Rohr	
		Schute	
7	Ablagern		6.14
		Verkippen	
		Spülen	
8	Einbauen		6.15
		Entwässern	
		Verdichten	

der verfahrenstechnischen Analyse abgeleiteten maschinellen Möglichkeiten abgeklärt hat, kann man an die Auswahl der Maschinen gehen. Insgesamt läßt sich die Thematik etwa nach Tafel **6.**1 aufgliedern: Die linke Reihe enthält die Oberbegriffe der verschiedenen Arbeitsaufgaben („Was soll gemacht werden?"), die rechte Seite gibt an, in welchen Unterkapiteln diese hier maschinell interpretiert werden.

6.1 Rammen

Rammen werden sehr häufig im Wasserbau, vor allem im Seewasserbau verwendet. Sie dienen zum Eintreiben oder Einvibrieren einzelner Pfähle oder zusammenhängender Spundwände, wobei diese auch wieder aus „Pfählen" – hier: Spundbohlen – bestehend angesehen werden können. Einzelpfähle werden als Dalben oder im Zusammenhang mit Pfahlrosten als Pfahlbündel geschlagen (Bild **6.1**.1), während Spundwände vor allem dem Grabenverbau und der Baugrubenumschließung dienen.

Unterscheiden muß man zunächst zwischen langsamem und schnellem Schlagen, Vibrieren und Einpressen. Zum Eintreiben der Rammgüter (Stahl- bzw. Betonpfähle, Stahlrohre, Holzpfähle) werden Rammbäre verwendet, wobei zu unterscheiden ist zwischen

6.1.1 Rohrgerüstramme beim Schlagen von Dalben

6.1.2 Dampfbär (eventuell umgebaut auf Hydraulik-Antrieb) beim Rammen von Betonpfählen

Tafel **6**.2 Anwendungsmatrix der Rammbäre

	Arbeits-prinzip	Schlagzahl n/min	Fall-gewicht t	Gerüst	Antrieb	Rammgut			
						⊥	○	■	⋎
Freifallbär	Schlag	10–20	1–5	+	mech.	+	+		
Dampfbär	Schlag	50–70	3–20	+	Dampf	+	+	+	
Dieselbär	Explos.	40–80	0,2–5	+	Diesel	+	+	+	
Schnellschlagbär	Schlag	100–600	0,2–2	–	Luft	+			+
Hydraulikbär	Druck	10–50	2,0–100	+	Drucköl	+	+		+
Impulsbär	Impuls	0–80		+	hydr.	+	+		+
Vibrationsbär	Schwing.	450–3000	100*	–	hydr.	+	+		+
Stat. Druck	Druck	–		+	hydr.	+			+

* Fliehkraft   ⊥ = Stahlträger   ■ = Betonpfahl
                  ○ = Stahlrohr   ⋎ = Spundbohle

Freifallbären, Dampf- und Dieselbären, Schnellschlagbären, Hydraulikbären, Vibrationsbären und Impulsbären. Eine Übersicht zeigt Tafel **6**.2. Freifallbäre sind billig in der Anschaffung und im Betrieb, benötigen aber eine Bärführung und ein Gerüst mit Seilwinde und haben eine nur geringe Schlagzahl. Ihre obere Grenze hinsichtlich der Fallgewichte liegt bei ca. 5 t, gelegentlich sind auch Bäre mit bis zu 20 t eingesetzt worden.

Als „klassische" Bäre können die sogenannten Zylinderbäre bezeichnet werden. Dazu gehören die Dampf-, Diesel- oder Luftbäre, die allesamt Langsamschläger sind, sich aber durch hohes Fallgewicht auszeichnen und eigentlich immer als „letzte Rettung" bezeichnet werden können, wenn andere Bäre wegen ungünstiger Bodenverhältnisse oder hohem Rammgutgewicht (z. B. Betonpfähle) versagen (Bild **6.1**.2). Diese Bäre brauchen auf jeden Fall ein Rammgerüst mit Mäkler (als Bärführung) und eine Energiequelle (Dampfgenerator oder Kompressor bzw. Dieseltank).

Schnellschlagbäre haben, wie der Name bereits sagt, eine hohe Schlagzahl, können daher auch „frei reitend", d. h. ohne besonder Mäklerführung, eingesetzt werden, sind jedoch gewichtsmäßig und in der Rammleistung begrenzt. Sie kommen hauptsächlich zum Rammen von Spundbohlen und leichten Stahlträgern zum Einsatz, während die oben erwähnten Zylinderbäre die Rammapparate für schwere Rammarbeiten (Boden, Rammgutgewicht) sind (Bild **6.1**.3).

Hydraulikbäre lassen sich meist in der Schlagzahl stufenlos regeln. Dadurch können sie gut an die Rammbedingungen angepaßt werden, – können also bei leichtem Rammwiderstand schnell und bei schwierigen Rammverhältnissen langsam schlagen.

Die Vibrationsbäre rütteln die Pfähle ein. Das Geheimnis ihrer Wirkungsweise besteht darin, daß die von ihnen erzeugten Schwingungen den Boden „aufweichen" und dadurch das Rammgut durch sein Eigengewicht zum Einsinken bringen. Man spricht in diesem Zusammenhang auch vom „pseudoflüssigen Zustand" des Bodens. Voraussetzung ist jedoch, daß der Boden auf die Vibration anspricht. Insgesamt muß man mit einem schwingenden System rechnen, das aus dem Vibrator, dem Pfahl und dem Boden besteht, wobei die Vibrations-Sensibilität des Bodens von entscheidender Bedeutung ist.

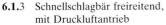

6.1.3 Schnellschlagbär freireitend, mit Druckluftantrieb

6.1.4 Impulsbär [209]

Zum E i n p r e s s e n werden statisch arbeitende Geräte wie z. B. der Pilemaster oder das Bohrpreßgerät verwendet. Sie werden heute vor allem wegen der geringen Lärmentwicklung eingesetzt.

Zu erwähnen ist auch der I m p u l s b ä r, der nicht schlägt, sondern direkt mit dem Pfahlkopf in Verbindung bleibt und diesen mit kurzen kräftigen Schlagimpulsen in den Boden treibt. Er ist stufenlos regelbar – sowohl in der Schlagzahl wie in der Impulsstärke – und lärmärmer als andere schlagende oder vibrierende Bäre, aber noch in der Entwicklung. Wahrscheinlich wird das aber der „Bär der Zukunft" sein (Bild 6.1.4).

Zum Z i e h e n kommen entweder spezielle Pfahlzieher zum Einsatz, die durch eine nach oben gerichtete Schlagwirkung die Rammgüter wieder austreiben, oder es werden Schnellschlagbäre in umgekehrter Richtung mit einer ähnlichen Wirkung eingesetzt. Das gängigste Zielgerät ist heute jedoch der Vibrationsbär im Zusammenhang mit einem statisch aufgebrachten Seilzug. Auch hier wirken die Schwingungen des Vibrationsbärs durch den Abbau der Kornreibung „verflüssigend" und erleichtern das Herausziehen der Pfähle durch Abbau der Mantelreibung. Im einfachsten Fall werden Hubpressen eingesetzt, die über Rohrschellen die Rammgüter nach oben drücken.

Für die schwereren Rammbäre (vor allem Dampf- und Dieselbäre) ist zur Führung des Bärs und des Pfahles ein M ä k l e r erforderlich (Bild 6.1.5). Dieser Mäkler kann senkrecht oder schräg (bis 45° geneigt) an einem Gerüst (meist ein Stahlrohrgerüst) befestigt sein. Mäklervarianten sind: Der Zwischenmäkler (zur Verlängerung des Mäklers,

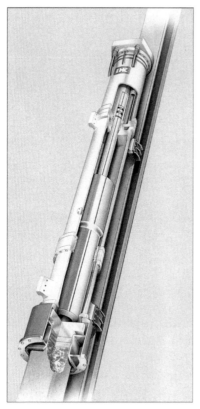

6.1.6 Ober- und Unterwagen einer Rohrgerüstramme, – mit Windwerken und Dampfma-
schinen (hinten), zum Transport verladen

6.1.5 Hydraulikbär [202]

vor allem wenn unter Wasser von Überwasser aus gerammt werden soll), – der Aufsteckmäkler zum Aufsetzen des Mäklers auf den Rammpfahl freireitend, der Hängemäkler
(am Gerüst hängend), der Stützmäkler bzw. Stellmäkler, der über ein Bockgerüst gehalten wird und die Mäklerbrücke zum Verlängern der Mäklerausladung.

Zum Antrieb des Rammbärs ist im einfachsten Fall eine Seilwinde (Freifallbär), sonst
aber ein Dampfgenerator (Dampfbär) oder ein Kompressor (Schnellschlagbär), Dieselantrieb (Dieselbär), ein Hydraulikaggregat oder ein Stromaggregat erforderlich.

Das Gerüst (zur Führung des Mäklers und zur Unterbringung des Antriebes) besteht
im einfachsten Fall aus einem hölzernen Bockgerüst, bei schwererem Rammen aus einem Rohrgerüst, angelenkt an einen Oberwagen und dieser schwenkbar auf einem Unterwagen montiert, der schienen- oder raupenfahrbar ist (Bild **6.1.**6). Auf dem Oberwagen sind die Antriebsaggregate untergebracht, im allgemeinen je eine Seilwinde für Gerüst, Mäkler und Rammbär sowie 2 Hilfswinden für das Heranziehen und Aufrichten
der Pfähle.

Meist wird heute dem Dieselbär der Vorzug gegeben, da er sein Antriebsorgan in sich
trägt: Dieseltank und Einspritzpumpe sind in den Bärkörper integriert. Alle übrigen Bäre benötigen ein separates Antriebsorgan, wobei z. B. das Antriebsmittel für den Vibra-

tionsbär aus elektrischem Strom oder aus einem Dieselmotor und einer oder mehreren Hydraulikpumpen (und den Hydraulikmotoren im Bär selbst) besteht, jedoch den gro-ßen Vorteil hat, daß die Motoren für die Unwuchten und damit die Frequenz stufenlos geregelt werden können.

Zwei Probleme bereiten dem schlagenden und vibrierenden Rammverfahren große Schwierigkeiten: Die Lärmentwicklung und die Erschütterung. Gegen die Lärmentwick-lung kann man sich mit einem Schallkamin helfen, der die Lärmemmission des Bären um ca. 10 dBA reduziert. Gegen die Erschütterungen (z. B. in Gebäudenähe) hilft nur die Anwendung eines erschütterungsarmen Verfahrens (Schnellschlagbär, sofern dieser rammtechnisch ausreicht) oder das rein statische Einpressen der Bohlen. Durch Vorboh-ren kann der Einpreßwiderstand reduziert werden.

Sehr oft wird heute auf das Rammen ganz verzichtet und statt dessen ein Pfahl in ein vor-gebohrtes Loch gestellt oder ein Schlitz für das Einstellen der Spundbohlen ausgehoben. Andererseits gehen die Kommunen bei Pfahl- oder Umschließungsarbeiten wieder mehr und mehr zu den langsam schlagenden Bären (vor allem Dieselbären) über, da ein sol-ches Verfahren mit Abstand am billigsten ist und am schnellsten arbeitet und die Anlie-ger durch die Erschütterungen und vor allem durch den Lärm zwar erheblich, aber nur für kurze Zeit belästigt.

Weiterführende Einzelheiten enthält Kapitel 11 in [10]. Auch sei auf das Kapitel 8 weiter unten hingewiesen; die schwere Rammtechnik erlebt heute im Offshore-Einsatz in ganz anderen Dimensionen (Fallgewicht bis 180t) eine neue Auferstehung.

6.2 Bohren

Zu unterscheiden ist zunächst zwischen

>Erkundungsbohren
>Erdbohren
>Großlochbohren
>Felsbohren

Hinsichtlich der Bohrmechanik gibt es

>drehendes Bohren
>schlagendes Bohren
>Meißelbohren
>Rotarybohren
>oszillierendes Bohren.

Als Werkzeuge werden verwendet:

>Bohrschnecke
>Bohrgefäß
>Zahnrollenmeißel
>Flügelmeißel
>Zublinmeißel
>Kernbohrer.

Zum Transport des Bohrkleins nach oben kommen zur Anwendung

> Hubseil (Schlagbohren)
> Schneckenwendel (drehendes Bohren)
> Gestänge, teleskopierbar (Gefäßbohren)
> hydrostatischer Druck (Rotarybohren)
> Saugen (Saugbohren).

Für den Einsatz von der trockenen Erdoberfläche aus kann praktisch die gesamte Palette der Möglichkeiten eingesetzt werden, wobei allerdings zu bedenken ist, daß beim Bohren im Wasser, wenn drehend gearbeitet wird, zum Hochfördern des erbohrten Materials ein Gefäßbohrer verwendet werden muß, da es auf der Schneckenwendel meist vom Wasser während des Transports nach oben wieder heruntergespült wird (Bild **6.2**.1). Ähnliche Gesichtspunkte gelten für Erkundungsbohrungen nach der Bohrkern-Methode (sogenanntes Kernziehen). Wird im Wasser gebohrt (Grundwasser), so muß unbedingt mit Schlauchkernen gearbeitet werden, da sonst das feinkörnige Material beim Hochtransport wieder ausgespült und das Bohrergebnis verfälscht wird. Das Felsbohren wird nur zum Einsatz kommen, wenn unter Wasser gesprengt werden muß. Ansonsten wird man versuchen, mit dem Meißel den Untergrund zu lösen. Das Rotary-Verfahren kommt ebenfalls für harte Böden und Fels zum Einsatz, jedoch darf das gelöste Material

6.2.1 Gefäßbohrer (mit Bodenklappe zum Entleeren) (Ein Schneckenbohrer wäre für diesen Boden allerdings besser geeignet!)

6.2.2 Rotary-Bohrer mit drehbar gelagerten kegelförmigen Zahnrollen (links oben)

nicht klebend sein (z. B. Ton oder Tonschiefer), da sonst die Zahnrollen verkleben (Bild **6.2.**2) und der Bohreffekt erheblich reduziert wird. Oszillierendes Bohren kommt eigentlich nur bei Bohrpfählen zur Anwendung, und dort im Zusammenhang mit dem HW-Verfahren (Hochstrasser-Weiser-Verfahren).

Bohrarbeiten im Wasser werden hauptsächlich mit Großloch-Bohrgeräten durchgeführt. Meist geht es hierbei um das Absenken von Brückenpfeilern bzw. Pfeilergründungen. Als Beispiel seien die Bohrarbeiten beim Bau der Zeeland-Brücke in Südholland und der Anlegerbrücke in El Aaiun (Westafrika) angeführt.

Bei der Zeeland-Brücke wurde jeder einzelne V-förmige Brückenpfeiler auf 3 Pfählen gegründet, wobei jeder Pfahl wieder aus einem bis zu 80 m langen Rohr mit 4,25 m Durchmesser bestand (Bild **6.2.**3).

Beim Bau des Anlegers in El Aaiun (3,5 km von der Küste ins Meer hinaus bis zu einer Wassertiefe von 16 m) wurden ebenfalls Rohre verwendet (2,50 m Durchmesser), die in vorgebohrte Löcher eingestellt wurden (Bild **6.2.**4). (s. Abschn. 11.2).

6.2.3 Schneidkopfbohrer für das Ausbohren der Gründungsrohre der Zeeland-Brücke (man beachte die schräg stehenden Schneidmesser am unteren Ende)

6.2.4 Bohrkopf mit Rollenmeißeln und Saugrohr zum Ausbohren der Bohrlöcher im Kalkstein für das Aufstellen der Brückenpfeiler in El Aaiun

6.3 Absenken

Im Mittelpunkt dieser Grundoperation stehen

> Senkbrunnen
> Senkkasten
> Taucherglocken,

wobei als Senkbrunnen ein an beiden Enden offenes Rohr oder ein entsprechender Kasten, als Senkkasten ein oben geschlossener, nur unten offener Kasten mit einer Arbeitskammer und die Taucherglocke auch als eine Art Senkkasten anzusprechen ist – nur mit dem Unterschied, daß diese schwimmend abgesenkt wird.

Der Senkbrunnen (Bild **6.3**.1) größerer Dimension braucht meist einen Kran (Schwimmkran) zum Ausrichten und Führen der Absenkbewegung, und dazu eine Greifer-, Saug- oder Schneid- und Saugvorrichtung zum Lösen und Hochtransportieren des gelösten Materials.

Der Senkkasten (Bild **6.3**.2) besteht aus Stahl oder Stahlbeton, enthält im unteren Bereich eine nach unten hin offene Arbeitskammer und steht während des Absenkvorganges unter Druckluft, um das Eindringen des Wassers zu verhindern. Als maschinelle

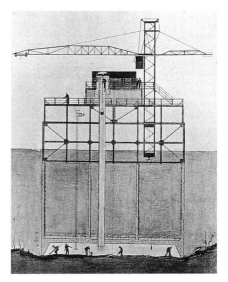

6.3.1 Absenken eines Senkbrunnens (Gründungsrohr 4,25 m Durchmesser für die Zeeland-Brücke)

6.3.2 Senkkasten für das Herstellen von Gründungsflächen für Kreiszellen für die Baugrube des Gezeitenkraftwerkes an der Rance (Arbeitsstellung)

Ausrüstung gehört eine Druckluftstation dazu, die außer dem Drucklufterzeuger (ein oder mehrere Kompressoren) verschiedene Kühleinrichtungen und einen Windkessel enthält, in dem die Druckluft vergleichmäßigt wird und über Rohrleitungen, Sicherheitsventile usw. mit der Arbeitskammer im Senkkasten in Verbindung steht. Die Versorgung der Arbeitskammer mit dem Aufenthalt von menschlichen Arbeitskräften erreicht bei 3 bar Überdruck ihre Grenze, – und damit auch die zulässige Absenktiefe unter Wasserspiegel (bzw. Grundwasserspiegel) von 30 m. Maßgebend ist hier die „Verordnung für das Arbeiten unter Druckluft".

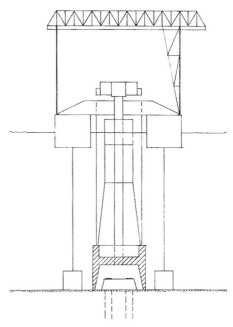

6.3.3 Einsatz einer Taucherglocke in 24 m Wassertiefe zur Herstellung von Kopfplatten für die Gründung der Tunnelelemente des Ij-Tunnels in Amsterdam (s. a. Bild **1.**6 u. **1.**7)

Die Taucherglocke ist ebenfalls eine unter Überdruck stehende Arbeitskammer, die jedoch von einem Schiff, einer Hubinsel oder einem Schwimmkran aus abgesenkt wird und gewissermaßen schwebend ihre Arbeitsebene erreicht (Bild **6.3.**3). Außerdem gibt es Spezialschiffe, sogenannte Taucherschiffe, die für das Absenken und Wiederhochholen der Taucherglocke eine Art „Fahrstuhleinrichtung" – ein Führungsgestell mit Seilwinden – haben. Derartige Geräte sind eingesetzt, um die geforderte Wassertiefe für die Schiffahrt aufrechtzuerhalten. So wird z.B. im Rheinbett zwischen Bingen und Koblenz die Flußsohle durch den beiderseitigen Gebirgsdruck immer wieder hochgedrückt, so daß die Solltiefe unterschritten und das geforderte Kanalprofil nachgearbeitet werden muß (Bild **6.3.**4).

6.3.4 Taucherschiff mit absenkbarer Taucherglocke für das Austiefen der Rheinsohle

6.4 Saugen

Im Bereich „Gewinnen" steht, vom Wasserbau aus betrachtet, das Saugen an erster Stelle, ist es doch mit maschinellen Mitteln verhältnismäßig einfach durchzuführen – vorausgesetzt, daß es sich um Boden handelt, der sich saugen läßt. Was man dazu benötigt, ist ein Saugrohr, eine Pumpe und ein oder mehrere Druckrohre zum Abtransport des gelösten Materials. Aber ganz so einfach ist die Sache nicht. Beim Saugbohrer kommt es schon darauf an, daß dieses Rohr einen strömungsgünstig geformten Saugmund hat. Die „Pumpe" ist keine gewöhnliche Kreiselpumpe, sondern eine „Baggerpumpe", entsprechend kräftig ausgebildet für das Bewegen von Wasser, das mehr oder weniger stark mit Feststoff beladen ist. Praktisch heißt das: Wenige kräftige Schaufeln, geringe Drehzahl, verschleißfestes Gehäuse. Verhältnismäßig unproblematisch ist die Situation auf der Druckseite. Dort genügen einfache Druckrohre, wobei das Schwergewicht auf genügend großem Rohrdurchmesser, glatten Rohrinnenwänden (keine Dellen an den Rohrwandungen) und einer strömungstechnisch eleganten Rohrführung (keine scharfen Knicks, flache Rundungen usw.) liegen.

Daraus wird dann der S a u g b a g g e r (Bild **6.4.**1), wobei zu unterscheiden ist, ob das Material aus dem Flußgrund oder aus Schuten gesaugt werden muß. Im ersteren Fall spricht man von Grundsaugern, im zweiten Fall von Schutensaugern (Bild **6.4.**2).

Der G r u n d s a u g e r saugt mit seinem Rüssel einen kegelförmigen Trichter in den Gewässerboden (z. B. Baggersee), wobei die Gewinnungstechnik darin besteht, daß er beim Trichteraushub das Material zum Abrollen auf den Trichtergrund bringt und es dort mit seinem Saugmund absaugt. Daraus geht schon hervor, daß der Grundsauger nur für rolliges Material verwendet werden kann. Der S c h u t e n s a u g e r holt sich das Material aus den seitlich neben ihm liegenden Transportschuten, wobei dieses Material (ebenfalls rolliges Korngemisch) zur Aufnahme durch das Saugrohr „fluidisiert" werden muß. Das in den Schuten abgelagerte Material hat beim Einspülen eine verhältnismäßig dichte Lagerung bekommen, das Porenwasser ist also weitgehend verdrängt und das Material

6.4.1 Saugbagger als Grundsauger

6.4.2 Saugbagger beim Schutensaugen, links
das Saugrohr, rechts daneben die Druck-
wasser-Düse zum Fluidisieren des
abgelagerten Bodens

6.4.3 Spülrohr für das Beladen von
Schuten

ist dadurch „fest" geworden. Man denke daran: Unter Wasser eingebrachter Sand kann
fest werden wie Sandstein! Daher die Fluidisierung, das wieder Flüssig- und Saugfähig-
machen des Materials.

In diesem Zusammenhang sei auch an das Beladen der Schuten gedacht: Der (meist von
einem Laderaumsaugbagger kommende) Gemischtförderstrom wird zur besseren Verteilung in der Schute über spezielle Spülrohre (Bild **6.4.**3) in die Schute geleitet.

Der Vollständigkeit halber sei noch erwähnt, daß auch das im Laderaum des Hopperbaggers (Laderaumsaugbagger) abgelagerte Material, wenn es nicht „verklappt" wird,
aus dem Laderaum abgesaugt werden muß, – ebenfalls nach vorausgehender Fluidisierung, – doch davon mehr in Kapitel 7.

6.5 Cuttern

Hinter diesem Begriff verbirgt sich der sogenannte Schneidkopfsaugbagger (englisch: Cutterbagger), der nicht nur mit einem Saugrüssel, sondern als wichtigstes Arbeitswerkzeug zusätzlich mit einem Schneidkopf ausgerüstet ist (Bild **6.5.**1). Da der
(einfache) Saugbagger nur in Sand und Feinkies eingesetzt werden kann, mehrheitlich
jedoch Kleiboden, Ton und Fels – also bindiges und unter Umständen sehr festes Material gewonnen werden muß, die anschließende hydraulische Förderung aber auf der Mitnahmefähigkeit des Wasserstromes beruht, kann der Schleppkrafteffekt nur dann Erfolg
haben, wenn die Feststoffteilchen möglichst klein und damit „schwebend" sind. Der
Schneidkopf hat also nicht nur für das Lösen des (bindigen) Materials zu sorgen, sondern er muß dieses Material auch in möglichst kleine Späne auflösen, damit es vom
Saugstrom mitgenommen werden kann.

6.5.1   Schneidkopfsaugbagger (Cutter-Dredger)

Der Cutterbagger arbeitet im Gegensatz zum Grundsauger nicht trichter-, sondern si-chelförmig. Von seinen 2 Pfählen am Heck ist einer von beiden der „Arbeitspfahl", um den das Baggerschiff über verankerte Seile geschwenkt wird. Zur Fortbewegung in eine neue Schnittbahn wird der Arbeitspfahl gewechselt, d. h. der eine Pfahl wird angehoben und der andere abgesenkt und das Schiff vorgeschoben, so daß sich nicht nur eine Arbeit in der Breite, sondern auch eine Vorwärtsbewegung der Schnittsichel ergibt (Näheres darüber in Kapitel 9).

Schneidkopfsaugbagger haben den großen Vorteil, daß sie rund um die Uhr arbeiten können und außer einem erfahrenen Baggermeister eigentlich sonst kein qualifiziertes „nautisches" Personal benötigen. Gegenüber der Alternative: Greifbagger-Schuten-transport-Abkippen am Strand und Einbauen mit Seilbaggern und Planierraupen – ist der Cuttereinsatz auf jeden Fall die wirtschaftlichere Lösung. Hinzu kommt, daß er – bei Wahl eines geeignetes Schneidkopfes – auch Fels (meist Korallenfels) baggern (eigent-lich mehr „fräsen") kann, – zwar mit hohem Verschleiß, aber immer noch billiger als Meißeln oder Bohren und Sprengen (Bild **6.5.**2).

6.5.2   Felskopf für das Lösen
von Korallenkalk

6.6 Schürfen

Es ist nicht einfach, einen zusammenfassenden Begriff für das zu finden, was nun angesprochen werden muß. Das klassische Gerät zum Schürfen ist natürlich die Schürfraupe, die auch bis ca. 1,6m Wassertiefe eingesetzt werden kann. Für kleinere Arbeiten,
z.B. für Flußvertiefungen, ist sie das ideale Gerät. Sie kann mit Reißzähnen ausgerüstet
werden, ist also auch gut für das Reißen von Fels unter Wasser (Bild **6.6.**1). Ein anderes
Schürfgerät ist der Schürfkübelbagger (Dragline), mit dem man bei entsprechend
langem Ausleger sehr gut vom Ufer aus Aushubarbeiten in Flüssen, Teichen usw. machen kann. Für den Aushub von Kanälen kommen große Bagger mit 40–50 m Auslege-
länge, u.U. große Schreitbagger (Walking-Draglines) mit bis zu 100m Reichweite zum
Einsatz.

6.6.1 Schürfraupen im Wateinsatz

Das Hauptgerät im Wasserbau großer Dimensionen ist jedoch der Laderaum-Saugbagger (Bild **6.6.**2), ein Gerät, das während der Fahrt mit 1 oder 2 Saugrüsseln den Boden vom Flußgrund aufnimmt, in seinen Laderaum im Schiffsbauch saugt und damit auf

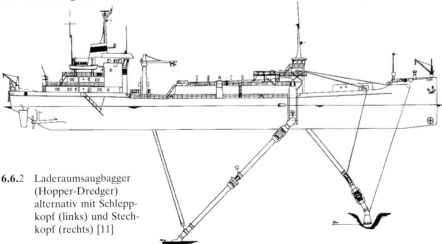

6.6.2 Laderaumsaugbagger
(Hopper-Dredger)
alternativ mit Schlepp-
kopf (links) und Stech-
kopf (rechts) [11]

offene See fährt, um das Material dort zu „verklappen". Moderne Schiffe dieser Art (englisch: Hopperbagger) haben auch die Möglichkeit, den Laderauminhalt nach Fluidi-sierung über eine Rohrleitung an Land zu pumpen und dort tiefliegendes Gelände aufzu-spülen bzw. kleinere Inseln aus dem Tidebereich aufzuhöhen. Der Hopperbagger ist al-so eine Kombination aus Saugbagger, Klappschute, Schutensauger und Baggerpumpen, – dazu ein richtiges seegängiges Schiff mit nautischen und maschinentechnischem Perso-nal und einem „richtigen" Kapitän an der Spitze.

6.6.3 Schleppkopf des Laderaum-Saugbaggers
(an Bord gehoben) [202]

Das eigentliche Arbeitswerkzeug ist der Schleppkopf (Bild **6.6.**3), der je nach Bodenfe-stigkeit entweder ohne Grundberührung oder mit entsprechenden Schürfblechen verse-hen das Material durch reine Saugwirkung oder durch Schürfen und Saugen in seinen Laderaum (Hopper) aufnimmt. Haupteinsatzgebiet ist die Vertiefung oder Konstanthal-tung von Schiffahrtsrinnen (z. B. Rotterdam, Hamburg, Wilhelmshaven), wobei das ab-zuräumende Material (Hafenschlick, Schwimmsand usw.) in zügiger Fahrt aufgenom-men und dann dort, wo es die Schiffahrt nicht behindert, abgeklappt wird. Ein solcher Arbeitszyklus dauert je nach den örtlichen Entfernungen 1 bis 3 Stunden. Die größten Hopperbagger fassen in ihrem Laderaum bis zu $17\,000\,m^3$ und sind mit starken Pumpen ausgerüstet, um eine hohe Saug- wie auch Spülwirkung zu erzielen. Teilweise sind ganze „Flotten" von Hopperbaggern ständig im Einsatz, um die Flußrinne auf der erforderli-chen Tiefe zu halten.

6.7 Graben

Auch hier gibt es zwei grundverschiedene Möglichkeiten: „Graben" kann man im Un-terwasser-Bereich mit dem G r e i f b a g g e r und dem klassischen Bodengreifer als Grab-gefäß – was vor allem für kleinere Einsätze in Frage kommt – oder aber mit dem E i-m e r k e t t e n b a g g e r.

Der G r e i f e r k o r b kann mit glatten oder zahnbewehrten Schneiden ausgerüstet wer-den. Statt des Schalengreifers kann ein Zangengreifer („Steinzange") verwendet wer-den. Eine im Wasserbau oft verwendete Variante ist der Mehrschalen- oder Polyp-Grei-fer, – vor allem, wenn Steine ausgeladen oder verlegt werden müssen.

Zum Greiferkorb in der unterschiedlichsten Ausprägung gehört als Grundgerät der Seil-bagger, der „Reichweite", „Tragkraft" und „Schließkraft" zur Verfügung stellt. Beim Einsatz des Greifbaggers ist zu bedenken, daß beim Aushub aus dem Wasser sich keine Steine zwischen die Greiferbacken setzen dürfen, der Greiferkorb sich also nicht mehr schließen kann und dadurch der Inhalt während der Hubbewegung nach oben wieder herausgespült wird.

Der Eimerkettenbagger arbeitet, vom Grabprinzip her gesehen, ähnlich wie der Hoch-löffelbagger (Bild **6.7**.1). Er gräbt immer gegen eine „Baggerbank", wobei er die an der Eimerkette befestigte Eimer in einer bogenartigen Bewegung um den „Unterturas" her-umschwenkt und dabei den Boden in einen nach dem anderen Eimer füllt.

6.7.1 Eimerkettenbagger [101]

Der Eimerkettenbagger war das Pilotgerät für die gesamte Naßbaggerei und ist heute wegen seiner geringen Ladeleistungen etwas aus der Mode gekommen. Noch immer hat er jedoch 2 unschätzbare Vorteile zu bieten: Das Einhalten einer präzisen Baggertiefe während des Arbeitsvorganges und eine relativ hohe Grabkraft für das Baggern von wei-chem Fels. Die Tiefenkonstanz macht ihn interessant, vor allem für das Ausbaggern von Hafenbecken und für das Konstanthalten der Profiltiefe von Schifffahrtsrinnen. Nachtei-lig sind allerdings die „Furchen", die er beim Graben hinterläßt, die sich aber durch die Strömung meist ausgleichen.

Zum Einsatz von Fels wird er statt der normalen Ladekette mit einer Felskette (mit schwereren, dafür allerdings etwas kleineren Felseimern) ausgerüstet und erreicht dort durch seine verhältnismäßig „sture" Baggertechnik noch immer beachtliche Förderlei-stungen. Entladen wird das gebaggerte Material in beiderseits anliegende Transport-schuten.

Inzwischen kommt der Eimerkettenbagger wieder zu neuen Ehren: In Hamburg wird zur Zeit ein Projekt realisiert, das „aus dem giftigen Hafenschlick wieder sauberen Sand" macht. Und weil es sich um Hafenschlick mit vielen Verunreinigungen (Drahtseil-reste, Fahrräder, Blechkanister usw.) handelt, ist man auf den in dieser Hinsicht unemp-findlichen Eimerkettenbagger angewiesen.

600000 m³ pro Jahr werden aus dem Hafen gewonnen: Eine Aufbereitungsanlage (METHA) trennt das angelieferte Material und separiert es in (schwarzen) Schlick und hellen Sand, der als Baustoff wiederverwendet wird.

Star dieser Prozedur ist im nassen Bereich der Eimerkettenbagger „Odin", der mit seinen 50 Eimern pro Stunde eine Schute mit 600 m³ Schlick füllt (Bild **6.7.**2). „Wenn er seinen Standort wechselt, hangelt er sich an seinen 6 Ankertrossen vorwärts".

6.7.2 Eimerkettenbagger „Odin" bei Schlammbaggerung im Hamburger Hafen

Dieser „Odin" ist mit seinen „ratternden Eimern" schon vielen Anwohnern auf die Nerven gegangen. Das Hamburger Abendblatt schreibt: „Der Krach ist nicht zu überhören. Scheppernd läßt „Odin" seine 50 Eimer zu Wasser, einen nach dem anderen, pausenlos von 6 bis 22 Uhr. Baggerführer Schulz und seine sechsköpfige Crew schlafen zwischen 2 Schichten an Bord. Nach einer Stunde ist die gelbe Schute randvoll. Ein Schlepper bugsiert sie elbaufwärts. Im Finkenwerder Vorhafen wartet der Schutensauger darauf, den grauen Brei in die Rohrleitungen zu spülen. Gleich daneben steht SARA (Spülfeld-Ablaufwasser-Reinigungsanlage) und sorgt dafür, daß das Wasser, das METHA (mechanische Aufbereitung und Trocknung von Hafenschlick), ausbringt, wieder sauber in die Elbe zurückfließt."

Das Beispiel veranschaulicht in aller Deutlichkeit die Bedeutung des Eimerkettenbaggers als das universelle Arbeitsgerät im maschinellen Wasserbau. Vom gewachsenen Fels bis hin zum Hafenschlick durchsetzt mit Baumwurzeln und Drahtresten wird er mit allem fertig, was ihm vor die Eimer kommt. Allerdings mit nicht gerade sensationellen Förderleistungen. Aber das rührt zum Teil schon daher, daß er – als kontinuierlich arbeitendes Gewinnungsgerät konzipiert – zur Abförderung des gebaggerten Materials immer auf Schuten angewiesen ist, die sich eben oft nicht in kontinuierlicher Folge heranbringen lassen.

Eine Schwachstelle hat der Eimerkettenbagger zudem: Feinsande und bindige Böden mit geringem Wassergehalt (Porenwasser) bleiben beim Ausschütten am Oberturas im Eimer haften und erschweren das Entleeren. Auch sollte man daran denken, daß beim Baggern unter Wasser das Wasser im Eimer verdrängt werden muß, und daß das Auftreten von Porenwasserdruck das Schneiden und Füllen erschweren kann. Trotzdem: Der Eimerkettenbagger bleibt der älteste, universellste und robusteste unter seinen Naßbagger-Kollegen!

6.7.3 Schürfraupe beim Kanalaushub

Für geringere Wassertiefen kommt auch der Schwimmgreifer in Frage (der meist in stationäre Kiesgewinnungsbetrieben bis zu 100 m Wassertiefe eingesetzt wird. Wird „Wasserbau" im Trockenen betrieben, z. B. beim Kanalaushub [Bild **6.7**.3], so sind Flachbagger die zweckmäßigsten Geräte (Schürfraupen, Scraper). Eine besonders interessante Methode ist in Bild **6.7**.4 gezeigt. Dort wird ein 110 km langer Kanal trocken mit einem Gerätesystem ausgehoben, das aus einem Schaufelradbagger, einer Förderbrücke und einem Absetzer besteht und das ein Kanalprofil mit 116 m Sohlenbreite in 15 m breiten Längsstreifen (entsprechend der Arbeitsbreite des Schaufelradbaggers) aushebt – ein Einsatzfall, der jedoch nur für große Aushubleistungen und für lineare Baustellen Bedeutung hat. Im vorliegenden Fall betrug die Arbeitsleistung 3300 fm/h bei einer gesamten Aushubkubatur von 46 Mill. m^3 [34]. (Näheres s. Abschn. 11.8)

6.7.4 Schaufelradbagger (rechts) mit Bandbrücke und Absetzer (links) beim Einsatz „Chasma Jelun Link Kanal" in Pakistan

6.8 Reißen

Steht Fels an, so wird der Aushub wesentlich schwieriger (und kostspieliger). Sehr oft ist es dann zweckmäßig, den Fels mit schweren Reißgeräten vorzulockern und das aufgelockerte Material mit kleineren Geräten aufzunehmen. Das ideale Gerät ist die Reißraupe, – die Planierraupe mit angebautem Felsreißer. Ihre Wattiefe ist jedoch auf etwa 1 m begrenzt, sodaß sie für größere Wassertiefen nicht in Frage kommt. Günstiger liegt in dieser Hinsicht die Schürfraupe, die eine Wattiefe von 1,80 m erreicht (praktisch nutzbar bis etwa 1,60 m Wassertiefe) und mit einer zusätzlichen Reißeinrichtung mit 40 cm Tiefgang Material bis etwa 2 m unter Wasseroberfläche aufreißen kann. Die nächste Stufe bildet der sogenannte Amphibienbulldozer (Bild 6.8.1), der vom Ufer aus ferngesteuert wird und die „Atemluft" für seinen Dieselmotor über einen Schnorchel erhält, der in einem 2. Rohr auch die Auspuffgase ableitet. Dieses Gerät kommt auf eine praktisch erreichbare Wassertiefe von 4 m und kann mit Planierschild und Tiefreißer ausgerüstet werden. Es wird vor allem für den Kanalaushub (im Quertransport) eingesetzt.

6.8.1   Amphibien-Bulldozer beim Ausräumen von Flußgeschiebe in der Donau

„Reißen" kann man natürlich auch mit dem Tieflöffel, der dann u. U. einen verlängerten Ausleger (mit entsprechend kleinerem Grabgefäß) erhält und wie in Bild 6.8.2 bis in 18 m Tiefe reichen kann. Jedoch muß man sich darüber im klaren sein, daß seine Reißkraft durch die Hebelei der Hydraulikzylinder im wesentlichen nach oben gerichtet ist und dadurch für die mehr horizontal gewünschte Reißkraft in der Tiefe nur noch höchstens die halbe Kraft zur Verfügung hat. Hinzu kommt das verkleinerte Grabgefäß, so daß die erzielte Ladeleistung im Verhältnis zur Gerätgröße relativ gering ist.

Auch mit dem am Seil geführten Schürfkübel des Seilbaggers kann gerissen werden, allerdings nur im bescheidenen Umfang. Selbst wenn der Schürfkübel mit Reißzähnen ausgerüstet ist, wird es immer schwierig bleiben, die Zähne und damit den Kübel in den glatten Untergrund einzudrücken, da das Andrück-Gewicht des Kübels recht gering ist.

6.8.2 Tieflöffelbagger auf Ponton mit verlängertem Löffelstiel zum Hoch-
holen von gesprengtem Fels aus 18 m Wassertiefe

Das Reißen eignet sich vor allem für harten Ton, weichen Fels und geschichtetes, banki-
ges härteres Material. Es ist noch immer wesentlich billiger als das Meißeln oder gar das
Sprengen und sollte auf jeden Fall hinsichtlich seiner Anwendungsmöglichkeit getestet
werden, bevor man zu aggressiveren Methoden übergeht.

6.9 Meißeln

Die Aggressivitätsskala heißt: Reißen-Meißeln-Sprengen. Das Meißeln ist die letzte der
rein mechanischen Möglichkeiten, bevor man zum Sprengen greifen muß. Während man
das Reißen u. U. noch zusammen mit dem Aufnehmen des vorgelockerten Materials in
e i n e m Arbeitsgang durchführen kann (z. B. beim Einsatz des Tieflöffels mit Reißzähnen), muß das Aufmeißeln des Materials immer in einem getrennten Arbeitsgang vor
dem Aufnehmen durch das Grabgefäß durchgeführt werden.

Gemeißelt wird in kleineren Einsätzen mit einem Schnellschlagbär, der anstelle der
Schlagplatte eine Meißelspitze erhält. Der Schnellschlagbär kann unter Wasser arbeiten,
da sein Schlagmechanismus wasserdicht gekapselt ist (Bild **6.9.**1). Ähnliches gilt auch für
Hydraulikbäre. Meist werden, wenn im Flußbereich gearbeitet werden muß und das
Meißelfeld vom Ufer aus mit dem Baggerausleger nicht mehr zu erreichen ist, mehrere
Meißel auf einem Ponton untergebracht und bilden ein Meißelschiff. Diese Anlage hat
den Vorteil, daß jeder Meißelwagen an einem quer verfahrbaren Mäkler geführt wird,
was eine bessere Systematik im Meißeleinsatz zuläßt (Bild **6.9.**2).

Größere Wirkung wird mit dem Fallmeißel erzielt (Bild **6.9.**3). Das bis zu 10 t schwere,
zigarrenförmig ausgebildete Fallgewicht wird (ähnlich wie ein Freifallbär) aus größerer
Fallhöhe gezielt auf den jeweiligen Meißelpunkt angesetzt und der Fels mit größerer
Wucht geworfen. Auch hier gilt das „Bankprinzip", wie in Bild **6.9.**4 dargestellt.

6.9.1 Aufmeißeln einer Felsschicht im bentonitgefüllten Schlitzwandgraben mit einem Schnellschlagbär mit Meißelspitze

6.9.2 Meißelschiff mit 2 druckluftbetriebenen Felsmeißeln

Ganz großes „Geschütz" wird schließlich mit einem Meißelschiff nach Bild **6.9.**5 eingesetzt. Dort schlagen 16 Fallmeißel mit je 60 t Gewicht in einem bestimmten Rhythmus auf den Felsuntergrund, nur eben viel intensiver als der Einzelmeißel in Bild **6.9.**3. Als Kommentar zu dieser Methode läßt sich auch hier sagen: Meißeln ist noch immer billiger als Sprengen! Solche Schiffe kommen allerdings nur für große Projekte wie Hafenbekken, Schiffahrtsrinnen usw. in Frage. Das so gelöste Material wird dann meist mit Eimerkettenbaggern gehoben und in Schuten abtransportiert.

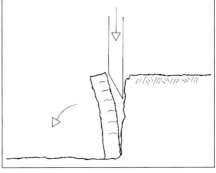

6.9.3 10 t schwer Felsmeißel auf einem Meißelschiff („Lobnitz-Meißel")

6.9.4 Ansatz einer Meißelspitze an einer
Felsbank

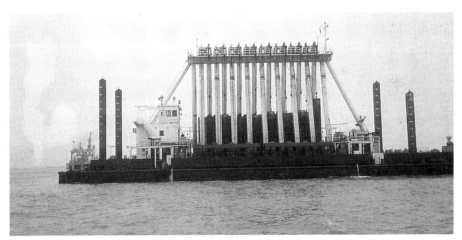

6.9.5 Felsmeißelschiff „Rammelar" mit 16 Fallmeißeln à 60 t Gewicht

6.10 Sprengen

Sprengen ist Sache des dafür ausgebildeten und mit der Sicherheitstechnik vertrauten Spezialpersonals. Auch hat es nichts mit dem maschinellen Teil des Wasserbaus zu tun.

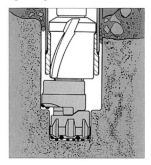

Zum Sprengen gehört jedoch das Bohren und dazu die fachgerechte Einrichtung einer Plattform, von der aus gebohrt werden kann. Diese Plattform kann, wenn es sich um das Bohren im Wasser handelt, entweder ein Ponton, ein geeignetes Schiff (z. B. ein Katamaran) oder eine Hubinsel sein, wobei die letztere den Vorteil hat, daß sie mit ihren „Beinen" auf dem festen Fluß- oder Meeresgrund steht und damit von Wellen und Wasserstandsschwankungen unabhängig ist. Eine Hubinsel ist wegen ihrer festen Position im Wasser für Bohrgeräte mit ihrem gegen alle Bewegungen empfindlichen Bohrgestänge besonders geeignet.

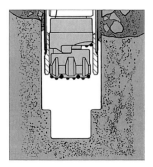

Zu den Problemen, die das Bohren – hier das Felsbohren – mit sich bringt, gehört vor allem das sogenannte Überlagerungsbohren. Die Flußsohle unter Wasser ist dort, wo gesprengt werden muß, selten blanker Fels, sondern meist mit Geschiebe bedeckt. Dieses kann nicht mit einem Bohrer durchfahren werden. Das Bohren muß hier in zwei Arbeitsgänge aufgeteilt werden: Das Durchörtern und Niederbringen eines Mantelrohres – meist mit einer Zahnbohrschneide versehen – bis auf den festen Felsuntergrund und in diesen zur Sicherung der Standfestigkeit 10–15 cm einbindend, und dann das eigentliche Felsbohren (Bild **6.10.**1) mit der Bohrkrone (Bild **6.10.**2).

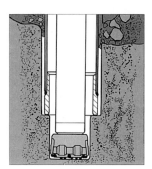

6.10.1 Prinzip des Überlagerungsbohrens [206]

6.10.2 Bohrkopf mit Stiftbohrkronen für das Überlagerungsbohren [206]

Schwierigkeiten bereitet das Entfernen des Bohrkleins. Entweder wird es mit Druckwasser ausgespült und dem umgebenden Wasser übergeben oder es wird mit einer Spezialvorrichtung laufend abgepumpt. Die Bohrlöcher zur Aufnahme der Sprengpatronen haben einen Durchmesser zwischen 70 und 150 mm und müssen in der Zeit, in der das Bohrloch offensteht, gegen eingeschlemmtes Material mit Deckeln oder Stopfen verschlossen werden.

Am gebräuchlichsten sind bei derartigen Sprenglochbohrungen schwimmende Plattformen, die aus vorhandenen Ballastkästen – nun als Hohlkörper verwendet – mit Baustellenmitteln zusammengesetzt und verankert werden.

Die Bohrgeräte sollten auf dem schwimmenden Untersatz verfahr- oder verschiebbar angeordnet sein, damit man ihren Standpunkt verändern kann, ohne den Ponton verholen zu müssen (Bild **6.10**.3).

6.10.3   Bohrschiff mit 6 Bohrlafetten und 2 Fixierfüßen

In empfindlichen Gewässern (Erschütterungen, Fische) kann ein Preßluftvorhang rund um das Bohrschiff angelegt werden, der als Puffer wirkt und die Geräuschwirkung gegen naheliegende Gebäude oder Fische (sofern die nicht durch den Baustellenlärm schon vorher vertrieben wurden) abschirmt.

Insgesamt gesehen ist das Sprengen von Fels unter Wasser eine Sache, die man auf jeden Fall ausgebildeten Sprengexperten überlassen sollte [35].

6.11 Aufschlämmen

Diese etwas ungewöhnliche Bezeichnung betrifft eine sehr wichtige Grundoperation im Bereich der Naßbaggerei. Man versteht darunter jenen Vorgang am anderen Ende der hydraulischen Förderkette, die beim Lösen und Saugen des Fördergutes „vorn" am Gewinnungswerkzeug (Saugmund, Schneidkopf, Schleppkopf) beginnt und in der Spülkippe endet (Bild **6.11.**1). Dort wird die feststoffbeladene Flüssigkeit auf- oder ausgeschlämmt und der Feststoff wieder von dem Transportmedium Wasser getrennt. Als technische Komponenten sind bei diesem Vorgang Leitbleche und Planierraupen beteiligt, wobei erstere von Hand umgesetzt werden, um den Materialstrom zum gleichmäßigeren Auffüllen der Kippe in die jeweils gewünschte Richtung zu lenken. In ähnlichem Sinn arbeiten bei größeren Vorhaben die Planierraupen, die das angeschwemmte Material einebnen und noch besser verteilen.

6.11.1   Absetzbecken mit Spülkopf

Hingewiesen sei in diesem Zusammenhang auf den hohen Verschleiß der Fahrwerke von Planierraupen, insbesondere bei quarzhaltigem Material (Sand, Kies) in Verbindung mit dem vorhandenen Oberflächenwasser. Erzeugt wird dabei eine Art „Schmirgelpaste", die die Lebensdauer der Raupenketten stark (von 3000 auf ca. 800 Betriebsstunden) reduziert.

6.12 Fluidisieren

Dabei wird dem zu lösenden bzw. abgelagerten Material Wasser zugesetzt, um es in einen schlammartigen Brei zu verwandeln, der dann von den (rotierenden und mit Schaufeln versehenen) Baggerpumpen angesaugt und weggedrückt wird. Das Fluidisieren ist also eine Wasseranreicherung im zu transportierenden ursprünglich festen Material, um es als Transportgut mit dem hydraulischen Fördersystem besser bearbeiten zu können.

Fluidisiert wird z. B. in Schuten (oder auch in den Laderäumen der Hopperbagger) durch Druckstrahleinsatz, wobei der (gelenkte) Druckstrahl gleichzeitig für eine gute Durchmischung des zu verflüssigenden Materials sorgt (Bild **6.12.**1). Weitere Informationen über das Fluidisieren enthält Kapitel 10.

6.12.1 Verflüssigen des in einer Schute abgelagerten Feststoffes (rechts)
Links: das Saugrohr des Schutensaugers,
Mitte: die Druckwasserdüse

6.13 Transportieren

„Transportieren" ist ein sehr weitläufiger Begriff. Einen orientierenden Überblick gibt Tafel **6.**3. Dort wird unterschieden zwischen den „Wegen", über die der Transport erfolgen kann und den Behältnissen bzw. Apparaturen, in bzw. mit denen das Transportgut zu befördern ist. Die 3 ersten Wege sind regelrechte Fahrstraßen, für die ein Fahrwerk benötigt wird, um ein Gefäß (z. B. die Lademulde des LKW oder die Gondel einer Seilbahn) zu befördern, das Rohr leitet einen durch Pumpen bewegten Förderstrom, während die Wasseroberfläche als Fahrwerk für Schuten und Pontons und der Luftraum als Hubweg für Krane bzw. als Schleuderweg (Ausschwingen) für Seilbagger betrachtet werden kann.

Tafel **6.**3 Transportvorrichtungen in Abhängigkeit vom Förderweg

	Gefäß	Schute	Ponton	Pumpe	Kran	Seilbagger
Straße	o					
Schiene	o					
Seil	o					
Rohr				o		
Wasserfläche		o	o			
Luftraum					o	o

Transportiert wird das Material im Wasserbau hauptsächlich in Gefäßen bzw. Behältern oder hydraulisch in Rohrleitungen. Als „Behälter" kommen in Frage: Lademulden (der LKW's) oder Laderäume (der Schuten bzw. Hopperbagger). Die Lademulden der LKW's müssen meist als wasserdichte Wannen ausgebildet sein, damit die Transportwege nicht unnötig verunreinigt und aufgeweicht werden. Auf jeden Fall sind feste Fahrwege erforderlich.

Schutentransport (schwimmend) wird meist mit Klappschuten durchgeführt, die das Material durch Bodenklappen am Zielort „verklappen". Dabei ist zu beachten, daß die vorhandene Wasserhöhe ausreichend für das Öffnen der Klappen nach unten sein muß. Auch Schuten, die sich – ähnlich wie Greiferkörbe scharnierartig öffnen können (sogenannte Spaltklappschuten) werden eingesetzt (Bild **6.13.**1).

6.13.1 Spaltklappschuten, anliegend am Eimerkettenbagger

Im Gegensatz zum Gefäßtransport, der nur intermittierend, d.h. abhängig von der Förderkette der LKW's oder Transportschuten, durchgeführt werden kann, arbeitet der hydraulische Transport kontinuierlich, d.h. es kann „rund um die Uhr" – auch bei Nacht und Nebel – gefördert werden. Die Förderwege bestehen hier aus Spülrohren (500–1000 mm Durchmesser), die in Abschnitten von 3–5 m Länge verlegt werden (Bild

6.13.2 Spülrohrsystem

6.13.2). Das Verlegen, Verlängern und Umlegen der Rohrstränge erfordert einen gewissen maschinellen Aufwand an Hilfsgeräten wie Mobilkrane, Anhänger und Schlepper, wobei die eigentlichen Schwierigkeiten oft von dem weichen Untergrund (Wattenmeer, Schlick, Klei) herrühren, über den die Rohre verlegt werden. Die Förderweiten liegen normalerweise bei etwa 1000 m, können aber durch Einsatz von Zwischenpumpen in großem Umfang verlängert werden

Entscheidend für die Frage, ob hydraulischer Transport durchgeführt werden kann, ist die „Spülbarkeit" des Materials und der dabei erzielbare Feststoffgehalt. Eine aus der Praxis geborene Regel besagt: Ideal sind 50 (und eventuell mehr) Prozent Feststoffgehalt, unwirtschaftlich ist der Spülbetrieb auf jeden Fall mit weniger als 10% Feststoffgehalt.

Kernpunkt der hydraulischen Förderung ist die Frage nach der Schleppkraft des Wasserstromes. Dabei spielen Rohrdurchmesser, Wassergeschwindigkeit und Beschaffenheit des festen Materials sowie die Korngröße der einzelnen Partikel eine entscheidende Rolle. Bei Sand und Kies ist auch die Ungleichförmigkeit des Kornbandes zu beachten. Einzelne größere Steine können durchaus im feinkörnigen Material mitgerissen werden. Zu viele „große Brocken" machen jedoch die strömende Materialmasse „träge" und führen zum Verstopfen und sogar Blockieren des Förderstromes. Eine genaue Laboruntersuchung wie auch theoretische Berechnungen sind hier immer zweckmäßig (Näheres s. Kapitel 10).

6.14 Ablagern

Diese Position ist teilweise schon durch das „Aufschlämmen" (Abschn. 6.11) abgedeckt. Dort aber geht es nur um nasses Material, das im Rohrtransport angefördert wird. Handelt es sich jedoch um trockenes oder feuchtes Material, wie es beim Graben-, Gruben- oder Kanalaushub oberhalb des Wasserspiegels anfällt und z.B. in LKW's transportiert wird, so besteht das „Ablagern" in einem Verkippen des Materials auf der Deponie.

Wird das – fluidisierte – Material dagegen in einem Absetzbecken oder einer Spülkippe abgelagert, so läuft diese Operation auf ein Aufschlämmen oder Aufspülen hinaus, – man kann also die Grundoperation „Ablagern" noch wieder unterteilen in „Verkippen" (trocken) und „Aufspülen" (naß). Streng genommen müßte man dem Ablagern den Rang einer Leitoperation zusprechen und das Verkippen und das Aufspülen als Grundoperation unterordnen.

6.15 Einbauen

Ist das Material auf der Deponie (trocken) oder der Spülkippe (naß) angelangt und dort zunächst abgelagert worden, so muß es entwässert und meist noch verdichtet werden. Auch hier kann man das „Einbauen" mehr als Leitoperation und das Entwässern und das Verdichten als Grundoperationen bezeichnen.

Entwässert wird das Material entweder durch Sickergräben rund um die Deponie oder durch Ableiten des Transportwassers über die durch den Spülprozeß von selbst geneigten Spülfelder. Jedes Absetzbecken oder jede Spülkippe ist von Dämmen umgrenzt, die das nasse Material zusammenhalten. Durch diese Dämme hindurch muß das Überschuß-Wasser nach außen geleitet werden. Dazu werden in die Dämme sogenannte „Mönche" eingebaut, – einfache Durchlaßrohre mit Sperrschiebern, über die der Wasserabfluß geregelt werden kann (Bild **6.15.**1). Das Verdichten des Materials besteht entweder aus einem rein mechanischen Vorgang (trocken) mit Glatt- oder Rüttelwalzen bzw. Fallplatten (bis hin zur sogenannten Hochintensiv-Verdichtung mit schweren Fallgewichten und großer Fallhöhe), oder das Material wird eingeschlämmt (naß), wobei davon ausgegangen werden kann, daß durch den Schlämmvorgang zumindest das rollige Material in seine dichteste Lagerung gebracht und u. U. hart wie mürber Fels wird.

6.15.1 Spülfeld für den Aufbau von Deichbaumaterial

6.16 Gerätebezeichnung

Eine Zusammenstellung der wichtigsten Geräte der Naßbaggerei geben Bild **6.16.**1 und Bild **6.16.**2. Da das Naßbaggerwesen international stark verbreitet ist, werden die Gerätebezeichnungen (z. B. Cutter, Hopper, Dredger usw.) meist in englischer Sprache angegeben. Eine Zusammenstellung der gebräuchlichsten Bezeichnungen enthält Tafel **6.**4. In Tafel **6.**5 wird ein Überblick über den „Markt der Möglichkeiten" in einer Aufstellung des gesamten, in der Wasserbautechnik verfügbaren Geräteparks, gegeben.

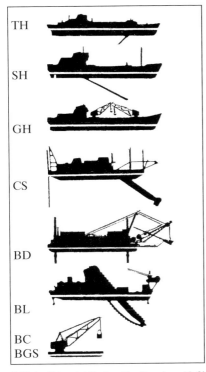

TH:	Schleppkopf-Saugbagger Trailing Suction Hopper
SH:	Stichkopf-Saugbagger Suction Hopper Dredger
GH:	Laderaum-Greifbagger Grab Hopper Dredger
CS:	Schneidkopf-Saugbagger Cutter Suction Dredger
BD:	Löffelbagger schwimmend Bucket Dipper
BL:	Eimerkettenbagger Bucket Dredger
BB:	Tieflöffelbagger Back actor
BC:	Hochlöffelbagger Face shovel
BG:	Greifbagger Grabexcavator
TB:	Schuten Transport Barges
TL:	Schlepper Laundies

6.16.1 Die wichtigsten Geräte einer Naßbaggerflotte

Tafel **6.**5 Naßbagger-Übersicht: „Markt der Möglichkeiten"

Eimerkettenbagger
  mit Kiesleiter
  mit Felsleiter

Saugbagger
  Grundsauger
  Schutensauger / Tiefsauger

Schneidkopf-Saugbagger (Cutter)
  geschleppt
  selbstfahrend

Laderaum-Saugbagger (Hopper)
  mit Bodenklappen
  mit Spülvorrichtung

Transportschuten
  Spülschuten
  Klappschuten / Spaltklappschuten
  Kippschuten

Steintransportschiffe
  Schüttschiffe
  Blockschiffe

Bohrschiffe
  auf Stützen
  Bohrwagen verfahrbar

Hubinseln
  mit 4 oder 8 Beinen
  mit Raupenfahrwerk
  Schreitinseln

Baggerschiffe
  mit Hochlöffel / mit Tieflöffel
  mit Greifer

Kranschiffe
  schwimmend
  auf Stelzenponton

Meißelschiffe
  mit mehreren Schnellschlagbären
  mit 1 Fallmeißel / vielen Fallmeißeln

Transportpontons
  bis   2000 t Tragfähigkeit
  bis 18000 t Tragfähigkeit

Typ und Name	Größte Baggertiefe (m)	Fassungvermögen
Selbstfahrende LaderaumSaugbagger (Hopper)		
Wado	30	6 300 m³
Apollo	32	4 800 m³
Poseidon	32	4 800 m³
Transmundum I	25	3 800 m³
SchneidkopfSaugbagger (Cutter)		
Castor	25	–
Pollux	22	–
Triton	20	–
Aegir	16	–
Nereus	16	–
Jason	12	–
Janus	12	–
HT 102	14	–
Saugbagger		
Hercules	30	–
Faunus	70	–
Haarlem	40	–
Schiphol	40	–
Eimerkettenbagger		
Ajax	18	700 l
Nestor	15	425 l
Hubinsel		
Donar	–	
Selbstfahrende Baggerschuten		
11, je	–	650 m³

6.16.2   Großgeräte in einer Naßbaggerflotte [102]

7 Maschinen und Geräte

7.0 Überblick

Das „Einschießen" auf die maschinelle Lösung einer Bauaufgabe beginnt mit der unerläßlichen Vorarbeit der Bodenuntersuchung, um dann Schritt für Schritt konkreter zu werden: Große Vorhaben im Wasserbau – und um solche geht es hier – erfordern eine sorgfältige Auswahl der Maschinen. Sie beginnt mit einer verfahrenstechnischen Analyse im Sinne der Grundoperationen und führt über die Palette der maschinellen Möglichkeiten (gesehen gewissermaßen mit dem Weitwinkel-Objektiv) hin zu den konkreten Maschinen und Geräten (nun mit dem Tele-Objektiv oder sogar mit dem Mikroskop betrachtet).

Bei der Fülle der angebotenen Maschinen und Geräte ist die wegweisende Übersicht und damit eine Einordnung nach technischen Gesichtspunkten unabdingbar. Wie aber kann sie aussehen? Tafel 7.1 kann das verdeutlichen: Beim klassischen Wasserbau geht es immer um die Bewegung von nassem Boden. Für die Gewinnung des Materials können Naß- und Trockenbagger eingesetzt werden, und diese wieder in kontinuierlichem oder diskontinuierlichem Betrieb. Zum Transport des Materials werden im Naßbaggerbereich Pumpen und Rohrleitungen bzw. Schuten, im Trockenbaggerbetrieb LKW's, Förderbänder oder Seilbahnen verwendet.

Tafel 7.1   Die wichtigsten Maschinen im Wasserbau

	Naß	Trocken			
1. Gewinnungsgeräte:	Naßbagger: kontinuierlich diskontinuierlich	Trockenbagger: kontinuierlich diskontinuierlich			
2. Transportgeräte:	Wasser: Pumpen, Rohre, Schuten, Schlepper	Straße: LKW, Schürf- wagen	Schiene: Züge, Hänge- bahn	Seil: Seilbahn, Kabel- bahn	Luft: Kräne, Draglines
3. Hilfsgeräte	Rammen: schlagend, vibrierend, drückend	Bohrgeräte: schlagend, drehend	Verrohrungsgeräte: drehend, oszilierend, drückend		

Hinzu kommen (etwas deplaziert als „Hilfsgeräte" bezeichnet) Ramm- und Bohrgeräte, – erstere schlagend, vibrierend oder drückend, letztere schlagend oder drehend arbeitend. Auch Verrohrungsgeräte und Mantelrohre gehören dazu, wenn im Nassen gebohrt werden muß.

Hier stehen die „Naßbaggergeräte" im Mittelpunkt. Größere Wasserbauarbeiten sind ohne sie kaum denkbar. Und dennoch sind auch dort, wo „Wasserbau" trocken durchgeführt wird, z.B. beim Aushub von Schiffahrtskanälen, moderne Verfahren, vor allem durch den Einsatz von kontinuierlich arbeitenden Gewinnungs- und Transportgeräten – nicht zu übersehen. Auf kontinuierlichem Wege können 4 bis 5 mal so hohe Förderleistungen erzielt werden wie mit der üblichen Bagger-LKW-Methode, die diskontinuierlich arbeitet. Gewarnt sei allerdings vor einer Kombination etwa eines kontinuierlich arbeitenden Schaufelradbaggers mit diskontinuierlicher LKW-Abfuhr. Theoretisch wäre das möglich, praktisch ist es aber unmöglich, eine zusammenhängende LKW-Kette gewissermaßen wie eine Perlenschnur an kontinuierlich ladenden Geräten (Schaufelradbagger) vorbeizuführen.

Ähnlich liegen die Verhältnisse bei der Kombination eines Eimerketten- oder Saugbaggers mit Schuten. Hier muß immer eine Leer-Schute bereit liegen, während die andere Schute beladen wird, um ohne Zeitverlust von „voll" auf „leer" umschalten zu können, ohne daß der Bagger seine Löse- und Ladearbeit unterbrechen muß.

7.1 Eimerkettenbagger

Der Eimerkettenbagger ist der Veteran unter den Naßbaggergeräten. Lange noch war (bzw. ist) er im Einsatz „nach altväterlicher Weise" etwa in Hamburg zum Ausbaggern der Fahrtrinne in der Elbe, und hat dort bis vor nicht allzulanger Zeit (oder heute noch?) die Ohren der Elbanwohner etwa in Övelgönne oder Altona „genervt". Ursache dieser Lärmentwicklung war die Eimerkette oder genauer noch: Die Gelenke der einzelnen Ketten-Schaken, mit denen die Eimer verbunden sind (Bild **7.1.**1).

7.1.1 Eimerkettenbagger im Einsatz [202]
links eine Spaltklappschute, rechts eine normale Klappschute

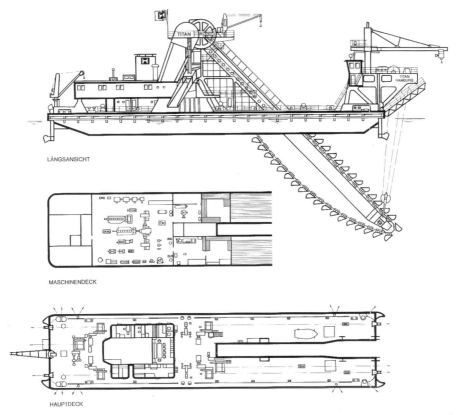

7.1.2 Aufbau eines Eimerkettenbaggers („Titan") [101] Baggertiefe max. 26 m, 1300 PS, 0,9 m³ Eimerinhalt, 42 t Reißkraft

Den Aufbau eines Eimerkettenbaggers zeigt Bild **7.1.**2. Arbeitswerkzeug ist die Eimerkette mit den einzelnen „Eimern" die für normale Boden- oder Schlickbaggerungen bzw. für Felsbaggerungen ausgerüstet sein können (Bild **7.1.**3). Felseimer sind im Inhalt etwas kleiner (z. B. statt 1000 l nur 900 l), dafür jedoch stabiler (stärker) ausgebildet,

7.1.3 Aufbau einer Eimerkette
(Eimer/Schaken)

meist sogar aus Stahl gegossen und mit Zähnen bewehrt. Im allgemeinen wird bei Umrüstung des Baggers von Normal- auf Felsbetrieb die ganze Kette ausgetauscht. Der Antrieb der Kette erfolgt über den sogenannten Oberturas; zur Umleitung unten dient der Unterturas. Die Führung der Kette erfolgt in der Eimerleiter, die am unteren Ende über eine Kranvorrichtung gehoben und gesenkt werden kann. Damit wird die Grabtiefe der Eimerkette reguliert.

Den eigentlichen Grabvorgang veranschaulicht Bild **7.1.4**. Ein oder mehrere Eimer schneiden das zu lösende Material spanartig an einer „Baggerbank", wobei die gefahrene Spanstärke bzw. der Eingriff eines Eimers in das Material der Baggerbank maßgebend für die Eimerfüllung und diese wieder (zusammen mit der Schüttzahl) entscheidend für die Ladeleistung ist. Dabei spielt nicht nur das Füllen, sondern auch das Entleeren jedes Eimers eine große Rolle. Vor allem beim Baggern von Feinsand wird das Korngerüst im Eimer durch den Hochtransport mit der Eimerkette meist so zusammengerüttelt, daß das Porenwasser nach oben austritt und die Körner ihre dichteste Lagerung einnehmen. Dabei entsteht scheinbare Kohäsion, die sich nach außen als Adhäsion auswirkt und zum Festhaften der Füllung an den Eimerwänden führt mit dem Ergebnis, daß die Eimer schlecht oder unter Umständen gar nicht entleeren. Bei einer Leistungsberechnung ist also nicht nur an die Eimerfüllung zu denken, sondern auch an das Entleeren, wobei eventuell ein Teil der Füllung im Eimer hängen bleibt.

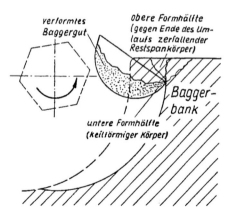

7.1.4 Grabvorgang der Eimerkette an der Baggerbank [16]

Eimerkettenbagger – genauer: Eimerketten-Schwimmbagger – haben noch heute wegen ihrer universellen Verwendbarkeit eine gewisse Bedeutung. Sie sind die einzigen Naßbaggergeräte, die für alle Bodenarten – vom Schlamm bis Fels – eingesetzt werden können. Besonders für Felsböden haben sie noch immer große Bedeutung, vor allem wenn sie mit einer Felskette mit Reißzähnen ausgerüstet sind. Über die Aufhängung der Eimerleiter kann die Grabtiefe sehr genau eingestellt werden und durch das Gewicht der gesamten Eimerleiter mit Eimerkette wird ein großer Andruck bei den jeweils grabenden Eimern erzeugt. Vor allem zum Ausbaggern von Hafenbecken oder von Schiffahrtsrinnen sind sie – in schweren (Ton- und Kleiböden) und felsigen Böden, aber auch in mit Unrat verschmutzten Hafenbecken (man denke nur an Gummireifen, Kabelreste, Drahtspiralen) nahezu unersetzlich.

Die technischen Daten einiger Eimerkettenbagger sind in Tafel **7.**2 zusammengestellt, wobei zwischen kleinen Baggern für den Einsatz im Binnenland (Flußbaggerung), größeren für den Einsatz in Flußmündungen und an der Küste und großen für die Arbeit in Seehäfen zu unterscheiden ist. Einer der derzeit größten Eimerkettenbagger ist der „Erik Vicking" mit bis zu 70 Eimern, wobei die normalen Sandeimer einen Inhalt von 1400 l, die Felseimer einen solchen von 900 l haben. Das Gerät war vorwiegend für steinigen Boden konzipiert worden und erzielte – je nach den Bodenverhältnissen – eine Leistung zwischen 12000 bis 36000 m³/Tag.

Tafel **7.**2   Technische Daten einiger Eimerkettenbagger

	Einheit	Achilles	Titan	Herkules	Eric Vickers
Schiffskörper:					
Länge	m	30,0	54,8	55,0	65,0
Breite	m	7,95	12,0	12,0	14,0
Höhe	m	1,80	3,75	3,75	4,20
Tiefgang	m	1,10	2,30		
Eimerinhalt	l	175	850	900	900–1400
Baggertiefe:					
min.	m	2,0		18,0	
max.	m	9,60	24,0	24,0	30,0
Schüttzahl	n/min		28	24	
Antriebsleistung	PS	200	1290	1290	3000
Reißkraft	t	30	42		
Gewicht	t	200	1600	1600	2300

Eimerkettenbagger sind nicht selbstfahrend, sondern müssen bei größeren Standordveränderungen geschleppt werden. Bei der Baggerarbeit erfolgt die eigentliche Fortbewegung über Seile, die an Festpunkten verankert sind und über Ankerwinden gesteuert werden, wobei im allgemeinen quer zur Längsrichtung des Pontons gebaggert, also „Zeile für Zeile" die Baggerbank aufgefahren wird (siehe Kapitel 9).

Der Materialfluß innerhalb des Gerätes geht von den einzelnen Eimern über die Eimerkette und den Oberturas auf Schüttrinnen, die das Baggergut auf neben dem Schiff liegende Schuten leiten (Bild **7.1.**5). Eine andere Möglichkeit – vor allem beim Flußeinsatz – besteht in der Zwischenschaltung von Förderbändern auf Bandbrücken, über die das Material ans Ufer geführt wird (Bild **7.1.**6). Diese Lösung wird vor allem dort angewandt, wo der Materialtransport mit Schuten wegen zu geringer Wassertiefe nicht möglich ist.

7.1.5 Materialfluß: Eimerkette – Schüttrinne – Schute [102]

7.1.6 Einsatz einer Bandbrücke zur Materialabförderung zwischen Flußmitte und Ufer

7.2 Grundsauger

Im Gegensatz zu den Kettenbaggern stellen die sogenannten Pumpenbagger einen ganz anderen Weg für Gewinnung und Transport von Naßbaggermaterial dar. Ihre Arbeitsweise erfolgt auf hydraulischer Basis, und dabei stehen Pumpen und Rohre im Mittelpunkt. Der Boden wird nicht mehr durch Schürfen oder Schneiden gewonnen und in Behältern transportiert, sondern hydraulisch abgesaugt und in einem Wasserstrom weggeführt. Dieser Spülwasserstrom wird als „feststoffbeladene Flüssigkeit" bezeichnet, wobei es von wirtschaftlich ausschlaggebender Bedeutung ist, welchen Feststoffgehalt der Wasserstrom mitreißen, – transportieren – kann („Feststoffkonzentration").

Grundsauger bestehen aus einem Schwimmkörper, in dem meist in Höhe des Wasserspiegels eine oder mehrere Pumpen installiert sind, die auf der Saugseite einen „Saugrüssel" und auf der Druckseite eine „Druckrohrleitung" besitzen (Bild **7.2.**1). Das ist das allen Pumpenbaggern zugrundeliegende Arbeitsprinzip, wobei die „Pumpen" hier keine üblichen Kreiselpumpen, sondern sogenannte Baggerpumpen sind, – langsam laufende Kreiselpumpen mit wenigen, aber sehr stabil ausgebildeten Pumpenschaufeln, die auch Feststoffe bis hin zu Steinen und Felsbrocken „verdauen" können.

7.2.1   Grundsauger (hier: im rollenden Landtransport) [201]

Der normale Grundsauger hat am vorderen Ende des Saugrüssels einen speziell ausgebildeten Saugkopf, der vor allem größere Hindernisse fernhalten soll. In der Normalausführung kann er bis etwa 45° Neigung abgesenkt werden und saugt sich trichterförmig in den Untergrund ein. Der Saugkopf kann zum Lösen von dichter gelagerten Sandbänken mit einer Druckwasseraktivierung „aggressiver" gemacht werden, in dem der Bereich vor den Saugmund mit Druckwasser aufgelockert und für das Absaugen vorbereitet wird. Neben dem normalen Grundsauger, dem einfachsten Pumpenbagger aus der Naßbaggertechnik, gibt es den S c h u t e n s a u g e r, der außer dem Saugrohr eine besondere Druckwasserkanone besitzt, um das in Schuten angelieferte und durch die Ablagerung stark verdichtete Material wieder fließfähig zu machen, zu fluidisieren und für das Absaugen aufzubereiten (Bild **7.2.**2).

In umgekehrter Richtung, d. h. zum Beladen der Schuten, arbeitet der S c h u t e n - S p ü - l e r, der als äußeres Kennzeichen meist T-förmige Spülrohre trägt, die eine gleichmäßigere Ablagerung des Baggergutes in der Schute gewährleisten sollen.

7.2.2 Saugbagger als Schutensauger: links Saugrohr, rechts Druckstrahldüse [201]

Von besonderem Interesse ist der T i e f -
s a u g e r , eine Weiterentwicklung des
normalen Grundsaugers. Während dieser maximal bis etwa 25 m Saugtiefe (je
nach Größe und Antriebsleistung) wirken kann, reicht der Tiefsauger durch
Einbau einer oder (stufenweise) mehrerer Unterwasser-Baggerpumpen bis 80 m
Wassertiefe. Den Aufbau eines Tiefsau-
gers zeigt Bild **7.2**.3). Das dort gezeigte
Gerät besitzt neben den Baggerpumpen
im Schiffsrumpf mit 4000 kW Antriebsleistung eine zusätzliche Unterwasserpumpe mit 2000 kW Antrieb (Bild
7.2.4). Eingerichtet ist er für Druckrohrleitungen von 300 bis 1000 mm Durchmesser. Tiefsauger werden vor allem
eingesetzt, um Kiesbänke in größerer
Wassertiefe abzubauen. Zum Lösen här-
terer Böden wird der Saugkopf mit
Druckwasser „aktiviert" (Bild **7.2**.5).

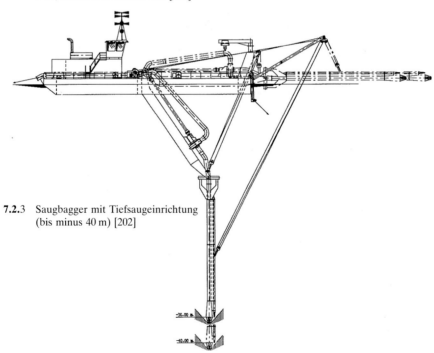

7.2.3 Saugbagger mit Tiefsaugeinrichtung
(bis minus 40 m) [202]

7.2.4 Moderner Tiefsauger [202]

7.2.5 Tiefsauger mit druckwasseraktiviertem Saugmund [201]

7.3 Schneidkopfsaugbagger

Überall, wo Naßbaggerarbeiten in größerem Umfang betrieben werden (Seehafenbau, Kanäle, Neulandgewinnung, Seedeiche, Fahrwasservertiefung usw.), sind Schneidkopfsaugbagger nicht mehr wegzudenken. Aber auch im Binnenland findet man sie – in Kiesgruben, Baggerseen und Flußmündungen sind sie tagaus, tagein unermüdlich tätig, ohne daß man von ihnen groß Notiz nimmt, denn ihre Haupt-Aktivitäten spielen sich unter Wasser ab (Bild **7.3.**1).

7.3.1   Schneidkopfsaugbagger (Cutter-Dredger) mit (links) Saugrohr und (rechts) Druckleitung [201]

Schneidkopfsaugbagger sind im Prinzip Grundsauger mit zusätzlichem Schneidkopf, der dazu dient, härtere Bodenschichten oder Fels zu lösen und in kleine Späne aufzubereiten, damit diese von der Saugströmung am Trichtermund mitgerissen werden können. Es geht also auch hier wieder um das Beladen eines Wasserstromes mit Feststoffteilchen (Bild **7.3.**2).

7.3.2   Typischer Cutter-Einsatz mit Spülleitung zur Massenbewegung im Deichbau [202]

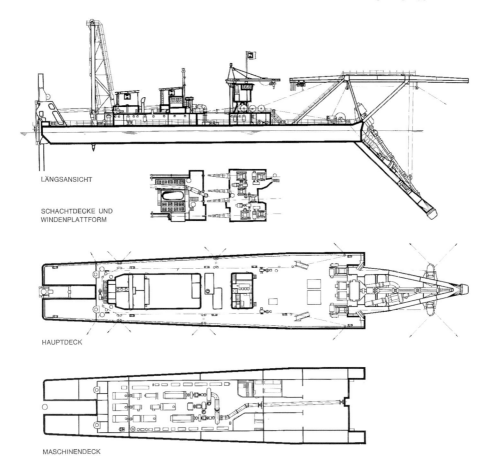

LÄNGSANSICHT

SCHACHTDECKE UND
WINDENPLATTFORM

HAUPTDECK

MASCHINENDECK

7.3.3 Schneidkopfsaugbagger (Spüler V) mit 9150 PS Gesamt-Antriebsleistung (davon je 1250 PS
für Schneidkopf-Antrieb und bis 18 m Baggertiefe) [101]

Den technischen Aufbau eines Schneidkopfsaugbaggers zeigt Bild **7.3.**3. Ein Schiffskör-
per trägt in seinem Inneren eine oder mehrere Baggerpumpen, die nebeneinander (zur
Erhöhung der Förderleistung) oder hintereinander (zur Erhöhung des Förderdruckes)
geschaltet werden, auf der Saugseite mit dem Saugrohr, auf der Druckseite mit einem
Rohrleitungssystem verbunden sind (Bild **7.3.**4), das zu einer Spülkippe oder einem
Spülfeld führt.

Vorn am Saugmund befindet sich – als wichtigstes Arbeitsorgan – der rotierende
Schneidkopf, der von einem separaten Motor angetrieben wird und nur in einer Dreh-
richtung arbeitet (Bild **7.3.**5). Von Bedeutung sind ferner die beiden Pfähle am Heck des
Schiffskörpers, von denen der eine (der sogenannte Arbeitspfahl), in den Untergrund
abgesenkt wird und als Drehpunkt dient, während der andere (der Hilfspfahl) für die
Fortbewegung benötigt wird. Während die beiden Pfähle der Fortbewegung des Baggers
in Vortriebsrichtung dienen, sorgen vorn am Schwimmkörper angebrachte Seilwinden

7.3.4   Schneidkopfsaugbagger mit Unterwasserpumpe (Bauprinzip) [202]

für die Betätigung der Schwingseile, die ihrerseits wieder im Untergrund verankert werden. Einzelne Schneidkopfsaugbagger sind mit Ankerauslegern ausgerüstet, die zum Auslegen der Schwingseil-Anker dienen (Näheres darüber in Kapitel 9). Größere Schneidkopfsaugbagger besitzen eigenen Fahrantrieb, kleinere müssen von Einsatzort zu Einsatzort geschleppt werden, während die Arbeitsbewegung in jedem Fall durch Seile gesteuert wird.

7.3.5   Saugleiter mit Schneidkopf

Schneidkopfsaugbagger (englisch: Cutter) waren ursprünglich für härtere Böden (z. B. Kleiböden im Küstenvorfeld) entwickelt worden – also für Böden, die der normale Grundsauger nicht mehr aufnehmen kann. Inzwischen ist ihr Einsatzbereich bis auf harten Fels (z. B. Korallenfels) erweitert worden, indem die Saugleiter, die Schneidkopf, Antrieb und Rohrleitung trägt, für den Felsbetrieb erheblich verstärkt wurde. Wichtig ist dabei ausreichendes Gewicht, das zum Andrücken des Schneidkopfes an den abzubauenden Untergrund benötigt wird. So sind heute Geräte im Einsatz, deren Felsleiter bis zu 650 t wiegt. Die Saugleiter ist am oberen Ende gelenkig im Schiffskörper gelagert, während sie – ähnliche wie die Eimerleiter beim Eimerkettenbagger – am unteren Ende von Seilzügen gehalten wird.

Die für den Felsbetrieb geeigneten Cutterbagger haben die Eimerkettenbagger – früher die einzigen Unterwasser-Felsbagger – teilweise verdrängt, weil sie eine höhere Förderleistung erzielen. Voraussetzung ist jedoch, daß das Felsmaterial kleinstückig genug hereingewonnen wird, damit der Saugstrom es mitnehmen kann (Felsspäne!) (Tafel **7.**3).

Tafel **7.**3   Schneidkopfbagger für den Felseinsatz

Felsbagger (Aquarius-Libra-Taurus) je:			
Installierte Leistung:		PS	21 224
Fahrmotoren	2 × je	PS	2500
Pfahllänge		m	36
Schneidkopf-Antrieb		PS	5000
Schiffslänge		m	112,60
Baggertiefe		m	30,0
Unterwasserpumpe		PS	3000
Baggerpumpen (Inbord)	2 × je	PS	4600
Leiterlänge		m	35

Praktisch geht eine Felsbaggerung mit dem Schneidkopfsaugbagger so vor sich, daß der Schneidkopf den Fels „abfräst". Der dabei entstehende Verschleiß kann u. U. das Auswechseln der Zähne oder sogar des ganzen Schneidkopfes etwa alle 15–20 Minuten erforderlich machen. Trotzdem ist das, z. B. zum Ausbaggern eines Hafenbeckens, die wirtschaftlichere Lösung.

Die Alternative heißt: Bohren – Sprengen – Aufnehmen mit Greifbagger – Entladen in Schuten – Schutentransport ans Ufer – Verklappen des Materials im Uferbereich – Heranziehen ins Trockene – Transport mit dem Radlader ins Spülfeld. Mit dem Schneidkopfsaugbagger sieht die Sache wesentlich einfacher aus: Baggern mit dem Schneidkopf – Fördern in der Rohrleitung – Ablagern im Spülfeld – und das „rund um die Uhr".

Moderne Schneidkopfsaugbagger werden heute für eine möglichst universelle Anwendung ausgelegt. So kann der in Bild **7.**3.6 dargestellte Bagger – natürlich nach einigem Umbau – eingesetzt werden als

> Grundsauger,
> Schneidkopfsaugbagger,
> Schutensauger,
> Schutenspüler,
> Landspüler.

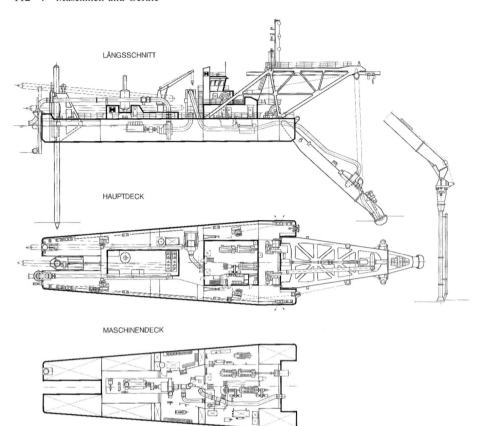

LÄNGSSCHNITT

HAUPTDECK

MASCHINENDECK

7.3.6   Cutter-Bagger mit insgesamt 2380 kW für normalen Cutter-Antrieb (529 kW),
Grundsaug- und Spüleinrichtung (Spüler VIII) [101]

Derartige Universal-Schneidkopfbagger werden als „Spüler" bezeichnet. Bekannt ist
z. B. der „Spüler V" (siehe Bild **7.3.**3). Er ist bestimmt für Arbeiten im Küstengebiet,
wird aber auch für Hafenbauten im Ausland eingesetzt [38]. Er besitzt 2 Baggerpumpen
mit 750 mm-Saugrohr- und 650 mm Druckrohrdurchmesser, die sowohl parallel (hohe
Förderleistung) wie hintereinander (große Förderhöhe) geschaltet werden können (Bild
7.3.7). Sie erzielen einen Förderstrom von 4000 bis 9500 m³/h und eine Förderhöhe von
90 bis 25 mWS und werden von je einem Dieselmotor mit 1260 PS Nennleistung angetrieben. Der Schneidkopf hat einen eigenen Dieselmotor mit 570 PS. Dieser Dieselmotor
treibt, wenn er nicht für den Schneidkopfantrieb benötigt wird, eine Zusatzwasserpumpe
mit 7200 m³/h bis 15 mWS Druckhöhe für die Fluidisierung der Schutenladung an.

Bild **7.3.**8 zeigt im Schnitt rechts das Schutensaugrohr mit der Zusatzwasserdüse, links
den Anschluß für eine Druckleitung über Land. Einen Bagger beim Schuten*spülen* (Beladen von Schuten) zeigt Bild **7.3.**9. Das Schuten*saugen* ist in Bild **7.2.**2 zu sehen. Die
Spülgeschwindigkeit kann in einer 650 mm Druckleitung bis 8 m/s betragen. Die technischen Daten des Baggers sind in Tafel **7.**4 zusammengestellt. Zum Vergleich sind u. a.

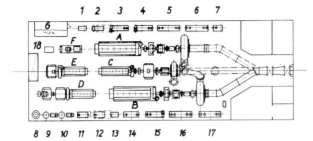

1 Brennstoffübernahme- u. Trimmpumpe
2 Reserve-Motorenölpumpe für Hauptdiesel
3 Reserve-See- und Frischwasser-Kreiselpumpe
4 Frischwasser-Kreiselpumpe für Hauptdiesel
   Seewasser-Kreiselpumpe für Hauptdiesel
5 Stopfbuchsen-Spülpumpen
6 Stopfbuchsen-Spülpumpen
7 Schneidkopflager-Spülpumpe
8 Bilgewasser-Entöler
9 Trinkwasser-Drucktank
10 Sanitär-Drucktankanlage
11 Lenzpumpe
12 Ballast-, Feuerlösch-, Deckwasch- und Reserve-Lenzpumpe
13 Reserve-Motorenölpumpe für Hilfsdiesel
14 Reserve-See- und Frischwasserkreiselpumpe für Hilfsdiesel
15 Seewasser-Kreiselpumpe für Hauptdiesel
   Frischwasser-Kreiselpumpe für Hauptdiesel
16 Stopfbuchsen-Spülpumpen
17 Stopfbuchsen-Spülpumpen
18 Schlammfrei-Feinfilter

A/B Pumpen-Antriebsdieselmotoren für die Baggerpumpen,
    1260 PS bei 275 Upm
C Antriebs-Dieselmotor für Schneidkopf-Leonard-Generator
    und Zusatz-Wasserpumpe 570 PS/500 UpM
D Winden-Dieselmotor, 262 PS/500 UpM
E Dieselmotor für Bordnetz-Generator, 430 PS/500 UpM
F Hafen-Dieselmotor, 43 PS/1200 UpM
G Haupt-Schalttafel

7.3.7 Die Pumpenanlage von Spüler V [101]

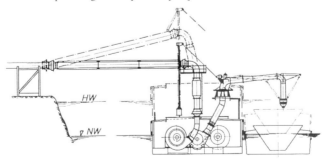

7.3.8 Maschinenanlage für das Landspülen (links) und Schutensaugen (rechts)

7.3.9   Schutenspülen mit speziellem Spülkopf [201]

Tafel **7**.4   Schneidkopfsaugbagger „Spüler V" im Vergleich mit je einem amerikanischen („26. Juli") und holländischen („Taurus")-Gerät

		Spüler V	26. Juli	Taurus (selbstfahrend)
Ponton:				
Länge	m	51,0	60,0	112,0
Breite	m	11,0	13,10	19,0
Höhe	m	4,0	3,95	4,0
Tiefgang	m	2,5	2,70	
Baggertiefe	m	16,0	18,0	30,0
Antrieb, gesamt	PS	3800	6400	21224
Cutter-Antrieb	PS	570	750	5000
Baggerpumpe(n)	PS	2520	2450	12200
Saugleitung	mm	750	875	1000
Druckleitung	mm	650	750	800
Fahrantrieb	PS	–	–	5000
Förderhöhe	m	46		
Volumenstrom	m^3/s	2,7		

die Daten eines erheblich größeren amerikanischen Schneidkopfsaugbaggers („26. Juli") angeführt.

Schneidkopfsaugbagger wurden früher fast ausschließlich ohne Fahrantrieb geliefert. Mehr und mehr werden sie nun selbstfahrend gebaut und sind damit in der Lage, weltweit mit eigenem Fahrantrieb zu operieren. Schneidkopfsaugbagger speziell für den Felseinsatz werden mit einer besonders schweren Felsleiter gebaut, um den nötigen Andruck für den Schneidkopf sicherzustellen.

Schneidkopfsaugbagger werden in vielen Varianten und in vielen Größen gebaut. Große Naßbaggerländer sind heute Japan und die Niederlande.

Nach letzten Aufstellungen besitzt

> Japan 135 Schneidkopfsaugbagger mit Antriebsleistungen 270 bis 12 000 PS
> Niederlande 141 Schneidkopfsaugbagger mit Antriebsleistungen 400 bis
> 11 860 PS

mit Rohrleitungen zwischen 14" und 36". Einen Überblick über die technischen Daten einzelner ausgewählter Schneidkopfsaugbagger im Bereich „klein bis groß" geben die Tafeln **7.**4 bis **7.**6.

Naßbagger sind – zumindest was die größeren Typen anbetrifft – immer Einzelanfertigungen – maßgeschneidert für einen speziellen Einsatzzweck. Angaben über technische Daten würden viel zu umfangreich werden, wollte man alle bisher gebauten Typen berücksichtigen. Um die Geräte trotzdem in irgendeiner Form vorzustellen, wurde folgender Weg beschritten:

In Tafel **7.**5 sind – schon weiter spezifiziert – die technischen Daten von 8 Schneidkopfsaugbaggern unterschiedlicher Größe angezeigt, wobei auch Geräte mit zusätzlicher Grundsaugereinrichtung (z. B. Spüler VI) bzw. mit Felsleiter („Taurus") berücksichtigt sind.

Tafel **7.**5   Größenvergleich Saugbagger

Hersteller		Schreiner				LMG		IHC	
						Spüler V	Spüler VI	Sliedrecht	Taurus
Druckleitung	mm	150	300	400	600	700	700	875	800
	Zoll	6"	12"	16"	24"				
Schiffskörper:									
Länge	m	9,50	18,1	25,10		51,00	50,20	58,00	90,26
Breite	m	2,50	4,70	7,20		11,00	12,00	13,00	19,00
Höhe	m	1,35	2,25	2,50		4,00	3,60	4,00	4,60
Tiefgang	m	0,90	1,10	1,00		2,50	2,40	2,70	
Arbeitstiefe	m	3,00	10,00	14,00	22,00	16,00	18,00		29,50
Antriebsleistung	PS	94	750	1060	2300	9150	5400	10 500	21 244
Pumpenzahl		1	1	2		3			3
Gemischförderung	m³h	200	1100	2300	3000	9500			

Tafel **7.**6 schließlich bringt einen Vergleich zweier ähnlicher Typen, von denen der eine außer der normalen Schneidkopfleiter eine Grundsaugvorrichtung besitzt.

Bild **7.**3.10 zeigt einen der größten Schneidkopfsaugbagger, die „Leonardo da Vinci" beim Beladen von Schuten. Der Bagger hat eine max. Arbeitstiefe von 30 m, ist mit einem Schneidkopfmotor von 6000 PS ausgerüstet und insgesamt mit 27 524 PS installiert.

Schneidkopfsaugbagger leben, wie alle Pumpenbagger, mit der Hydraulik. Auf dieses Thema wird in Kapitel 11 näher eingegangen. So viel sei hier gesagt: Das „Herz" jedes saugenden Baggers ist die Baggerpumpe, und deren „Innenleben" schlägt sich nieder in

Tafel **7.**6   Größenvergleich Spüler V (ohne …) und Spüler VI (mit Grundsaugevorrichtung)

Vergleich:			
	Schneidkopfsaugbagger Spüler V		
	Schneidkopfsaugbagger Spüler VI		
		Spüler V	Spüler VI
Schiffskörper:			
Länge	m	51,00	50,20
Breite	m	11,00	12,00
Höhe	m	4,00	3,60
Tiefgang	m	2,50	2,40
Konstr.-Gewicht	t	1920	1239
Saugrohr-∅	mm	700	700
Druckrohr-∅	mm	700	700
Baggertiefe	m	16,0	18,0
Pfahllänge	m	32,0	32,0
Hauptpumpen	PS	2 × 1380	2000
UW-Pumpen	PS	1250	2 × 1250
Schneidkopf-Aushub	PS	570	1 × 800
Windenanteil insgesamt	PS	260	
Inst. Leistung insgesamt	PS	9150	5400
Förderhöhe bis	mWS	46	
Volumenstrom bis	m³/s	2,7	

7.3.10   „Leonardo da Vinci" – einer der größten Cutter-Bagger, hier mit schwimmender Spülleitung [202]

den Drosselkurven (im Q/H-Diagramm), die Aufschluß geben über das Verhalten der jeweiligen Baggerpumpe bei verschiedenen Drehzahlen und dem dabei auftretenden Kraftbedarf. Wichtige Bestimmungsgröße auf der Druckseite ist die Förderhöhe (in mWS), die die geodätische Höhe und die Gesamtheit aller Rohrleitungswiderstände zusammenfaßt.

Die bisher besprochenen Pumpenbagger werden hauptsächlich im Fluß-, Küsten- und Seebereich eingesetzt. Daß sie aber auch tief im Binnenland verwendet werden können – weil sie wirtschaftlicher arbeiten als die sonst übliche Bagger-LKW-Methode – zeigen Einsätze wie der unten beschriebene, wo es darum ging, einen Autobahndamm zwischen Heidelberg und Karlsruhe in einer durchschnittlichen Höhe von 1,5 m aufzuspülen. Zur Materialentnahme standen mehrere Ackerflächen zur Verfügung, die für den Einsatz der Schwimmbagger erschlosen werden mußten, wobei das Grundwasser zwischen 2 und 3 m unter der Geländeoberfläche anstand.

Zum Einsatz kam ein Schneidkopfsaugbagger, dessen Schwimmkörper aus 4 einzelnen Pontons bestand (Bild **7.3.**11), die für den Straßentransport auf Tiefladern transportiert werden konnten (Bild **7.3.**12), wobei jeder Ponton ein Gewicht von ca. 50 t hatte und, aufgebaut auf einen Tieflader, innerhalb der für den Straßentransport zugelassenen Grenzabmessungen (4,20 m × 4,20 m) blieb.

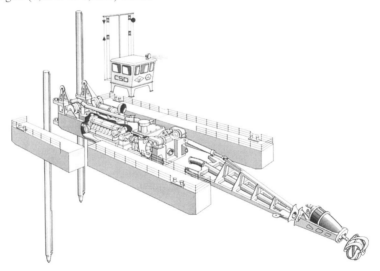

7.3.11 Zerlegbarer Schneidkopfsaugbagger [201]

Insgesamt wurden von diesem Gerätetyp 6 unterschiedliche Größen hergestellt, deren technische Daten in Tafel **7.7** (in Auswahl) wiedergegeben sind. Auch die für größere Spülweiten erforderliche Zwischenpumpe mit Dieselmotor wurde straßenverladbar gebaut (Bild **7.3.**13).

Aus dem so konzipierten Einsatz entwickelte sich ein ganzes System „Naßbaggerbetrieb tief im Binnenland", das noch in einer anderen Hinsicht mobilisiert wurde: Die einzelnen Geräte konnten nicht nur in einzelne Pontons zerlegt und diese straßentransportierbar gemacht werden, sondern man konnte den gesamten Schiffskörper auch über aufgeblasene Gummirollen (sogenannte Flexodan-Säcke) über kürzere Entfernungen von

7.3.12   Straßentransport der Schwimmpontons [201]

Tafel **7.**7   Abmessungen zerlegbarer Schneidkopfsaugbagger (LMG)

		Abmessungen zerlegbarer Schneidkopfbagger (Auswahl der Typenreihe I bis VI)		
Typ LMG		I	III	VI
Schiffskörper (Fläche):	m	8,0 × 3,2	17,5 × 6,0	30,5 × 8,4
Pontons		1	4	6
Baggertiefe	m	2,5	8,0	14,0
Installierte Leistung (inges.)	PS	122	569	1875
davon:				
Baggerpumpe	PS	90	420	1200
Schneidkopf	PS	13	80	320
Schneidkopf-∅	m	0,55	0,98	2,20
Gemischleistung	m³/h	300	1400	3600
Druckrohr-∅	mm	175	350	600
Liefergewicht	t	13,6	93	281

7.3.13   Transport der Zwischenpumpe [201]

7.3.14 Rollender Überlandtransport des komplett betriebsbereiten Baggers [201]

Entnahmestelle zu Entnahmestelle bewegen, in dem man den gesamten Ponton auf einer vorbereiteten Trasse von Baggersee zu Baggersee rollte (Bild **7.3**.14). So wurde z. B. der Typ IV mit ca. 200 t Gesamtgewicht über mehrere 2300 m entfernt liegende Entnahmestellen geschleppt („gerollt"), ohne daß er auseinandergenommen werden mußte.

Die Geräte sind voll verwendbare Pumpenbagger und können mit einer einfachen Saugvorrichtung als Grundsauger wie auch mit Schneidkopf und Drehpfählen für härtere Böden verwendet werden. Zum Schneidkopfantrieb wird ein hydraulischer Unterwasser-Motor verwendet, der unmittelbar hinter dem Schneidkopf sitzt und dadurch zu einem höheren Andruck des Schneidkopfes beiträgt. Die Drehzahlregelung erfolgt, wie bei allen Hydraulikantrieben üblich, stufenlos.

Selbstfahrende Schneidkopfsaugbagger

Schneidkopfsaugbagger haben im allgemeinen keinen eigenen Fahrantrieb, sondern müssen geschleppt werden. Das ist für den Einsatz in heimatnahen Gewässern völlig ausreichend, für den weltweiten Einsatz (z. B. von Holland nach dem fernen Osten) ist jedoch eigener Fahrantrieb wünschenswert. So hat z. B. IHC 3 selbstfahrende Schneidkopf-Saugbagger (Aquarius, Libra, Taurus) gebaut, die zugleich als Rock Cutter mit Felskopf und schwerer Felsleiter (Gewicht 750 t) ausgerüstet mit einer installierten Gesamt-Antriebsleistung von 21 224 PS wahre Kraftpakete sind, wobei die beiden Fahrmotoren über je 2500 PS, der Schneidkopf-Antrieb über 5000 PS und die 3 Baggerpumpen über insgesamt 12 600 PS verfügen. Inzwischen sind weitere selbstfahrende Schneidkopfsaugbagger gebaut worden. Der Trend geht eindeutig hin zum selbstfahrenden Antrieb.

Die Fähigkeit zum Selbstfahren erfordert einige Umänderungen, vor allem im Schiffskörper. Während der normale Schneidkopfsaugbagger meist als rechteckiger Ponton ausgebildet ist, wobei die Schneidkopfleiter „vorn" und die Pfähle und der Spülleitungsanschluß „hinten" sind, ist der Selbstfahrer als regelrechtes Schiff ausgebildet, wobei nun die Schneidkopfleiter am Heck und Pfähle und Spülleitungsanschluß im Bug untergebracht sind (Bild **7.3**.15).

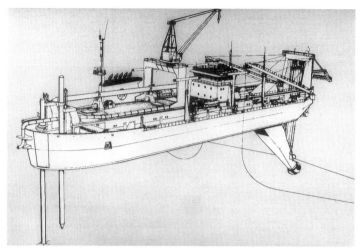

7.3.15   Selbstfahrender Schneidkopfsaugbagger

Die Pfähle – je 36 m lang und 130 t schwer – die in Arbeitstellung für die Fahrbewegung
.eher hinderlich sind, können in die Horizontale hydraulisch umgelegt werden. Der Bug
ist rund ausgebildet, und für längere Fahrten wird die Pfahlöffnung durch eine verschiebbare Bugtür verschlossen (Bild **7.3.**16). Insgesamt gesehen sind diese Schiffe –
selbstfahrende Felscutter – heute das non plus ultra der modernen Naßbaggerei.

7.3.16   Schiffsbug des „Aquarius" mit Pfählen und Rohranschluß

7.4 Schaufelradbagger

Vor Jahren noch galt es als nahezu unmöglich, mit dem Schaufelrad als Graborgan im oder unter Wasser zu arbeiten, – das Wasser spülte das gelöste Bodenmaterial aus den Schaufeln immer wieder heraus. Inzwischen sind Schaufelradbagger entwickelt worden, die auch unter Wasser arbeiten können und zwar nun bereits in 3 verschiedenen Varianten.

Aber zunächst sei auf die Frage eingegangen: Warum überhaupt Schaufelradbagger für den Unterwasser-Einsatz, wo es doch Schneidkopf-Saugbagger gibt? Der Grund liegt darin, daß ein Schneidkopf infolge seiner Formgebung und der Anordnung der Schneiden immer nur in e i n e r Schwenkrichtung optimal arbeiten kann, in der Gegenrichtung drehen sich die Schneiden gewissermaßen im stumpfen Winkel – sie stehen nicht „auf Schnitt" – und die Löseleistung des Schneidkopfes ist dadurch geringer.

Um diesen Nachteil auszugleichen, wurde das Schaufelrad als Graborgan herangezogen. Die Schaufeln schneiden in beiden Schwenkrichtungen des Sichelschnittes gleich gut. In der ersten Ausführung wurde der bei Trockenbaggern übliche Übergabeprozeß vom Schaufelrad auf den Förderstrang für den Unterwassereinsatz „umgedacht" (Bild **7.4.**1): Die Schaufeln heben den Inhalt in die obere Hälfte des Drehkreises und entleeren ihn dort in einen Aufnahmetrichter (Saugkammer), von dem aus das Material von der Saugleitung der Baggerpumpe abgesaugt wird und dann den üblichen Weg der hydraulischen Förderung nimmt (Bild **7.4.**2). Das ist das Arbeitsprinzip des sogenannten „Transport-Schaufelrades" (Bild **7.4.**3).

Beim Saugschaufelrad wird ein etwas anderer Weg eingeschlagen: Es hat keine Eimer mehr, sondern nur noch Schneidbügel, die das Material lediglich lösen. Es wird dann direkt im unteren Schneidbereich abgesaugt und zur Baggerpumpe transportiert (Bild

7.4.1 Schneidradbagger „Ameland" [201]

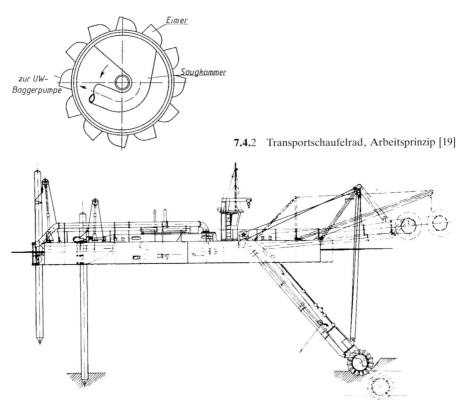

7.4.2   Transportschaufelrad, Arbeitsprinzip [19]

7.4.3   Schneidradbagger im Einsatz

7.4.4   Transport-Schaufelrad [19]

7.4.5 Saugschaufelrad

7.4.4). Diese unmittelbare Materialübergabe (direkt vom Schneidbügel in das darüberliegende Saugrohr) hat eine höhere Arbeitsleistung zur Folge und verhindert außerdem das Eintreten größerer Steine in den Saugstrom und damit eine eventuelle Beschädigung der Pumpenschaufeln der Baggerpumpen (Bild **7.4.**5). Um das Entleeren klebenden Bodens aus den Schneidbügeln sicherzustellen, ist außerdem ein Räumbügel eingebaut, der feststeht und in die sich bewegenden Schneidbügel hineinreicht und dort das Material herausdrückt (Bild **7.4.**6, Bild **7.4.**7).

7.4.6 Saugschaufelrad mit Räumfinger

Die 3. Variante („Schneidrad") verwendet ein geteiltes Schaufelrad, in dem es den Schneidkranz durch eine Trennscheibe in zwei Kammern teilt, die je nach der Schwenkrichtung für sich zu- und abgeschaltet werden können. Auf diese Weise kann die Saugwirkung gesteigert und ebenfalls eine höhere Förderleistung erreicht werden. Die Meinungsbildung ist hier noch nicht abgeschlossen; auch liegen noch nicht genügend vergleichbare Arbeitsergebnisse vor.

Einen Unterwasser-Schaufelradbagger mit Doppelschneidrad im Grabeinsatz zeigt Bild **7.4.**8.

7.4.7 Saugschaufelrad-Bagger im Einsatz [202]

7.4.8 Doppel-Schneidrad [201]

7.5 Laderaumsaugbagger

Neben den Schneidkopfbaggern sind die Laderaumsaugbagger (englisch „Hopper") die zweite große Gerätegruppe in der Naßbaggertechnik. Werden die Schneidkopfsaugbagger vor allem bei Grabarbeiten in härteren Böden bis hin zum Fels verwendet, so ist die Domäne der Laderaumsaugbagger das Instandhalten und Ausbaggern von Flußrinnen und Hafenmündungen. Im Gegensatz zu den Schneidkopfbaggern, die im Sichelschnitt schwenkend arbeiten, lösen und transportieren die Laderaum-Saugbagger das Material in linearer Fahrbewegung (Bild **7.5.**1).

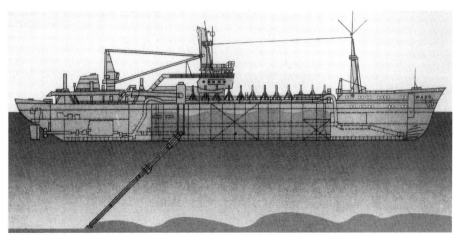

7.5.1 Das Arbeitsprinzip des Laderaumsaugbaggers

Der Laderaumsaugbagger ist, wie der Name bereits sagt, ein reiner Saugbagger, der das zu gewinnende Bodenmaterial mit ein oder zwei Saugarmen aufnimmt und in seinem Laderaum ablagert. Ist dieser voll, so fährt er wie ein normales Frachtschiff (meist) aufs Meer hinaus und kippt das Ladegut dort außerhalb der Schiffahrtsrinne ab. So sind z. B. in Europoort ständig 6–8 Laderaum-Saugbagger im Einsatz, um die Zufahrtsrinnen zu den einzelnen Hafenbecken auf der erforderlichen Wassertiefe zu halten. Wegen der Seenähe der Hafenanlage wird hier besonders viel schlammiges Material angeschwemmt (Bild **7.5.**2).

Haupt-Arbeitswerkzeug ist der Schleppkopf am unteren Ende des Saugrohres. Je nach den Bodenverhältnissen saugt er das (lockere) Material auf dem Seegrund entweder nur durch „Darüberschweben", oder er löst es mit speziellen Schürfblechen und bereitet es damit für den Saugtransport auf. Daraus geht schon hervor, daß Laderaumsaugbagger nur für lockere Böden eingesetzt werden können. Verschiedene Schleppköpfe sind mit

7.5.2 Einer der Größten: „Prins der Nederlanden" mit 10 000 m³ Laderauminhalt

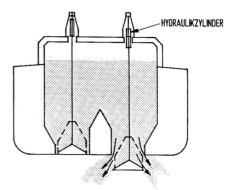

7.5.3   Druckwasseraktivierter Schleppkopf [201]   **7.5.**4   Entleeren über Bodenklappen

einer Druckwasseraktivierung ausgerüstet, die das zu gewinnende Material zusätzlich löst und aufwirbelt (Bild **7.5.**3). Auch gibt es – am anderen Ende der Härteskala – Schleppköpfe, die mit einer Walze ausgerüstet speziell für die Aufnahme schlammigen Materials (z. B. Schlick) entwickelt wurden (s. Kapitel 9). Größere Varianten gibt es in der Art, wie das gelöste und im Laderaum deponierte Material wieder entladen werden kann. Am gebräuchlichsten ist noch immer das einfache Verklappen über im Schiffsboden angebrachte große Ventilkegel, die von oben aus hydraulisch betätigt werden (Bild **7.5.**4).

Eine besondere Version besteht darin, den Laderaum als durchgehende Wanne auszubilden (also ohne die sonst üblichen Bodenventile, die mit ihrem Betätigungsmechanismus den Materialfluß stören) und das Entleeren über einen am hinteren Ende des Laderaumbodens hydraulisch betätigten Bodenverschluß vorzunehmen (Bild **7.5.**5). Dazu gehört eine oben im Laderaum angebrachte Fluidisierungsvorrichtung, die den Materialfluß erleichtern soll (Bild **7.5.**6).

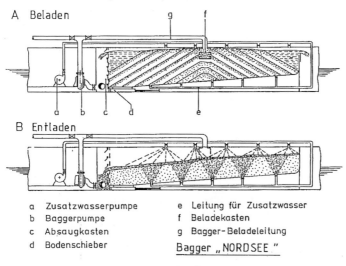

a	Zusatzwasserpumpe	e Leitung für Zusatzwasser
b	Baggerpumpe	f Beladekasten
c	Absaugkasten	g Bagger-Beladeleitung
d	Bodenschieber	Bagger „NORDSEE"

7.5.5   Entleeren über Absaugkasten [201]

7.5.6 Fluidisiervorrichtung für den Laderaum

7.5.7 Rohrleitung zur Landaufspülung [201]

Statt das Ladegut auf den Seeboden zu verklappen, kann es mit einer Rohrleitung auch an Land gespült werden, z. B. zur Landvorspülung oder zum Auffüllen von Sandbänken zu hochwasserfreien Inseln usw. (Bild **7.5.**7).

Schließlich sei als weitere Möglichkeit die Anbringung eines bis zu 100 m langen Spülrohres erwähnt, das an einem entsprechend langen und schwenkbaren Ausleger geführt wird (Bild **7.5.**8). Diese Vorrichtung wird vor allem beim Aushub von Kanalrinnen verwendet, wenn es darum geht, das Aushubmaterial direkt im Quertransport am Ufer (hinter dem Kanaldamm) zu transportieren (s. a. Abschn. **11.**8).

Kleinere Laderaumsaugbagger werden (wegen des schnelleren Entleerens) mehr und mehr in Spaltklappausführung gebaut (Bild **7.5.**9).

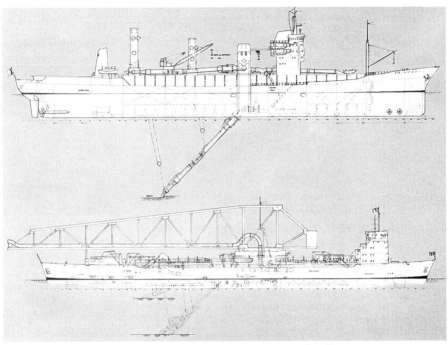

7.5.8 Laderaumsaugbagger mit ausschwenkbarem Rohrsausleger [201]

7.5.9 Laderaumsaugbagger in Spaltklappen-Ausführung [202]

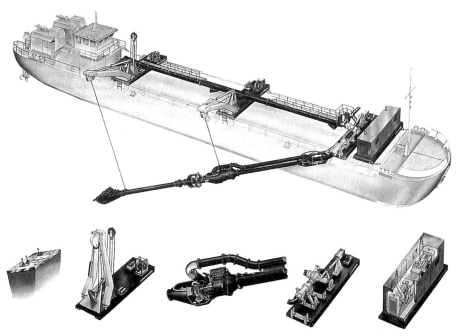

7.5.10   Zurüstteile für den Ausbau einer Schute zum Laderaumsaugbagger [202]

Nach einer Art Baukastenprinzip können aus einfachen Klapp- bzw. Spaltklappschuten mit eigenem Fahrantrieb richtige Laderaumsaugbagger gebildet werden. Bild **7.5**.10 veranschaulicht das Vorgehen mit den entsprechenden Zurüstteilen. Bemerkenswert sind dabei

> der Saugrüssel mit einer Baggerpumpe im Zwischengelenk (Bild **7.5**.11) und
> die Seitenkräne für die Höhenverstellung des Saugrüssels.

7.5.11   Zwischenpumpe im Saugrohrgelenk [202]

Tafel **7**.8 Technische Daten einiger Laderaumsaugbagger

		Franzius	Nordsee	Geopotes V–VIII	Saga	Wado	Keto -Spalt-
Schiffskörper:							
Länge	m	113,00	131,50	108,00	82,75	127,00	77,40
Breite	m	18,00	22,50	10,35	16,00	18,80	14,40
Höhe	m	8,00	9,30		5,15	10,60	6,60
Tiefgang	m	5,90	6,70		4,75		4,75
Baggertiefe max.	m	21,50	29,00		27,00	30,00	24,00
Fahrgeschwindigkeit	km/h	20,0	20,5		20,0		10,0
Laderaum	m³	2800	5300	4221	2400	6300	2450
Ladegwicht	t	4200	9000	5146	4033		
Saugrohr-∅	mm		900			1000	
Gemischförderung	m³/h	9500					
Inst. Leistung insg.	PS	5 × 1200	14500	7725	8000	11000	3000
davon Pumpen	PS				3200	2000	2 × 800

In Tafel **7**.8 sind die wichtigsten technischen Daten einiger der bekanntesten Laderaumsaugbagger unterschiedlicher Größe angegeben, wobei der Bagger „Ludwig Franzius" als Schrittmacher der modernen deutschen Laderaumbagger-Flotte gesehen werden kann. Aus historischer Sicht ist er nach den Hopper-Baggern „Rudolf Schmidt" und „Johannes Gährs" der dritte Großbagger unserer deutschen Hopper-Bagger-Flotte, der in den Flußmündungen der Nordseeküste eingesetzt ist. In ihm sind alle bisherigen Betriebserfahrungen in maschinentechnische Verbesserungen umgesetzt und viele Versuchsfahrten zur weiteren Optimierung des Hopper-Bagger-Prinzips durchgeführt worden. Er hat einen Laderaum von 2800 m³ und eine Baggertiefe von 21,5 m. Eines der größten Baggerschiffe dieser Art dürfte noch immer der holländische „Prins der Nederlanden" mit 10000 m³ Laderauminhalt und einer Baggertiefe bis 25 m sein (siehe Bild **7**.5.2). Diese Geräte gewinnen immer mehr an Bedeutung, da die Tanker und Massengutfrachter immer größer und damit die Zufahrtswege zu den großen Häfen immer mehr vertieft werden müssen. Zukunftsprojekte rechnen bereits mit 20000 m³ Laderauminhalt und 35 m Baggertiefe. Im Bau ist z. Zt. ein Hopperbagger mit 17000 m³ Laderauminhalt (bei IHC: „Pearl River").

Stolzestes Schiff unserer Naßbaggerflotte ist der Laderaumsaugbagger „Nordsee" (Bild **7**.5.12). Er unterscheidet sich von den konventionellen Geräten durch das Be- und Entladesystem, das größere Transportleistungen erzielt. Die eigentliche Naßbaggerarbeit wird von einem Baggerführer an einem zentralen Baggerpult auf der Arbeitsbrücke gesteuert (Bild **7**.5.13). Einzelheiten im Maschinenraum sind aus Bild **7**.5.14 zu ersehen.

Die „Nordsee" besitzt zur Aufnahme des Bodens zwei Seitensaugrohre, die mit druckwasseraktivierten Schneidköpfen versehen sind. Insgesamt stehen drei hydraulische Förderkreise mit den entsprechenden Pumpen zur Verfügung:

    2 Leitungen für die Förderung des Baggergutes in den Laderaum,
    2 Leitungen für das Abpumpen des Materials aus dem Laderaum in seitlich anzuschließende Rohrleitungen zum Aufspülen an Land,
    1 Leitung für die Fluidisierung des Materials im Laderaum.

7.5.12 Laderaumsaugbagger „Nordsee" (4500 m³ Laderaum) [201]

7.5.13 Steuerpult
für
„Nordsee"

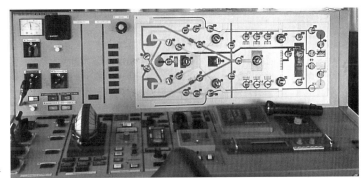

7.5.14 Blick in den Maschinenraum (Baggerpumpe in geschweißt-geschraubter Ausführung [201]

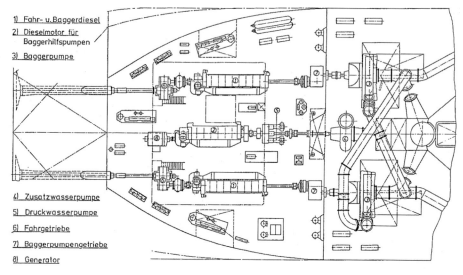

1) Fahr- u.Baggerdiesel
2) Dieselmotor für Baggerhilfspumpen
3) Baggerpumpe
4) Zusatzwasserpumpe
5) Druckwasserpumpe
6) Fahrgetriebe
7) Baggerpumpengetriebe
8) Generator

7.5.15   Maschinenraum der „Nordsee" [201]

Die beiden Haupt-Bagger-Pumpen können duch Umschalten (Serie oder parallel) sowohl für das Einsaugen des Materials über die Schleppköpfe wie für das Verspülen über die Druckrohrleitungen an Land benutzt werden (Bild **7.5.**15). Der Laderaumboden ist mit einer leichten Neigung nach dem großen Bodenschieber (für die Grundentleerung) versehen, während die Landverspülung mit dem Druckrohr in Bild **7.5.**16 ihren Anfang nimmt. Der (nicht einfache) Koppelvorgang Schiff-Landrohr ist in Bild **7.5.**17 dargestellt.

7.5.16   Druckrohr-Anschluß für die Landverspülung (rechts) [201]

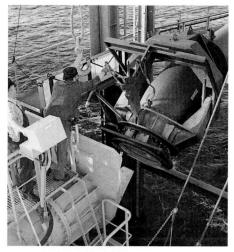

7.5.17   Koppelmanöver mit der Land-Spülleitung [201]

Die Ladeleistung der „Nordsee" in der Unterelbe hat bis zu 30 000 m³/24h betragen. Der Arbeitszyklus dauerte ca. 210 min.: Alle dreieinhalb Stunden wurden 9000 t Sand auf die Insel Pagensand verspült. Der Feststoffgehalt des Spülstromes schwankte zwischen 47 und 80%. Zur besseren Manövrierbarkeit ist das Schiff mit zwei Verstellpropellern und einem Bugstrahlruder ausgerüstet. Die insgesamt installierte Maschinenleistung beträgt 14 500 PS. Neben den bisher erwähnten Lademethoden der Laderaumsaugbagger wie

   – Schwergewichtsentladung (nach unten) durch Ventile, Klappen, Schuten und

   – Druckentladung durch Landspülleitung, ausschwenkbares Spülrohr, Schutenspüler

gewinnt im Zuge der Landaufspülung für Industrie- und Verkehrsflächen ins Meer hinaus die Ausrüstung der Laderaumsaugbagger mit Bugdüsen nach Bild **7.5**.18 immer mehr an Bedeutung, vor allem dort, wo ein normales Verklappen wegen zu geringer Wassertiefe nicht mehr möglich ist. Mehr und mehr muß Sand im Strandbereich angespült werden, wo es immer wünschenswert ist, das Spülgut möglichst weit an die Küstenlinie heranzubringen.

So besitzt z. B. der unten gezeigte Laderaumsaugbagger „J. F. J. de NUL" mit einem Inhalt von 11 750 m³ und einer installierten Leistung von 18 000 PS – der zur Zeit größte Laderaumsaugbagger der Welt – neben seinen 2 Reihen Entladeöffnungen für die

7.5.18   Spüldüse am Schiffsbug [202]

Grundverklappung noch 2 Reihen höher gelegene Flachwassertüren und benötigt für das Schwergewichts-Entladen eine Wassertiefe von nur ca. 8 m. Außer der üblichen Spülleitung für Landaufspülung besitzt der Bagger eine 900mm-Druckleitung mit einer Bugdüse (siehe oben) und kann außerdem die Saugrohre (und die zugehörigen Pumpen) in umgekehrter Weise zum Austragen des Laderauminhalts benutzen.

Die J. F. J. de NUL ist für eine Saugtiefe bis 75 m ausgelegt und verwendet, in die Saugleitung eingebaut, eine 1800 kW Unterwasserpumpe. Das Schiff ist selbstfahrend und hat 2 Schiffsschrauben von je 4 m Durchmesser. Trotz seiner Größe beträgt der Tiefgang voll beladen nur 7,80 m. Überhaupt ist die gesamte Konzeption des Gerätes vor allem für den Einsatz auch in flachen Gewässern ausgelegt, wobei die Landvorspülung sicher im Vordergrund steht.

7.6 Schwimmende Trockenbagger

Immer wieder kommt es vor, daß ein Greif- oder Löffelbagger auf einen Ponton gesetzt und damit schwimmend gemacht wird. Während der Arbeit des Baggers – vor allem eines Tieflöffelbaggers – muß der Ponton jedoch wieder abgestützt werden, um dem Bagger einen festen Standplatz zu bieten und die beim Arbeiten entstehenden Kräfte – vor allem Längskräfte – sicher in den Untergrund abzuleiten und ein Schwanken des Pontons (und damit des Baggergerätes) zu verhindern.

Seit langem sind große schwimmende Löffelbagger bekannt, die vor allem für harte Felsarbeiten eingesetzt werden. Es sind das Sonderkonstruktionen wie etwa der Bagger nach Bild **7.6.**1, der beim Bau der neuen Hafenmohlen von Ijmuiden eingesetzt war, um die gesprengten Reste einer alten Hafenmauer (armierter Beton) zu heben und in Schuten zu verladen. Das ist das eine Extrem dieser Kategorie: Ein schwimmender Spezial-Löffelbagger mit hoher Reißkraft für schwierige Unterwasserarbeiten. Am andern Ende dieser Skala steht die einfache Lösung: Einen normalen Trockenbagger auf einen Ponton zu setzen, das Fahrwerk zu arretieren und den Ponton abzustützen.

7.6.1 Schwimmender Löffelbagger 6 m^3 („Kalanag") beim Abbau einer gesprengten Hochseemole

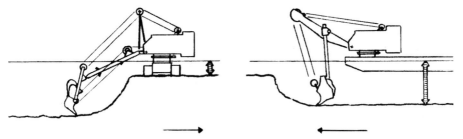

7.6.2 Baggerbank und schwimmende Löffelbagger

Bei der Wahl der Arbeitseinrichtung ist zu bedenken, daß eine Hochlöffeleinrichtung die Baggerbank vor sich hat und mit dem Ponton im ausgetieften Bereich steht, während die Tieflöffeleinrichtung im Flachen steht bzw. schwimmt und den ausgetieften Bereich hinter sich läßt, also eine notwendige Mindestwassertiefe braucht, um überhaupt schwimmfähig zu sein (Bild **7.6.**2).

7.6.3 Greifbagger mit langem Ausleger auf Ponton

Der Greifbagger kommt meist ohne Stützpfähle für den Ponton aus, da seine Arbeitskräfte nur vertikal gerichtet sind und von der Auftriebskraft des Ponton aufgenommen werden können (Bild **7.6.**3). Der Greifer ist jedoch für grobstückiges Material nicht geeignet, weil es sich zwischen die geöffneten Greiferschalen klemmt und diese sperrt, sodaß das feinkörnigere Material wieder herausrollen kann. So zeigt es sich z.B. beim Wegbaggern einer Felsschwelle unter Wasser, daß der dafür vorgesehene Greifbagger das Material wegen der Sperrwirkung der groben Stücke nicht hochbringt, so daß ein Tieflöffelbagger (mit verlängertem Ausleger und verkleinertem Grabgefäß) eingesetzt werden muß. Das ist nun wieder der Nachteil des Tieflöffelbaggers: Während der Greifbagger hinsichtlich der Reichtiefe kaum Probleme bietet, muß beim Tieflöffel fast immer der Löffelstiel verlängert werden, um die nötige Grabtiefe zu erreichen. Das wieder bedingt eine Reduzierung des Löffelinhalts. Einen modernen Löffelbagger zeigt Bild **7.6.**4 beim Beladen von Klappschuten. Der maschinelle Aufbau geht aus Bild **7.6.**5 hervor, die technischen Daten sind in Tafel **7.**9 zusammengestellt.

7.6.4   Schwimmender Tieflöffelbagger mit verlängertem Ausleger für 19 m Grabtiefe [201]

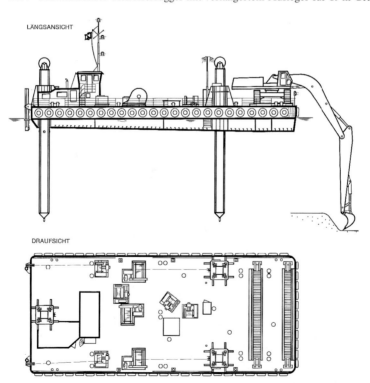

7.6.5   Maschineller Aufbau eines schwimmenden Hydraulikbaggers [101]

Tafel **7**.9   Technische Daten – Schwimmender Hydraulikbagger „Harry"

Ponton:	
Länge	33,00 m
Breite	14,00 m
Höhe	3,00 m
Tiefgang	2,00 m
Gewicht	740,00 t
Install.-Leistung	942,00 PS
Hydraulik-Bagger: Typ RH 60	
Löffelinhalt bei 15 m Grabtiefe:	
Fels	2,50 m^3
Sand	4,00 m^3
Gewicht	120,00 t
Install.-Leistung	700,00 PS
Grabkraft	47,00 t

Eine Bemerkung sei noch hinsichtlich des „Fahrgestells" gemacht: Am einfachsten ist es natürlich, den Bagger mit dem zugehörigen Unterwagen auf den Ponton zu stellen. Um an Reichtiefe zu gewinnen, sollten die Raupenketten entfernt werden oder überhaupt der gesamte Unterwagen. Der Bagger ist dann mit dem Drehkranz auf einer Fundamentplatte befestigt und diese wieder ist mit dem Ponton verschraubt. Auf diese Weise wird die größtmögliche Grabtiefe beim Löffelbagger (vor allem beim Tieflöffelbagger) erreicht. Beim Greifbagger dagegen ist die Reichtiefe allein von der Länge des Hubseiles und diese wieder vom Durchmesser der vorhandenen Seiltrommeln abhängig. Es gibt Greifbagger für den Unterwassereinsatz, die eine Grabtiefe von bis zu 100 m erreichen.

In diesem Zusammenhang seien auch die reinen Schwimmgreifer erwähnt, wie sie vor allem in Sand- und Kiesgruben verwendet werden. Sie schwimmen auf einem rechteckig ausgelegten Ponton mit einer Arbeitsöffnung in der Mitte und können die Greiferwinde über eine portalkranähnliche Vorrichtung in gewissen Grenzen seitlich verschieben, ohne daß der Ponton umgesetzt werden muß (Bild **7.6.**6).

7.6.6   Schwimmgreifer 5 m^3 mit Aufbereitungsanlage für bis zu 100 m Baggertiefe

7.7 Krane

Größere Wasserbauarbeiten sind ohne Krane nicht durchzuführen. Sie gehören zum modernen Hafenbetrieb und werden für Transport- und Hubarbeiten auf der Baustelle benötigt, – sei es, daß Fertigteile von der Feldfabrik zur Einbaustelle transportiert werden müssen, daß schwere Konstruktionsteile (z. B. Wehrverschlüsse) eingebaut werden sollen oder daß Bohr- oder Rammwerkzeuge ein Trägergerät benötigen.

Generell gilt es zu unterscheiden zwischen an Land aufgestellten, auf Hubinseln installierten und schwimmenden Kranen. Im Vorfeld dieser Betrachtungen sind zunächst „trockene" Krane zu erwähnen, die in Bauinseln für Wasserbauwerke arbeiten. So waren beim Bau des Djerdap-Flußkraftwerkes (Staustufe Eisernes Tor) in der Baugrube auf der rumänischen Seite 36 landübliche Turmdrehkrane eingesetzt (Bild **7.7.1**), wäh-

7.7.1   Baugrube für ein Flußkraftwerk (Djerdap) mit 36 Turmdrehkranen

7.7.2   Baugrube – spiegelbildlich auf der anderen Seite der Donau –
mit einem Helligen-Kran mit 3 Kranbahnen

rend die baugleiche Anlage auf der jugoslawischen Seite von einem Helligen-Kran mit 3 Kranbahnen großflächig überspannt wurde (Bild **7.7**.2). Zu erwähnen sind weiterhin im Landeinsatz Portalkrane zum Verlegen von Betonblöcken für den Aufbau von Kaimauern (Bild **7.7**.3), der Einsatz weitreichender Auslegerkrane für das Verlegen von Tetrapoden zum Molenbau (Bild **7.7**.4) – z.B. mit 50 m Ausladung und dabei noch 55 t Tragfähigkeit – sowie Hammerkrane, ebenfalls zum Molenbau für das Verlegen von Wasserbausteinen zur Böschungssicherung (Bild **7.7**.5).

7.7.3 Portalkran für das Umsetzen von Betonblöcken bis 80 t Gewicht für eine Kaimauer

7.7.4 Auslegerkran Form 3100 für das Verlegen von Tetrapods einer Hafenmole

7.7.5   Hammerkran für den Molenbau

7.7.6   Schwimmkran mit versenkbaren Arretierungspfählen

Zu den Schwimmkranen sind – freilich im weiteren Sinn – zunächst jene Krane zu rechnen, die auf einer Hubinsel installiert sind und im Meer unabhängig von der Beeinträchtigung durch den Seegang von einem festen Standort aus arbeiten können (Bild **7.7.**6).

Die eigentlichen Schwimmkrane, die hier von Interesse sind, haben eine Tragkraft zwischen 200 t und 1800 t, sind fest auf einem Ponton entsprechender Größe verankert und mit mehreren Seilwinden und Hilfsauslegern für die verschiedenen Aufgaben ausgerüstet (Bild **7.7.**7).

7.7.7   Schwimmkran beim Transport eines 45 m langen Brückenbalkens mit
Spezial-Krangeschirr

7.7.8   Schwimmkran beim Einschwimmen einer 250 t schweren Unterschalung für einen Hochsee-Anleger aus Stahlbeton

Ihre richtige Einstellung zum Arbeitsplatz muß schwimmend vorgenommen werden. Bekannt sind sie bei uns z. B. unter dem Namen „Magnus" oder „Taklift". In Bild **7.7.**7 ist
ein Schwimmkran zu sehen, der einen 1200 t schweren Fahrbahnträger in ein Sperrwerk
einsetzt, während der Kran in Bild **7.7.**8 250 t schwere Bauteile für eine Anlegepier aus
dem 2 km entfernten Fertigteilwerk direkt an die Baustelle zum Einbau bringt. Einer der
größten Schwimmkrane, Taklift IV, war eingesetzt, um die 1400 t schweren „Drempel«,
die sogenannten Schwellenbalken für die Wehröffnungen im Oosterschelde-Sperrwerk,
zu verlegen.

Hingewiesen sei auch darauf, daß – dort wo die Methode angewandt werden kann – der billigste „Schwimmkran" immer noch der Auftrieb eines Schwimmkörpers im Wasser bzw. der Tidehub ist. Durch das Lenzen von Schwimmpontons können schwere Bauteile leicht gehoben werden. Beim Bau der Zeeland-Brücke wurde die Tide dazu benutzt, um bis zu 600 t schwere Brückenteile bei Flut in den Pfeilerbereich einzuschwimmen und bei ablaufendem Wasser langsam auf die Pfeilerköpfe aufzusetzen (Bild **7.7**.9). Bei anderen

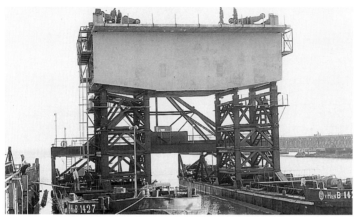

7.7.9   Transport-Katamaran zum Einschwimmen eines 600 t schweren
T-förmigen Mittelstücks der Zeeland-Brücke bei Hochwasser

7.7.10   Kraninsel „Biber": Auslegerkran auf einer Hubinsel [201] (mit
Arbeitsponton und Transportschute für die Betonbereitung vor Ort)

Brückenbauwerken werden ganze Brückenfelder an Land hergestellt und bei Niedrigwasser auf Pontons geschoben, bei Flut in das Bauwerk eingeschwommen und bei ablaufendem Wasser auf die entsprechenden Tragvorrichtungen abgesenkt. Das Waser hat eine praktisch unbegrenzte Hebekraft (s. Bild **1.**2).

Interessant ist auch das Eindrücken der Gründungsrohre (4,80 m Durchmesser, bis 80 m lang) der Zeeland-Brücke in den Untergrund: Mit Hilfe eines Schwimmkranes, der die Rohre transportiert, aufrichtet und absenkt und die letzte Gründungsphase – das Eindrücken der Rohre in den Meeresgrund – dadurch bewerkstelligte, daß er den Wasserballast im Kranponton von hinten nach vorn umpumpte und dadurch das zusätzliche Gewicht zum Eindrücken der Rohre aufbrachte. Also: Das Wasser – ein großer starker Helfer im konstruktiven Wasserbau! (s. Abschn. 11.2)

Ferner gehören hier alle die Auslegerkrane hinzu, die drehbar (und verschiebbar) auf einem Ponton untergebracht sind, – ähnlich der „Kraninsel" in Bild **7.7.**10.

7.8 Hubinseln

Auch sie gehören zu den wichtigen Großgeräten im Wasserbau und spielen vor allem dann eine Rolle, wenn für die Bauausführung feste Plattformen in dem sich bewegenden Wasser (Tide, Wellen, Strömung) benötigt werden (Bild **7.8.**1). Eine Hubinsel besteht aus einem Ponton in rechteckiger oder U-Form und meist 4 oder 8 „Beinen", – bis zu 80 m langen Stahlrohren von 1–2 m Durchmesser, an denen sich der Ponton mit Hilfe einer Klettervorrichtung auf- und abbewegen kann. Während der Arbeit steht die Insel auf dem Meeresboden, und die Plattform ist an den Stützen so weit hochgeklettert, daß die von der Wasserbewegung nicht beeinträchtigt werden kann. Muß die Insel ihren Standort ändern, so klettert der Ponton abwärts, bis er aufschwimmt. Dann werden die Beine angehoben, und die Insel kann nach der neuen Position geschleppt werden.

7.8.1 Hubinsel als Trägergerät für Arbeitseinrichtungen (hier: Kräne und Bohranlage)

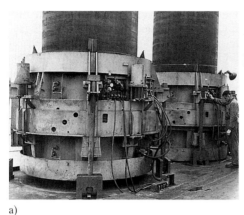

a)

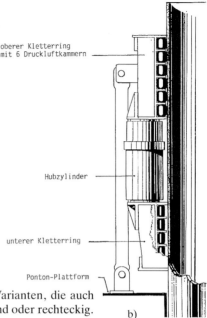

7.8.2 Klettermechanismus mit aufblasbaren
Gummiringen
a) Gesamtansicht
b) Hubmechanismus

Für den Klettermechnismus gibt es mehrere Varianten, die auch
die Form der Füße beeinflussen. Diese sind rund oder rechteckig.
Geklettert wird

a) entweder mit je 2 Klemmringen, die abwechselnd die Stütze umklammern und mit
vertikalen Pressen klettern (Bild **7.8.**2),
b) mit Hilfe von Kletterstangen, die ähnlich wie in der Vorrichtung a) abwechselnd umgesetzt und hydraulisch oder pneumatisch gehoben werden mit dem Unterschied, daß
die Kletterstangen nicht angeklemmt und durch Reibungsschluß gehoben werden, sondern in zahnartige Nuten in den Füßen eingreifen (Bild **7.8.**3),
c) mit Hilfe von Zahntrieben, die in entsprechende Zahnstangen in den Außenwänden
der Füße eingreifen.

7.8.3 Klettermechanismus mit Zahnstangen

Bei uns ist Ausführung a) am gebräuchlichsten, wobei die beiden Kletterringe aus Luft-
reifen bestehen, die bis zu 25 bar aufgeblasen werden und sich abwechselnd an die Man-
telwand der Füße klemmen, wobei ein System von Hubzylindern jeweils den einen Ring
am Rohr arretiert und dieses hebt, während der andere Ring lose auf dem Ponton auf-
liegt und sich auf diesem abstützt. Ist das Rohr um 1–2 m gehoben, so klemmt sich der
untere Ring am Rohr fest, hält es, während der obere Ring herunterfährt, „nachfaßt"
und den Hubweg von neuem beginnt.

Jedes Bein hat eine Tragkraft von 300 bis 600 t. Auf der Pontonoberfläche ist meist eine
verschiebbare oder verschieb- und drehbare Plattform angeordnet, die das Arbeitsgerät
(Ramme, Bohrgerät, Kran) trägt und diesem die nötige Beweglichkeit gibt, ohne daß
die Position der Hubinsel verändert werden muß, was jeweils ca. 4–8 Stunden dauert
(Bild **7.8**.4). Bekannt ist auch der Einsatz von 2 Hubinseln beim Mohlenbau in Ijmuiden: Jede Hubinsel besitzt dort eine 50 m lange Schienenfahrbahn für die Längsbewe-
gung eines Arbeitskranes, um das zeitraubende Umsetzen der gesamten Hubinsel so gering wie möglich zu halten (Bild **7.8**.5).

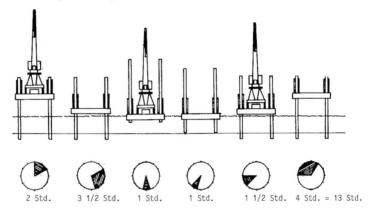

2 Std.   3 1/2 Std.   1 Std.   1 Std.   1 1/2 Std.   4 Std. = 13 Std.

7.8.4 Zeitablauf für das Umsetzen einer Hubinsel [66]

7.8.5 Zwei verfahrbare Kräne auf Hubinseln beim Molenbau

Hubinseln können sich schlecht fortbewegen. Sie können ihre Position nur schwimmend verändern und müssen dazu mit ihrer Plattform (Ponton) immer auf die Wasseroberfläche herunterklettern. Sie benötigen eine ausreichende Wassertiefe und können daher auch nicht im Ufer- oder Strandbereich eingesetzt werden.

7.8.6   Schreitinsel (Gesamtübersicht)

Diesen Nachteil vermeidet die sogenannte Schreitinsel (Bild **7.8.**6). Sie besteht eigentlich aus 2 Hubinseln (mit jeweils 4 Beinen), die sich „rechenschieberartig" fortbewegen: Während die eine Insel fest auf dem Untergrund steht, bewegt sich die andere auf der Gleitbahn der ersteren nach vorn, setzt dann ihre Füße ab und holt die erste Insel (mit angehobenen Beinen) nach. Notwendig dazu ist, daß die eine Insel eine langgestreckte Ausführung (als Verschiebebahn für die andere Insel) besitzt, während die andere Insel – um die Verschubbewegung voll ausnutzen zu können, möglichst kurz, also quadratisch sein muß (Bild **7.8.**7). Den Klettermechanismus veranschaulicht Bild **7.8.**8.

7.8.7   Verschubponton (quadratisch) auf dem Basisponton der Schreitinsel

Die Schreitinsel kann wirklich „schreiten", wenn sie sich fortbewegen muß. Sie muß nicht aufschwimmen, sondern kann sich mit ihrem Schreitmechanismus auch über Land fortbewegen (wenn auch nicht gerade schnell) und so auch in Ufernähe oder im flachen Wasser arbeiten. Typischer Einsatz für ein solches Gerät ist der Aushub eines Kühlwasserkanals, der im tiefen Wasser beginnt und sich nach dem Land immer tiefer einschneidet, wobei die Hubinsel ihre Einsatztiefe vom tiefsten Wasser am Anfang bis hin zum trockenen Bereich an der Küste stetig verändern muß (Bild **7.8**.9).

Die oben vorgestellte Schreitinsel LU-LU wurde nach den Bauvorschriften des germanischen Lloyd für die Klasse GL + 110 A4 „Montageinseln" erbaut und kann bis zu einer Wassertiefe von 12 m eingesetzt werden. Sie hat 8 Standbeine mit 1,5 m Durchmesser und 30,5 m Länge, eine Pontonfläche von 34 × 23 m und ein Eigengewicht von 950 t. Zugeladen werden können Geräte wie Bagger, Vermessungsvorrichtungen, Krane, Saugbohrer, Kompressoren, Felsmeißel usw. mit insgesamt 230 t, sodaß das volle Betriebsgewicht auf 1180 t kommt.

7.8.8 Klettermechanismus der Schreitinsel

7.8.9 Schreitinsel im Strandbereich (naß/trocken)

Die Schreitfunktion hat der Hubinsel eine deutliche Zunahme an horizontaler Beweglichkeit, vor allem aber auch die Möglichkeit des Schreitens außerhalb des Wasserbereichs gebracht. Trotzdem ist eine solche Insel in ihren Bewegungen immer verhältnismäßig schwerfällig.

Interessant ist daher die neueste Entwicklung: die Füße mit Raupenfahrwerken zu versehen und damit die Hubinsel nicht nur schreit-, sondern auch fahrbar zu machen. Die Raupenfahrwerke lassen sich mit breiten Ketten versehen, sodaß dadurch auch die Bodenpressung unter den Fußflächen reduziert werden kann (s. Bild **8.18**.1).

Im einfachsten Fall kann eine Hubinsel auch aus nur 2 höhenveränderbaren Stützen bestehen, die am Ponton angeflanscht, mit Flaschenzügen gehoben und gesenkt und durch Bolzen festgesteckt werden. Das sind allerdings nur Behelfsmaßnahmen, wobei es hier nicht nur um die vertikale, sondern auch um die horizontale Ruhestellung des Baggerpontons geht. Andernfalls würde sich der Ponton bei der Arbeit des Baggers ständig hin- und herbewegen und kein präzises Graben – z. B. für eine Flußvertiefung – ermöglichen.

Interessant ist der Einsatz einer Hubinsel als Bestandteil eines kompletten Bauverfahrens beim Bau der 3,5 km langen Ladepier in El Aaiun (Sahara) ins Meer hinaus bis zu einer Wassertiefe von 16 m. Dort wurde „Seewasserbau im Trockenen" praktiziert, wobei die Hubinsel mit ihrem 200-t-Kran und einer Großlochbohreinrichtung jeweils 45 m (Länge eines Brückenfeldes) vorausmarschierte und dann das Verlegegerüst für die Brückenträger nachzog. „Trocken" war hier der gesamte Baubereich, beginnend mit dem fertiggestellten Brückenteil von Land aus über das Verlegegerüst für die Brückenträger bis hin zur Hubinsel, die den Pfeilerbau (Bohren der Pfeilerlöcher, Einstellen der Betonpfeiler und Aufsetzen der Jochbalken) besorgte (Bild **7.8**.10). Oft wird die Hubinsel als Geräteträger zum Rammen von Stahldalben für Hochseepiers und Tankerlöschbrücken verwendet (Bild **7.8**.11). Der Ponton ist dabei U-förmig ausgespart, und über der Öffnung läuft eine Rammbrücke, auf der die eigentliche Ramme, querverschiebbar und voll dreh- (und neig-)bar steht. Auf diese Weise wird eine maximale Anpassungsmöglichkeit an die Rammaufgaben (Positionierung, Neigung, Richtung) von einer verhältnismäßig stationären Position der Hubinsel aus sichergestellt. Die Hubinsel braucht ihren Standort nur noch in größeren Abständen zu verändern.

7.8.10   Hubinsel als Vorbaukopf einer 3,5 km langen Verladebrücke bis 16 m Wassertiefe

7.8.11 Dreh- und verschiebbare Ramme auf einer U-förmigen Hubinsel beim Rammen von Stahlrohren

7.9 Pontons

Ein Ponton ist – so kann man es auch sehen – der wichtigste Bestandteil der Hubinsel. Er kann aber auch ohne Stelzen interessant sein: Zu unterscheiden ist zwischen

dem Arbeitsponton zur Aufnahme von Baugeräten und
dem Transportponton zum schwimmenden Lastentransport.

Als Arbeitsponton – je nach Bedarf mit oder ohne Stelzen – nimmt er vor allem „Landbagger", – Löffel-, Schürfkübel- und Greifbagger und Ramm- und Bohrgeräte auf. Sobald während der Arbeit Horizontalkräfte auftreten, muß er durch Pfähle arretiert werden. Das gilt auch für störende Wasserbewegungen (Tide, Wellen usw.) die die Genauigkeit der Arbeitsgeräte beeinträchtigen (Bild **7.9.**1).

7.9.1 Arbeitsponton, – hier mit Hebebock

Pontons werden auch verwendet als feste Standorte für Turmdrehkrane und Rohrgerüstrammen sowie für die Installation ganzer Betonbereitungsanlagen zur schwimmenden Versorgung von Seebaustellen mit Frischbeton (Bild **7.9**.2)

Als Transportponton kann er beträchtliche Ausmaße annehmen und bis zu 18000 t tragen, wie z.B. zum Transport von Wasserbausteinen über 300 km Entfernung beim Bau des Hafens von Dammam. Zum Be- und Entladen wird der Ponton durch Fluten auf eine vorbereitete Liegefläche abgesenkt und kann so den Be- und Entladegeräten sowie den LKW's den direkten Zugang zur Ladefläche ermöglichen (Bild **7.9**.3). Große Transportpontons (z.B. „Mulus") sind verwendet worden, um eine gesamte Baustelleneinrichtung schwimmend zu transportieren (Bild **7.9**.4).

Für den Straßentransport werden zerlegbare Zellenpontons angeboten, die einzeln für sich eine Tragfähigkeit von 15–56 t besitzen und auf der Baustelle zu größeren Einheiten zusammengebaut werden können.

7.9.2　Pontons als Hilfsgeräte für Wasserbauwerke, – hier als schwimmende Plattform für Kran, Schalungsgerüst und Betonherstellung

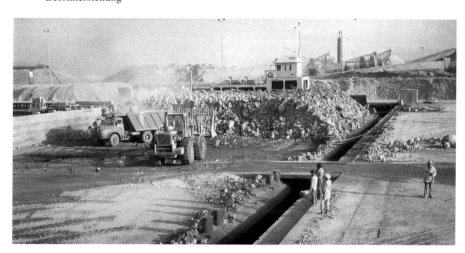

7.9.3　Transportponton mit 18 000 t Tragfähigkeit für einen 300 km langen Steintransport über See

7.9.4 Transport einer ganzen Baustelleneinrichtung auf „Mulus 3" [102]

In der Baugeräteliste sind als Tragfähigkeit für die bei uns üblichen Pontongrößen angegeben:

> als Arbeitsponton 240–1000 t
> für Freibord von 2 m
> mit Decksbelastung von 2–4 t/m^2
> als Transportponton mit 90–1500 t Tragfähigkeit
> als Zellenponton mit 15–56 t Tragfähigkeit.

7.10 Schuten

Neben der Spülrohrleitung (Rohr) und der Kabelbahn (Seil) ist die Schute (Gefäß) das 3. wichtige Fördermittel im Wasserbau, wenn es um den Materialtransport geht. Kann man das Spülrohr mit dem Förderband und die Kabelbahn mit der Seilbahn im trockenen Bereich vergleichen, so ist die Schute, geschleppt oder selbstfahrend, der LKW mit Anhänger im Erdbau.

Die Schute ist das – schwimmende – Transportgefäß in der nassen Materialförderung. Sie besteht im einfachsten Fall aus einer Wanne, in die das Transportgut geladen wird, wobei diese Fördermethode vor allem dann in Frage kommt, wenn grobstückiges Material (Steine, Wurzeln, aber auch Spundbohlen, Stahlrohre usw.) gefördert werden muß.

7.10.1 Transportschute mit sperrigem Wurzelwerk

Hier scheiden die beiden anderen Fördermethoden von vornherein aus (Bild **7.10**.1). Zu unterscheiden sind je nach der Entladeart 4 verschiedene Varianten:

Transportschuten mit ca. 400 m³ Inhalt
Spülschuten mit 100–1500 m³ Inhalt
Klappschuten mit 100–700 m³ Inhalt
Spaltklappschuten mit 400–1500 m³ Inhalt

Problematisch beim Schutentransport ist das Entladen. Im Fall der einfachen wannenförmigen Transportschute kommt man am Greifbagger als Entladegerät kaum vorbei. Greifbagger arbeiten aber verhältnismäßig langsam. Daher werden für feinkörniges Material Spülschuten eingesetzt, die von Eimerkettenbaggern, Grundsaugern und Schneidkopfsaugbaggern beladen, jedoch von „Spülern" entladen werden (Bild **7.10**.2). Diese Entladegeräte, auch Schutensauger genannt, sind mit zusätzlichen „Wasserkanonen" ausgerüstet, die das Ladegut fluidisieren, damit es besser gesaugt werden kann.

7.10.2 Entleeren von Spülschuten mit dem Schutensauger

7.10.3 Kippschute, beladen mit Felsmaterial

Einen Schritt weiter (hinsichtlich des Entladevorganges) geht die Kippschute (heute selten!). Sie trägt auf dem Schwimmkörper eine seitlich schwach geneigte Ladeplattform. Am Entladeort wird die gesamte Schute mit einem (schwimmenden) Hebebock seitlich angehoben, und das Material rutscht über die ander Schiffskante ins Wasser (Bild **7.10**.3).

Nächste Stufe: die Klappschute. Sie besitzt querliegende Bodenplatten, die früher mit Ketten, heute meist hydraulisch betätigt werden und das Ladegut nach unten entleeren (Bild **7.10**.4). Die Klappen schlagen nach unten auf und benötigen eine zusätzliche Wassertiefe. Für das Entladen in flachen Gewässern werden Klappschuten eingesetzt, deren Klappengelenke im Schiffskörper höher angeordnet sind, sodaß die Klappen beim Öffnen nur wenig über den Schiffsboden hinausragen (Bild **7.10**.5).

7.10.4 Klappschute (mit freien Bodenklappen)

7.10.5 „Oplosser": Klappschute mit hochgelegtem Klappengelenk zur Reduzierung der Entladetiefe

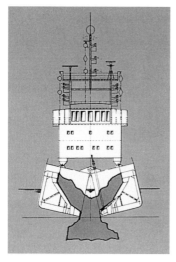

7.10.6   Entleer-Mechanismus einer   **7.10.**7   Spaltklappschute mit Schottel-Antrieb [204]
Spaltklappschute [106]

Einen Schritt weiter geht die Spaltklappschute – heute wegen des schnellen Entladens (und im Prinzip auch beim Laderaumsaugbagger angewandt) gern eingesetzt. Beide Schiffshälften sind durch längs ausgerichtete Scharniere miteinander verbunden und werden zum Entladen einfach (ähnlich wie Greiferkörbe) aufgeklappt (Bild **7.10.**6). Die modernste Entwicklung sind selbstfahrende Spaltenklappschuten, wobei der Fahrantrieb hier durch am Heck aufgesetzte Schottel-Ruderpropeller erfolgt (Bild **7.10.**7).

Beladen werden die Schuten entweder über die Laderutschen der Eimerkettenbagger und Saugbagger oder durch schwimmende Hydraulikbagger (Bild **7.10.**8). Eine interessante Methode zeigt auch Bild **7.10.**9. Dort wird als Laderampe ein Stelzenponton benutzt, um die LKW's (hier werden Schüttelsteine transportiert) direkt bis über die Schuten heranzuführen.

7.10.8   Beladen einer Klappschute mit schwimmendem Hydraulikbagger

7.10.9 Schutenbeladung mit Hinterkipper
über einen Stelzenponton

Das Fassungsvermögen der Schuten liegt zwischen 400 und 1500 m³. Eingesetzt werden sie im allgemeinen bis ca. 10 km Transportweite. Auf einen interessanten Schuteneinsatz sei noch hingewiesen: Der Bützflether Sand bei Stade sollte um 3 m aufgespült werden, um eine hochwasserfreie Sandfläche herzustellen. Das Spülmaterial wurde von Sandbänken aus der Elbe gewonnen, wo ein Grundsauger das Material aus bis zu 40 m Tiefe hochholte. Eine Flotte von 30 Schuten und 22 Schleppern brachte das Material zum Spülfeld (max. 2000 m Seitenlänge), wo Schutensauger das Material aus den Spülschuten über Spülrohrleitungen in das Spülfeld drückten.

7.11 Schlepper

Die Skala reicht hier von einfachen Schleppbooten für den Baustellenverkehr über die Hafenschlepper bis hin zu den Hochseeschleppern („Atlantic", „Pazific"), die allgemein die Aufgabe haben, Schwimmkörper ohne eigenen Antrieb auf dem Wasser zu bewegen.

Mehr und mehr werden Wasserbaugeräte mit Eigenantrieb, also selbstfahrend, ausgerüstet. Eine beliebte Methode zur Fortbewegung schwimmender Baukörper ist die Verwendung von Schottel-Antrieben (Bild **7.11.**1) –

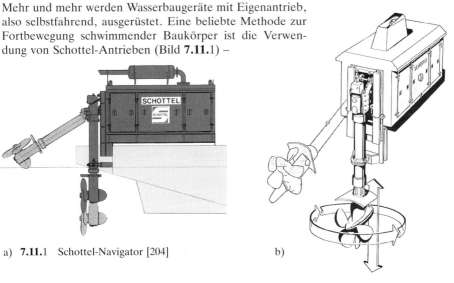

a) **7.11.**1 Schottel-Navigator [204]   b)

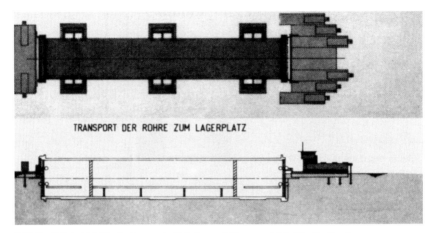

TRANSPORT DER ROHRE ZUM LAGERPLATZ

7.11.2 8 Schottel-Navigatoren als Schub- und Steuerantrieb für die Fortbewegung von schwimmenden Tunnelelementen

Schiffsschrauben, die über eine senkrechte Welle von einem an Deck befindlichen Dieselmotor mit Zwischengetriebe angetrieben werden und als selbständige Antriebseinheit installiert werden können. Ein typisches Beispiel zeigt Bild **7.11.2**. Dort werden Tunnelelemente für einen Unterwassertunnel, die vorher durch Abschotten schwimmfähig gemacht wurden, mit jeweils 8 Schottel-Antrieben versehen und auf einen provisorischen Liegeplatz geschwommen. Die Druckrichtung der Schottel-Propeller kann praktisch um 360° verstellt werden, so daß sich derartig angetriebene Schiffskörper „auf der Stelle" drehen können.

In diesem Zusammenhang müssen auch die Voith-Schneider-Propeller erwähnt werden, die vor allem dort eingebaut werden, wo ein exaktes Steuern der Boote in Position und Fortbewegungsrichtung erforderlich ist, z. B. bei Steinschüttschiffen, wo das Ansteuern von Schüttort und Schüttbahn besonders wichtig ist.

7.12 Rohrleitungen

Unterschieden werden muß zwischen trocken verlegten und schwimmenden Rohrleitungen. Die trockenen Rohrschüsse werden meist über Flansche gegenseitig verschraubt, wobei zum Ausgleich von Krümmungen geknickte Zwischenstücke („Krümmer") eingefügt werden, – ähnlich Bild **7.12.1**. Die Rohrleitungen enden mit dem Spültrichter, der meist „sprungschanzenartig" ausgebildet ist, damit der austretende Spülstrom über eine größere Fläche verteilt wird (Bild **7.12.2**).

Probleme gibt es beim Verlegen der Landleitungen auf weichem Untergrund. Er erfordert spezielle Transportwagen (Bild **7.12.3**) und Zugmaschinen, die mit breiten Raupenketten ausgerüstet sind und eine entsprechend geringe Bodenpressung haben.

7.12.1 Winkelstücke für eine Rohrleitung

7.12.2 Spültrichter am Rohrende

7.12.3 Transport von Rohrschüssen auf Raupenunterwagen mit Moorketten

Hauptproblem im gesamten Rohrleitungssystem, sofern es den flexiblen Teil nach Verlassen des Pumpenschiffs betrifft, ist die bewegliche Verbindung der einzelnen Rohrschüsse miteinander. Solange die Rohre auf festem Untergrund, also im Trockenen, liegen, treten Bewegungen in den einzelnen Rohrgelenken nur beim Verlegen der Rohre, genauer gesagt: Beim Verrücken von einer Rohrleitungslinie in eine andere, auf. Anders sieht es aus, wenn eine Rohrleitung im Wasser schwimmt und die Wasserbewegungen der Wasseroberfläche mitmachen muß.

Die Problemkette beginnt mit dem Anschluß der schwimmenden Rohrleitung an den Schneidkopfbagger (Bild **7.12.**4). Verwendet werden heute meist Stahlkugelgelenke oder flexible Gummibälge, um die Rohrschüsse gelenkig aneinander zu kuppeln (Bild **7.12.**5). Die Rohrleitungen werden auf Schwimmkörpern gelagert oder die Rohrschüsse selbst sind mit Schwimmern umhüllt (Bild **7.12.**6), so daß man selbstschwimmende Rohrleitungen erhält.

Ein weiteres Problem liegt im Verschleiß. Teilweise werden Rohre mit Kunststoff-Innenbeschichtung eingesetzt. Wichtig ist, daß die Feststoffteilchen im Förderstrom schwimmen und nicht schleifen oder rutschen, also vom Förderstrom getragen und nicht auf der Rohrwandung geschoben werden.

7.12.4   Anschluß der Rohrleitung an ein Baggerschiff

7.12.5   Schwimmendes Rohrstück mit Kugelgelenken

7.12.6 Spülleitung mit schwimmenden Rohrschüssen

7.12.7 Raupenschlepper für den Watt-Einsatz

Die auf der Druckseite der Pumpen angeschlossenen Spülrohrleitungen haben eine Nennweite zwischen 300 und 1000 mm. Dazu gehören Rohrschieber, Rohrweichen und Rohrkrümmer sowie (für die Baustelleneinrichtung) Traktoren für den Transport der Rohrschüsse (5–10 m lang) mit 35 bis 590 kg/lfd.m Gewicht (Bild **7.12.**7). Für die im Wasser verlegte Strecke kommen Doppelschwimmer für je 12 m Rohrlänge zum Einsatz. Auch Kunststoff-Schwimmkörper für Spülrohrleitungen mit Rohrschüssen von 5 und 10 m Länge werden verwendet. Selbstschwimmende Schlauchleitungen werden vor allem im Brandungsbereich vorgesehen.

7.13 Sonstige Schwimmgeräte

Nicht nur Großgeräte spielen im Wasserbau eine Rolle, sondern auch kleinere Schwimmbagger verdienen Beachtung. Da ist zunächst an die vielen kleinen Saugbagger in den Kiesgruben zu denken, die meist eine Aufbereitungsanlage versorgen und im Dauereinsatz stehen (Bild **7.13.**1). Ebenso ist auf kleine Schneidkopfsaugbagger hinzu-

7.13.1 Grundsauger für die Kiesgewinnung [203]

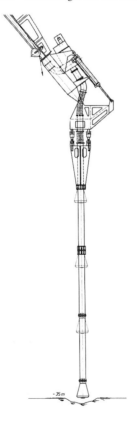

weisen, die mit Rohrleitungen von 150–400 mm Durchmesser arbeiten und oft aus einem mehrteiligen Schiffskörper bestehen, also straßenverladbar sind.

Kleine Tiefsauger werden mehr und mehr in Kiesgruben eingesetzt, um diese bei begrenzter Raumausdehnung dennoch profitabel auszubeuten (Bild **7.13.**2). Zwei kleine Schwimmbagger, auf einer schwimmenden Dockplattform transportiert, zeigt Bild **7.13.**3. Das Dockschiff liegt geflutet auf Grund, während die Schwimmbagger mit eigener Kraft in die Hubposition schwimmen. Dann wird das Dock langsam gelenzt, steigt auf und legt die Bagger trocken. Auf ähnliche Weise sind z. B. auch Eimerkettenbagger von Europa nach dem fernen Osten transportiert worden.

Welchen Umfang ein Gerätepark im Rahmen einer Großunternehmung für den Wasserbau hat, zeigt Tafel **7.**10.

7.13.2 Tiefsauger für die Sandgewinnung [202]

7.13.3   Schiffstransport von 2 kleinen Schwimmbaggern auf einem Dockschiff [202]

Tafel **7**.10   Gerätepark eines großen Naßbaggerunternehmens

Eimerketten-Schwimmbagger

Name	Eimerinhalt l	Installierte Leistung PS	Länge m	Breite m	Seitenhöhe m	Gewicht t
Vulkan	145	ca. 80	26	7	1,7	145
Achilles	175	200	30	8	1,8	200
Ajax	175	200	30	8	1,8	200
Jason	300	ca. 150	35	7,6	3,25	325
Nordsee I	500	ca. 400	45	8,7	3,00	490
Poseidon	600	ca. 400	45	8,4	3,10	520
Triton	800	ca. 500	52	10	3,50	830
Titan	850	1290	55	12	3,75	1600
Herkules	850	1221	55	12	3,75	1600

Saug- und Spül-Schwimmbagger

Name	Rohr-Durch-messer der Saug/ Druckltg. mm	Installierte Leistung PS	Länge m	Breite m	Seitenhöhe m	Gewicht t
Bb III I	350/300	310	40	6	4	60
Spüler I	550/500	860	35	8	2,90	330
Spüler II	650/650	1000	39	9,5	4,2	610
Spüler III	650/650	1770	46	8,5	3,4	520
Spüler IV	500/500	670	38	7,3	2,75	300
Spüler V	750/650	3820	51	11	4	1350
Spüler VI	700/650	3820	50	12	3,6	1500
Weri	150	50	6,5	3,3	2,2	5

Tafel **7.**10   Gerätepark eines größeren Naßbaggerunternehmens (Fortsetzung)

Schuten
offene, einwandige Schuten

Stückzahl	Tragkraft t	Länge m	Breite m	Seitenhöhe m	Gewicht t
10	30– 50	15–25	3,0–4,7	1,10–1,5	13–24
3	55– 65	18–22	3,5–5,0	1,35–1,42	16–22
3	90–100	21–25	5,0–5,7	1,3	28
1	140	25	5,4	1,9	35

Klapp- und Elevierschuten

Stückzahl	Laderauminhalt m^3	Länge m	Breite m	Seitenhöhe m	Gewicht t
2	14	15	3,0	1,40	10
2	105	28,4	6,1	1,86	55
2	110	28,5	5,6	2,10	57
2	160	33,5	6,4	2,25	80
3	330	46,5	8,3	3,0	193
6	450–510	53–54	8,8–9,3	3,1–3,2	220–260

Verschiedene Schwimmgeräte

5	Kräne	5– 40 t Tragkraft (Drehkräne, Derrik, A-Böcke)
5	Barkassen	25– 75 PS Motorleistung
4	Motorschlepper	100–150 PS Motorleistung
3	Kähne	110–120 t Tragkraft
1	Wohnschiff	250 t Tragkraft
1	Felsmeißelschiff	250 t Tragkraft aus 6 Pontons zusammengebaut
4	Arbeitsprahme	14– 30 t Tragkraft ⎤
3	Arbeitsprahme	70– 80 t Tragkraft ⎟ als Rammschiffe, Taucher- und
3	Arbeitsprahme	100–120 t Tragkraft ⎟ Kompressorschiffe, Lagerschiffe
6	Arbeitsprahme	200–300 t Tragkraft ⎦
36	Zellenpontons	2– 5 t Tragkraft
48	gedeckte Pontons	15–125 t Tragkraft
65	Arbeitsboote	3,5–6,5 m Länge
		1,4–1,75 m Länge

7.14 Landbagger

Eigentlich müßte man sie „Trockenbagger" nennen – im Gegensatz zu den bisher behandelten Naßbaggern. Aber auch die Trockenbagger müssen im Nassen arbeiten, sodaß die Bezeichnung „Landbagger" den Gegensatz zu den Schwimmbaggern besser beschreibt. Es geht um die Verwendung der im trockenen Erdbau üblichen Gewinnungsgeräte für den nassen Bereich. In Betracht kommen vor allem:

Greifbagger (für die punktuelle Grabarbeit),
Schürfkübelbagger (für das weit ausholende lineare Graben),
Tieflöffelbagger (vor allem für das Ziehen von Gräben),
Grabenbagger (für den Grabenaushub),
Schaufelradbagger (für umfangreichen Kanalaushub),
Flachbagger (für größere Graben- und Kanalprofile),
Erdhobel (für die Gestaltung der Grabenböschungen),
Planierraupen (als universelles Hilfsgerät).

Aufbau und Arbeitsweise dieser Geräte können vorausgesetzt werden. Einzelheiten enthalten [39], [40], [10]. Nur auf einige interessante Anwendungen im Rahmen des Wasserbaues soll hier eingegangen werden:

Greifbagger werden wegen ihrer langen Ausleger und damit großer Reichweite gern benutzt, um z. B. Tonschichten oder Steinlagen in eine neu anzulegende Kanaldichtung vom Ufer aus einzubauen, also den umgekehrten sonst üblichen Arbeitszyklus durchzuführen. Mit Polypgreifer ausgerüstet sind sie das ideale Werkzeug für das Verlagern und Verlegen von Wasserbau-Steinen (Bild **7.14.**1).

7.**14.**1 Greifbagger mit Steinzange

Schürfkübelbagger sind die idealen Geräte für den Aushub breiterer Gräben oder Kanäle. Mit überlangen Auslegern werden sie auch zum Aushub breiter Kanalprofile eingesetzt, ebenso zum Ausräumen von Baumresten, Eisbarrieren usw. aus gefluteten Kanälen (Bild **7.14.**2).

7.14.2   Seilbagger mit langem Ausleger (50 m) beim Kanalaushub mit Schürfkübel (s. Bild **7.14.**9)

Tieflöffelbagger werden zum Aushub von schmäleren Kanalprofilen verwendet (Bild **7.14.**3) oder wenn starke Reißkräfte (Felsuntergrund) benötigt werden und die Geräte von einer trockenen Bodenschwelle aus die endgültige Solltiefe erreichen können.

Unter den Flachbaggern ist die Schürfraupe zu erwähnen, – vor allem wegen ihrer Watfähigkeit (bis 1,80 m Wassertiefe), der geringen Bodenpressung ihrer Raupenketten (vor allem als „Moorraupe" (Bild **7.14.**4) und der guten Steigfähigkeit (1:3), da sie Kanalböschungen in Quertransport und damit über denkbar kurze Distanzen herstellen kann. Auch ihre Reißvorrichtung ist in geröllhaltigen und felsigen Flußläufen brauchbar.

Erdhobel sind gut zu verwenden für die Böschungsherstellung. Auch der Aushub flacher Gräben läßt sich mit schräg gestelltem Schild gut und schnell durchführen.

7.14.3   Tiefbagger mit Grabenlöffel

Nahezu unentbehrlich auf jeder größeren Baustelle ist die Planierraupe als „Mädchen für alles". Durch die Ausrüstung mit Moorketten ist sie im nassen Flußbereich gut zu verwenden. Wie man sie zur Böschungsherstellung einsetzen kann, zeigt Bild **7.14.**5. Schließlich können zusätzlich eingebaute Seilwinden zum Betrieb von Böschungspflügen bei der Kanalherstellung dienen. Auch werden sie zur Begradigung der Böschungen im Schrägzug eingesetzt. Zum Aufreißen von weichem Fels kann man auf sie kaum verzichten (Bild **7.14.**6).

7.14.4 Schürfraupe mit Moorketten

7.14.5 Planierraupe bei der Böschungsherstellung

7.14.6 Reißraupe im Fels

7.14.7 Kontinuierlich arbeitender Grabenbagger

Die bisher erwähnten Geräte arbeiten diskontinuierlich. Kontinuierlich arbeitende Geräte haben den Vorteil höherer Leistungsfähigkeit. Der in Bild **7.14**.7 dargestellte Grabenbagger eignet sich vorwiegend für den Aushub von Rohrleitungsgeräten usw., – wenn der Boden keine Steine oder Felsbänke enthält. Das gilt für alle kontinuierlich arbeitenden Geräte, zumindest wenn sie mit rotierenden Grabwerkzeugen ausgerüstet sind.

Bemerkenswert ist der Aushub eines breiten Kanals (65 m Sohlenbreite) mit einem Schaufelradbagger (Bild **7.14**.8). Das Gerät – besser: Die aus Bagger, Förderbrücke und Absetzer bestehende Gerätegruppe – muß die ca. 170 km lange Kanalstrecke 5–6 mal hin- und herfahren, da der Schaufelradbagger nur eine Blockbreite von etwa 15 m bewältigen kann. Der Vorteil dieser Baggeranlage besteht in der hohen Leistung (3,4 Mio. m^3 im Monat) und der Möglichkeit, die Fahr- und Schwenkbewegung durch einen einzigen Bedienungsmann zu steuern.

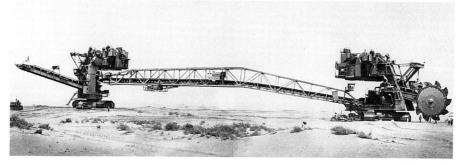

7.14.8 Kontinuierlich arbeitendes Schaufelrad-System beim Kanalaushub [201]

Solche Einsätze sind mehr Erd- als Wasserbau, aber es kommt in der Praxis oft genug vor, daß neue Kanäle in verschiedenen „Haltungen" zunächst vollständig im Trockenen hergestellt werden, bevor man sie flutet.

Auch seien noch jene Geräte erwähnt, die im Zwischenbereich zwischen trocken und naß arbeiten: Schürfkübelbagger, die mit extrem breiten Moorketten (1,00–1,50 m breit) ausgerüstet sind (Bild **7.14**.9) und die sogenannten „Grüppenbagger". Das sind Tieflöffelbagger, die anstelle des Raupenunterwagens einen Ponton als „Fahrgestell" besitzen. Auf

7.14.9 Schürfkübelbagger für den Mooreinsatz

dem Ponton kann der Bagger im Deichvorland über den Schlamm rutschen, wenn er Entwässerungsgräben, die sogenannten „Grüppen", aushebt. Bei Flut schwimmt er auf und kann somit leicht seinen Standort verändern. Zur Fortbewegung während der Arbeit hakt er sich mit seinem Grabenlöffel in den Boden und zieht sich vorwärts (Bild **7.14**.10).

7.14.10 Grüppenbagger mit Fahrponton [201]

7.15 Rammen

Rein systematisch lassen sich die Rammbäre so einordnen: Freifallbäre sind neben den „klassischen" Fallgewichtsbären auch die Dampf- und die einfach beaufschlagten Hydraulikbäre, nur mit dem Unterschied, daß bei den ersteren das Fallgewicht am Seil hochgezogen, bei den Dampfbären durch Dampfdruck gehoben und bei den letzteren durch Hydraulikzylinder hochgedrückt wird. Doppelt beaufschlagt sind die Schnellschlagbäre und die Hydraulikbäre – und im weiteren Sinne auch die Explosionsbäre. Eine Kategorie für sich stellen die Vibrationsbäre dar, deren „Ramm"-Wirkung durch das Gewicht des Bärs zusammen mit dem Pfahlgewicht verursacht wird, wobei die Vibration eigentlich nur die Rammwiderstände (Spitzendruck, Mantelreibung) abbaut. Ausführlichere Informationen über die gesamte Rammtechnik enthält [10]. Rammarbeiten spielen sowohl im Tief- wie im Wasserbau eine bedeutende Rolle. Die Technischen Daten einiger Dampfbäre sind in Tafel **7.**11., die von Hydraulikbären in Tafel **7.**12 zusammengefaßt.

Tafel **7.**11   Technische Daten von Menck-Dampfbären

Rammbäre mit passenden Führungen für Menck-Rammen									
Modell	MRB	180	270	400	500	600	1000	1500	2000
A	Baulänge . . . . mm	3620	3800	3920	4235	4250	4750	5230	5305
B	Baubreite . . . . mm	610	710	845	845	970	1130	1340	1610
C	Bauhöhe . . . . mm	680	820	950	955	1100	1400	1795	1675
D	Ausladung . . . . mm	345	410	475	475	550	700	900	900
	Totalgewicht . . . . . . etwa kg	2800	4200	6000	6800	9500	15000	23000	33000
	Fallgewicht . . . . kg	2000	3000	4500	5000	6750	10000	15000	20000
	Fallhöhe . . . . m	1,25	1,25	1,25	1,25	1,25	1,25	1,25	1,25
	Schlagzahl pro min . . . . . mm	50	50	50	50	50	50	50	50
	Dampfverbrauch etwa kg/Std.	400	550	800	800	1100	1500	2500	2500
	Kesselheizfläche . . . mind. qm	10,0	13,5	17,5	17,5	24,5	32,0	54,0	54,0
	Kesseldruck . . . . mm	10	10	10	10	10	10	10	15

Schnellschlagbäre ohne Führungen						
Modell	SB	80	120	180	270	400	600
A	Baulänge . . . . mm	1670	1835	2040	2270	2565	2800
	Ausladung . . . . mm	220	250	295	335	375	425
E	Rammplattenbreite . . . . mm	330	375	445	505	580	660
F	Rammplattenlänge . . . . mm	560	600	640	700	760	850
	Totalgewicht . . . . etwa kg	1200	1800	2700	3800	5600	8200
	Schlagkolbengewicht . . . . kg	270	390	600	870	1300	2000
	Schlagzahl pro min . . . . etwa	205	175	150	130	115	100
	Schlagkolbenhub . . . . mm	340	370	410	450	500	550
	Dampfverbrauch . . . . . . etwa kg/Std.	250	320	410	550	780	1050
	Kesselheizfläche . . . . mind. qm	5,5	7,5	10,0	13,5	17,5	24,5
	erforderlicher Kompressor bei						
	Druckluftbetrieb . . . . ca. cbm/min	5,0	6,5	8,0	11,0	16,0	21,0

Tafel **7.**12   Technische Daten von IHC-Hydraulikbären

Typ S		S-35	S-70	S-90	S-200	S-280	S-400	S-500	S-800	S-1000	S-1600	S-2300
Betriebsdaten												
Max. Schlagenergie	kJ	35	70	90	200	280	400	500	800	1 000	1 600	2 300
Min. Schlagenergie	kJ	2	2	3	7	10	20	20	40	40	60	80
Schlagzahl	Schl./Min.	60	50	50	45	45	45	45	45	45	40	40
Gewichte												
Schlaggewicht	t	3,3	3,5	4,5	10	13,5	20	25	38	46	75	103
Hammer	t	7,3	8,3	9,2	22,5	27,5	47	57	85	106	165	210
Abmessungen												
Außendurchmesser	mm	610	610	610	915	915	1 220	1 220	1 520	1 520	1 830	1 830
Länge Hammer	mm	5 600	7 130	7 880	8 900	10 100	9 400	10 140	12 390	13 280	15 710	17 550
Hydraulische Daten												
Arbeitsdruck	bar	200	220	280	200	250	250	300	220	280	220	275
Ölkapazität	l/Min.	150	220	220	700	700	1 400	1 400	2 800	2 800	4 000	4 000
Installierte Leistung	kW	85	140	140	450	450	880	880	1 700	1 700	2 700	2 700
Schlauchdurchmesser	mm	25	32	32	50	2 × 50	2 × 50	2 × 50	100	100	100	100

Typ SC		SC-30	SC-40	SC-60	SC-110	SC-150	SC-200	SC-250
Betriebsdaten								
Max. Schlagenergie	kJ	30	40	60	105	140	205	240
Min. Schlagenergie	kJ	2	2	2	5	6	10	12
Schlagzahl	Schl./Min.	50	50	60	45	45	45	45
Gewichte								
Schlaggewicht	t	1,7	2,5	6	6,9	10,9	13,6	17,7
Hammer	t	3,9	5,1	9,5	13,9	17,5	25,3	27,9
Abmessungen								
Außendurchmesser	mm	600	600	765	1 020	1 020	1 330	1 330
Länge Hammer	mm	5 100	5 960	6 040	5 450	6 480	5 740	6 300
Hydraulische Daten								
Arbeitsdruck	bar	220	280	200	200	280	230	280
Ölkapazität	l/Min.	105	105	220	350	350	550	550
Installierte Leistung	kW	70	70	140	255	255	400	400
Schlauchdurchmesser	mm	25	25	32	38	38	50	50

Für den Wasserbau besonders wichtig sind die folgenden Gesichtspunkte:

a) Anwendung

Langsam schlagende Bäre werden vor allem für schwere Rammgüter (Pfähle, Rohre, Träger) verwendet (Bild **7.15**.1). Der Eindringwiderstand des Bodens übt entscheidenden Einfluß auf die Dimensionierung aus, jedoch ist zu bedenken, daß es auch auf die Eignung des Rammgutes (die „Nehmerqualität" des Pfahlkopfes wie die Biegesteifigkeit der Bohle usw.) ankommt. Man darf also nicht nur nach der Devise verfahren: Je fester der Boden – um so schwerer muß der Bär sein!, sondern man muß bei jedem Dimensionierungsproblem immer nachfragen: hält das Rammgut die Schlagkraft des Bärs aus? Leichte Rammgüter, vor allem Spundbohlen, werden mit dem Schnellschlagbär gerammt. Seine Schlagwirkung ist nicht besonders groß, aber er hat 2 entscheidende Vorteile: Er kann freireitend eingesetzt werden (braucht also kein Gerüst mit Fahrwerk und Mäkler) und er läßt sich, da er völlig gekapselt ist, auch unter Wasser einsetzen.

Auch der (gekapselte) Hydraulikbär kann unter Wasser arbeiten. Der wesentlich höhere Hydraulikdruck (250–300 bar) gegenüber dem Dampf- oder Druckluftbär (10–12 bar) ermöglicht es dem Hydraulikbär, mit einem geradezu winzigen Antriebsaggregat auszukommen. Außerdem hat er den Vorteil, daß sich seine Schlagzahl wie auch die Fallhöhe (Schlagenergie) stufenlos regeln lassen. Zum Antrieb benötigt er ein Dieselaggregat mit Hydraulikpumpen und -motoren.

7.15.1 Schwerer Hydraulikbär beim Rammen von Stahlrohren [202]

7.15.2 Vibrationsbär bei der Herstellung einer Schmalwand zur Uferabdichtung

Mehr und mehr löst der (moderne) Hydraulikbär den alten Dampfbär ab. Daneben ist die Entwicklung gekennzeichnet durch den Umbau der „ewig lebenden" Dampfbäre in Hydraulik-Antrieb. Der Hydraulikbär trägt heute neben dem Dieselbär die Hauptlast der Rammarbeiten im Wasserbau. Der Hydraulikbär kann auch unter Wasser eingesetzt werden, der Dieselbär dagegen nicht.

Beispielgebend für die modernen Hydraulikbäre sei auf die Entwicklungsreihe von IHC hingewiesen (s. Tafel **7.**12). Diese Bäre haben folgende Eigenschaften:

1. Einsatz über und unter Wasser (gekapselt!)
2. Stufenlos regulierbare Schlagenergie von 5–100%
3. Jede Neigung (bis zur waagrechten Lage) ist möglich
4. Spezialschlagplatte und Schlaghaube für lärmarmen Rammbetrieb
5. Schlaggewichte zwischen 3,3 und 103 t
6. Schlagzahl 40–60 Schläge/min
7. Elektronisch geregeltes Steuersystem
8. Automatischer Drucker für Rammberichte mit den wichtigsten Daten über
   Pfahlabmessungen,
   Anzahl Schläge/25 cm Eindringen,
   durchschnittliche Schlagenergie je 25 cm,
   Anzahl Schläge/min,
   Gesamtzahl der Schläge.
9. Überwachung des Rammvorganges auch unter Wasser
10. Rammtiefe bis 500 m im Wasser

Der Hydraulikbär läßt sich nicht nur zum Rammen, sondern auch zum Ziehen und als Felsmeißel einsetzen.

Beim Vibrationsbär (Bild **7.15.**2) ist die Eignung des Bodens von ganz besonderer Bedeutung. Moderne Vibrationsbäre sind stufenlos regelbar und können den Einsatzverhältnissen weitgehend angepaßt werden – vorausgesetzt, daß der Boden die Vibration „annimmt". Auch die Hydraulikbäre lassen sich in der Schlagfrequenz und teilweise auch in der Schlagwirkung (Fallhöhe) sehr gut anpassen. Auf die Bäre für den Offshore-Einsatz wird in Kapitel 8 besonders eingegangen.

b) Antriebsenergie
Die langsam schlagenden (und mit Fallgewicht bis 20 t ausgestatteten) Bäre werden mit Dampf (Dampfgenerator) oder Heißluft (Kompressor) angetrieben und benötigen eine entsprechende Vorrichtung zur Erzeugung des Antriebsdruckes. Noch immer ist in der Rammtechnik der langsam schlagende Dampfbär *der* Rammbär schlechthin für alle größeren und schwereren Rammarbeiten. Er hat inzwischen durch den Hydraulikbär Konkurrenz bekommen, weil dieser im Betrieb einfacher zu handhaben ist (keine umständliche Dampferzeugung mehr, dafür Dieselantrieb mit Hydraulikpumpen). Auch die großen Offshore-Bäre mit Fallgewichten bis 180 t werden noch vorwiegend mit Dampf betrieben („mit Dampf geht einfach alles!"). Wenn für den normalen Rammbetrieb trotzdem Dampfantrieb noch interessant bleibt, so einfach deshalb, weil die alten klassischen Dampfbäre einfach ewig leben und in vielen Rammbetrieben – vor allem im Auslandseinsatz – noch immer vorhanden sind und auch mit Ölheizung oder Heißdampfantrieb noch gut verwendet werden können. Aber die moderne Rammtechnik wird inzwischen

mehr und mehr vom Hydraulikbär beherrscht, – entweder dem einfach beaufschlagten, bei dem Hydraulikzylinder nur zum Heben des Fallgewichtes (freifallend) verwendet werden, – wie der Dampf beim Dampfbär – oder den doppelt beaufschlagten Bären, bei denen die Hydraulik auch zur Beschleunigung des Rammgewichts beim Fall nach unten herangezogen wird.

Die D i e s e l b ä r e haben den Kraftstofftank am Bärzylinder und sind (heute) mit einer regelbaren Einspritzpumpe versehen (Bild **7.15.**3). S c h n e l l s c h l a g b ä r e werden mit Luft oder Dampf angetrieben, Hydraulikbäre mit einem aus Dieselmotor und Hydraulikpumpen bestehenden Aggregat, das den erforderlichen Hydraulikdruck zum Antrieb des Fallmechanismus, der Klemmvorrichtungen usw. liefert.

7.15.3 Schwerer Dieselbär (Fallgewicht 4 t)   **7.15.**4 Hydraulikbär, frei reitend
beim Rammen von Betonpfählen

c) A u f b a u
Während die leichteren Bäre, vor allem die Schnellschlagbäre, auch ohne Gerüst eingesetzt werden können (Bild **7.15.**4), benötigen die schweren langsam schlagenden Bäre immer ein Rammgerüst. Dazu gehören das eigentliche Gerüst, das (vor allem für das Rammen von Schräg- bzw. Ankerpfählen) bis 45° neigbar sein sollte, der Mäkler zur Führung von Bär und Pfahl, der Oberwagen mit den verschiedenen Winden und Triebwerken, der Unterwagen zum Fahren und Schwenken des Gerüstes und in vielen Fällen auch noch ein sogenannter Rammwagen, auf den die gesamte Ramme quer verfahren werden kann (Bild **7.15.**5).

d) Anpassung

Gerade die schwereren Rammen, die im Wasserbau hauptsächlich Verwendung finden, bieten gute Möglichkeiten, eine Ramme den jeweiligen Einsatzverhältnissen optimal anzupassen. So kann z. B. der Mäkler vom Gerüst getrennt und als Hängemäkler, Aufsteckmäkler, Zwischenmäkler, Stützmäkler usw. eingesetzt werden, um die Rammrichtung des Pfahles präzise anzupassen (Bild **7.15**.6). Gerüst und Mäkler dienen besonders dazu, Pfähle usw. mit der vorgeschriebenen Neigung einzuschlagen, ohne die Position der Ramme selbst wesentlich zu verändern. Angepaßt werden muß auf jeden Fall auch die Fallhöhe des Schlaggewichtes. So kann beim Dampfbär die Steighöhe über eine Handsteuerung („melken") beliebig abgebrochen und damit die Fallhöhe verändert werden, z. B. wenn der Pfahlkopf zerschlagen oder der Pfahl verbogen wird (Felsbänke!) (Bild **7.15**.7). Beim Dieselbär erfolgt die Regelung über die Einspritzpumpe. –

7.15.5 Rohrgerüst-Ramme auf quer verfahrbarem Rammwagen

7.15.6 Doppelmäkler, abgestützt auf ein Pontongerüst, beim Schlagen von 1:1 Ankerpfählen mit Dieselbären

7.15.7 Halbautomatischer Dampfbär mit Fallhöhen-Regelung für das Rammen von bis zu 80 m langen Spannbetonrohren

Ein großer Energieverschwender ist die Schlaghaube, die zur prazisen Führung des Pfahlkopfes am Mäkler dient. Sie verbraucht je nach ihrer Ausstattung (Schlagplatte aus Holz, Kunststoff, Stahlseilen usw.) (Bild **7.15**.8) 10–60% der Schlagenergie und sollte auf jeden Fall in der Form dem Pfahlkopf angepaßt werden.

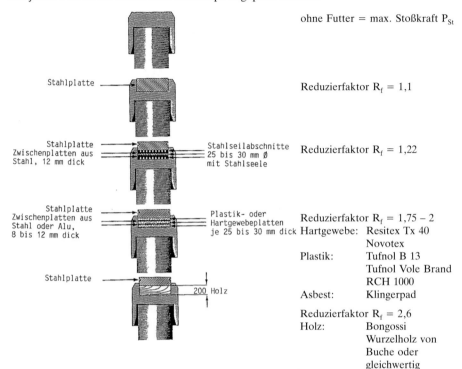

ohne Futter = max. Stoßkraft P_{St}

Stahlplatte — Reduzierfaktor $R_f = 1,1$

Stahlplatte
Zwischenplatten aus Stahl, 12 mm dick — Stahlseilabschnitte 25 bis 30 mm Ø mit Stahlseele   Reduzierfaktor $R_f = 1,22$

Stahlplatte
Zwischenplatten aus Stahl oder Alu, 8 bis 12 mm dick — Plastik- oder Hartgewebeplatten je 25 bis 30 mm dick

Stahlplatte — 200 Holz

Reduzierfaktor $R_f = 1,75 - 2$
Hartgewebe: Resitex Tx 40
Novotex
Plastik: Tufnol B 13
Tufnol Vole Brand
RCH 1000
Asbest: Klingerpad

Reduzierfaktor $R_f = 2,6$
Holz: Bongossi
Wurzelholz von Buche oder gleichwertig

7.15.8   Schlaghauben-Varianten mit unterschiedlichem Schlaghauben-Futter und zugehörigem Reduzierfaktor [208]

e) Bestimmungsgrößen

Bei den meisten Rammgütern muß für jeden Pfahl ein Rammprotokoll aufgestellt werden, in das das Eindringen pro Schlag oder der letzten 10 Schläge (= 1 Hitze) aufgezeichnet wird. Für diese mit e (Eindringen je Schlag in mm) bezeichnete Größe gilt: 0–3 mm: Pfahl sitzt fest; über 10 mm: Pfahl „zieht", d. h. dringt noch ein; 3–10mm: „Grauzone" je nach den örtlichen Verhältnissen. Bestimmungsgrößen bei den langsam schlagenden Bären sind auf jeden Fall Fallhöhe, Fallgewicht, Wirkungsgrad der Schlaghaube, Rammwiderstand im Boden (Spitzendruck, Mantelreibung) und „Nehmerqualität" des Rammgutes (Quetschung am Kopf, Biegung im Schaft). Beim Dieselbären ist daran zu denken, daß durch die Explosion die reine Fallenergie ($R \cdot h \cdot \mu$) um 60–80% gesteigert wird, der Pfahl also mehr aushalten muß (kann er das?). Bei Vibrationsbären ist im rolligen Boden die Lagerungsdichte, im bindigen Boden der Wassergehalt und in jedem Fall die Korngröße von Bedeutung. Für das Einrammen ist die Amplitude, für das Ziehen die Beschleunigung (Abbau der Mantelreibung) und die Frequenz des schwingenden Gesamtsystems (Bär, Bohle, Boden) wichtig.

f) Ziehen

In vielen Fällen (z.B. bei Spundwänden) müssen die Bohlen auch wieder gezogen werden. Hier sind statische Zugkräfte bis 200 t und mehr erforderlich, die durch die Vibration reduziert werden können. Hängen die Bohlen fest (z.B. durch Korrosion), so kann ein kurzes Schlagen (Amplitude!) die Bohle vom umgebenden Kiespacket lösen, – anschließend wird dann mit hoher Beschleunigung gezogen. Oft genügt es schon, wenn in einer Spundwand einige wenige Bohlen auf diese Weise gezogen und die Wand entspannt wird (Bild **7.15**.9).

g) Besonderheiten:

Für den Einsatz über der Wasseroberfläche müssen oft Hilfsgerüste gerammt werden. Dazu finden einfache Bockrammen Anwendung, die meist von einem schwimmenden Ponton aus die Tragpfähle rammen (Bild **7.15**.10).

7.15.9 Pfahlzieher, dampf- oder druckluftbetrieben

7.15.10 Bockramme beim Rammen von Holzpfählen für eine aufgeständerte Kranbahn

7.15.11 Schwimmramme

7.15.12 Hydraulikbär als Felsmeißel unter
Wasser eingesetzt [202]

Im Wasserbau besonders wichtig sind die
Schwimmrammen (Bild **7.15.**11). Nur
haben sie den Nachteil, daß der Ponton,
auf dem sie stehen, von der Wasserhöhe
und der Wellenbewegung abhängig ist,
so daß es immer besser ist, die Ramme
auf festen Untergrund zu stellen. Wenn
dies langzeitig nicht möglich ist, muß die
Ramme auf eine Hubinsel gestellt werden. Auch muß der Ponton von der Fläche her gesehen groß genug sein, um die
Bewegungen der Wasseroberfläche zu
„schlucken", – der Ramme also eine ru-
hige Aufstellung zu geben.

Schnellschlagbäre werden oft als Felsmeißel eingesetzt. Dafür finden Meißelschiffe Verwendung, die mehrere
Meißeleinrichtungen schienenverfahrbar
auf einem Ponton tragen. Da der
Schnellschlagbär gekapselt ist, kann er
gut für Rammarbeiten unter Wasser eingesetzt werden (Bild **7.15.**12). Auch zum
Meißeln in Schlitzwänden ist er gut zu
gebrauchen. Was für Schnellschlagbäre
gilt, kann auch für die (gekapselten) Hydraulikbäre gesagt werden.

7.15.13 Rammen einer Kreiszelle mit gleichzeitig arbeitenden 30 Vibrationsbären

Vibrationsbäre können heute ebenfalls – wasserdichte Ausführung vorausgesetzt – unter Wasser arbeiten. Meist werden sie dazu von einem Ponton aus eingesetzt, auf dem das Trägergerät steht. Etwas ganz besonderes zeigt Bild **7.15.**13: 30 Vibrationsbäre, gleichzeitig betrieben, rammen jeweils eine gesamte Kreiszelle ein. Der Antrieb erfolgt elektrisch und die Stromversorgung wird durch eine Reihe von Dieselgeneratoren sichergestellt, die auf einem Ponton mitschwimmen.

Problematisch ist das Rammen von Schrägpfählen nach vorn. Die Ramme muß nach vorn geneigt werden und verändert dabei den Gerüstschwerpunkt erheblich. Eine besondere statische Überprüfung ist für jeden Einsatzfall erforderlich (siehe Bild **7.15.**14).

In günstigen Bodenverhältnissen können Spundbohlen auch eingepreßt werden. Das Einpressen erfolgt hydraulisch, wobei für ausreichende Rückverankerung Sorge zu tragen ist.

Den Abschluß dieser Besonderheiten stellt ein neuartiger Rammbär dar, der nicht mehr schlägt oder vibriert, sondern fest mit dem Rammgut gekoppelt ist und dieses durch schnelle Impulse (stufenlos regelbar) eindrückt. Dieser sogenannte „Impulsbär" wird sicher einmal der Rammbär der Zukunft sein: Er ist erheblich leichter, wirtschaftlicher, leiser und vielseitiger einsetzbar, hat nur einen Nachteil: er ist bisher noch nicht so robust, wie seine „klassischen Kollegen" (Bild **7.15.**15)

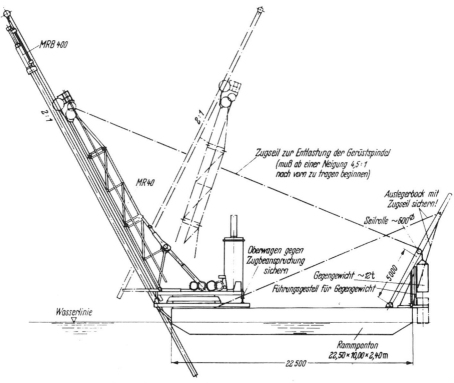

MRB 400

2:1

8:1

MR40

Zugseil zur Entlastung der Gerüstspindel
(muß ab einer Neigung 4,5:1
nach vorn zu tragen beginnen)

Auslegerbock mit
Zugseil sichern!

Seilrolle ~600ᵠ

Oberwagen gegen
Zugbeanspruchung
sichern

Gegengewicht ~12t

Führungsgestell für Gegengewicht

5000

Wasserlinie

Rammponton
22,50×10,00×2,40m

22 500

7.15.14   Einsatzskizze einer Schlagramme mit Neigung 2:1 nach vorn

7.15.15   Moderner Impulsbär [209]

7.16 Bohrgeräte

Auch hier sei zunächst auf die ausführliche Darstellung der Trockenbohrtechnik in [10] verwiesen. Generall ist zu unterscheiden zwischen:

> schlagendem Bohren
>> mit Bohrgreifer und Mantelrohr,
> drehendem Bohren
>> mit Spiralbohrer (kurz/lang),
> Gefäßbohren,
> Rotary-Bohren
>> mit Rollenbohrkopf.

Hinzu kommt in vielen Fällen das Problem der Standsicherheit der Bohrlochwand, d. h. des muß verrohrt werden, – wozu eine besondere Verrohrungsmaschine erforderlich ist (Bild **7.16.**1). In jedem Fall ist mit dem Bohren verbunden das Abfördern des gelösten Materials, das

> über ein Teleskopgestänge (beim Gefäßbohrer),
> über die Schneckenwendel (beim Spiralbohrer),
> drückend (beim Rotary-System) oder
> saugend (z. B. durch die Mammut-Pumpe)

erfolgen kann. Wichtige Kenngröße bei allen drehenden Bohrverfahren ist das Antriebsdrehmoment des Bohrkopfes. Hinzu kommt der vertikale Andruck, der einen großen Einfluß auf den Bohrfortschritt ausübt und erforderlich ist, um das Bohrwerkzeug zum „Greifen" zu bringen.

7.16.1   Verrohrungsmaschine

Im Wasserbau steht das sogenannte Großlochbohren (Durchmesser zwischen 1 und 5 m) im Vordergrund. Zwei Beispiele sollen das veranschaulichen:

- die Absenkung der Gründungspfähle beim Bau der Zeeland-Brücke in Holland –
für das Großlochbohren im *weichen* Untergrund und
- die Absenkung der Pfeiler beim Bau der Verladebrücke El Aaiun (Sahara) –
für das Großlochbohren in *hartem* Untergrund.

Bei der Zeeland-Brücke werden die Rohre in der Weise abgesenkt, daß ein Bohrkopf im Rohrinnern den Boden löst und eine Sauganlage ihn dann abtransportiert (Bild **7.16**.2). Das Gründungsrohr (Spannbeton) übernimmt die Sicherung der Bohrlochwand, und der Bohrkopf bohrt nicht „vor", sondern „nach", da das Rohr infolge seines hohen Eigengewichtes immer wieder ein Stück von selbst in den weichen Untergrund einsinkt und der Bohrer dann nur den durchfahrenen Boden lösen und für den Saugtransport aufbereiten muß. Der Bohrkopf ist eigentlich ein Schneidkopf mit 4 schrägstehenden rotierenden Messern in einfachster Form, die den eigentlichen Bohrvorgang ausführen. Es handelt sich zwar um einen Schneidkopf, – eher jedoch um eine Art „Rührwerk", einen Quirl, der für weiche Böden, noch dazu wassergesättigte, ausreicht (s. a. Abschn. 10.1).

Im Fall El Aajun ist die Situation insofern anders, als hier über die Festigkeit des Untergrundes zunächst keine Angaben vorlagen. So war vorgesehen, je nach der anzutreffenden Härte des Untergrundes

- die Rohre mit einem 20 t Freifallbär einzutreiben oder
- mit einem Rollenkopf mit wenigen kleinen Zahnrollen oder
- mit einem dicht mit kräftigen Zahnrollen besetzten Bohrkopf oder
- mit einem Kernbohrkopf

7.16.2 Vorbohren des weichen Untergrundes mit einer Schneidkopf-Sauganlage (oben am Kran hängend)

7.16.3 Einsetzen des Rollenbohrkopfes in das Bohrrohr

zu arbeiten. Für die angetroffene Härte (Seekreide) wurde dann ein Rollenbohrkopf nach Bild **7.16**.3 gewählt. Abgefördert wurde das Bohrklein im Lufthebeverfahren. Die einzelnen Rohrschusse des Bohrgestänges (mit einem Hohlraum-Durchmesser von 200 mm) hatten an ihrer Außenseite 2 Rohre für die Zuführung der Druckluft in den Bohrkopf.

Bild **7.16**.4 zeigt die Anlage in vollem Betrieb.

Um den nötigen Andruck für die Zahnrollen am Bohrkopf zu erzeugen, wurden sogenannte Schwerstangen bereitgehalten, die anstelle der normalen Rohrschüsse in das Bohrgestänge eingesetzt werden. Um harte Bodenwiderstände auf der Bohrlochsohle zu

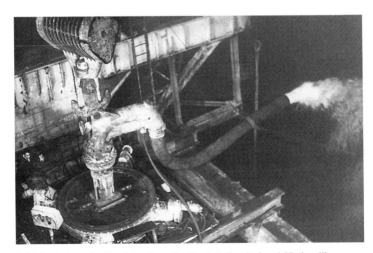

7.16.4 Anlage im Betrieb: oben der Drehtisch mit den 4 Hydraulikmotoren, rechts der Austritt des Saugrohres

beseitigen, und auch, um die erforderliche Standfestigkeit des Untergrundes und damit die notwendige Bohrtiefe zu kontrollieren, war eine Taucherkammer vorgesehen, die im Austausch gegen den Bohrer an das Bohrgestänge angeschlossen wurde und zur Untersuchung der Bohrlochsohle diente.

Die gesamte Bohranlage präsentiert den hohen technischen Stand der ausführenden Bauunternehmung. Außerordentlich beeindruckend ist, daß die gesamte Bohrzeit für 1 Loch mit Montage, Demontage und der reine Bohrvorgang nur etwa 10 Stunden (bei einer reinen Bohrzeit von nur etwa 4 Stunden) betrug, so daß alle 48 Stunden ein komplettes Brückenfeld von 45 m Länge hergestellt werden konnte. Der Durchmesser des Bohrkopfes betrug 2,50 m, der des Bohrloches 2,65 m. Das Drehmoment des Bohrtisches lag bei 38 mt (s. a. Abschn. 10.2).

7.17 Felsmeißel

Einen Felsmeißel einfachster Bauart erhält man durch Austausch der Schlagplatte eines Schnellschlagbärs durch eine Meißelspitze. Dazu gehört eine Bärführung – ein Mäkler –, ein Rammgerüst und ein Kompressor. Die gesamte Vorrichtung kann fahrbar auf einem Ponton angeordnet werden. Ein Meißelschiff ist meist mit mehreren schienenverfahrbaren Meißeln ausgerüstet und wird über Ankerwinden gehalten bzw. fortbewegt (Bild **7.17.**1).

7.17.1 Schnellschlagbär als Felsmeißel auf einem Meißelschiff

Moderne Felsmeißel-Anlagen arbeiten mit Hydraulikbären – ebenfalls umgerüstet für Meißelarbeiten – die an einem schwimmenden Tieflöffel hängen und von der Hydraulikanlage des Baggers mit Energie versorgt werden.

Die obigen Meißel-Einrichtungen verwenden schnellschlagende Meißel (ca. 100 Schläge/min) mit geringem Schlaggewicht und entsprechend geringer Schlagenergie (ca. 10–18 kNm). Wuchtigere Meißelschläge lassen sich mit schweren Fallmeißeln ausführen (Bild **7.17.**2). Sie haben ein Fallgewicht von 10–15 t und arbeiten mit einer Fallhöhe von 10–15 m. Die Wucht ihrer Meißelschläge ist groß (Fallenergie 300–500 kNm), aber die Schlagzahl ist gering (2–4 pro/min).

Dieser Nachteil führte zur Entwicklung des „Rammelaar", eines Meißel-Schiffes mit 16 Fallmeißeln zu je 60 t Fallgewicht, – in zwei Reihen auf einem Spezialponton (ohne eigenen Fahrantrieb) und

7.17.2   10-t-Freifallmeißel zum Aufbrechen von Rheinschiefer

nach einem genau berechneten Schlagprogramm wie eine Art „Drehorgel" betrieben (Bild **7.17**.3). Der Rammelaar steht während des Meißelbetriebes auf zwei Pfählen, die über Pfahlwagen verschiebbar sind. Die Fortbewegung erfolgt in der Weise, daß der Ponton über die im Pfahlwagen sitzenden Pfähle verschoben wird, wobei nicht der Pfahl, sondern der Ponton, und zwar quer zu seiner Längsrichtung, in die nächste Arbeitsposition auswandert.

Nachteil der (schweren) Fallmeißel ist, daß sie selten das einmal aufgeschlagene Loch treffen und daher in ihrer Meißelwirkung streuen. Der Schnellschlagmeißel dagegen bleibt beim Schlagen im gleichen Loch und hat so eine sehr konzentrierte Schlagwirkung – aber eben eine (wegen des gekapselten Schlagkolbens) geringe Schlageffizienz, wenn auch mit wesentlich höherer Schlagzahl. Das eine ist also mehr mit einer Trommel, das andere mehr mit einer Pauke zu vergleichen. Die Meißelspitzen unterliegen sehr hohem Verschleiß und müssen oft ersetzt werden (Bild **7.17**.4).

7.17.3   Die Fallgewichte des Meißelschiffes in der Schiffsführung

7.17.4   Die Meißelspitzen der 60 t-Fallgewichte

8 Spezialgeräte

8.0 Überblick

Die in Kapitel 7 behandelten Geräte stellen die Normalausrüstung im maschinellen Wasserbau dar. Darüber hinaus gibt es Spezialgeräte, die in nur wenigen Ausführungen gebaut wurden und eigentlich dem umgekehrten Weg der Lösungsfindung für ein Wasserbauprojekt entsprungen sind. Normalerweise wird aus dem vorhandenen Gerätepark die maschinelle Ausrüstung für eine Baustelle zusammengestellt. Bei Spezialgeräten verläuft der Weg meist umgekehrt: Es entsteht das Konzept einer Bauausführung, und danach erhebt sich die Frage: Wie kann man es machen? – Welche maschinellen Operationen (Grundoperationen!) braucht man dafür, und wie müssen die maschinellen Einrichtungen dafür beschaffen sein.

Die folgenden Geräte stammen zum Teil aus dem umfassenden Projekt „Delta-Plan" in Holland. Sie liefern ein Beispiel dafür, wie für spezielle Arbeitsvorgänge („Teilbetriebe") Maschinen entwickelt wurden, die es bisher noch nicht gab. So sind das z. B. in dem Projekt „Oosterschelde-Sperrwerk"

- das Verdichtungsschiff Mytilus zur Verdichtung der Sandschüttungen unter Wasser für die Pfeilergründung,
- das Grundsaugeschiff Macoma zur Einebnung und Glättung des Meeresgrundes für die Mattenverlegung,
- das Mattenverlegeschiff Cardium zum Verlegen von bis zu 400 × 20 m großen Gründungsmatten als Schutz gegen die Auskolkung des Baugrundes,
- das Universalschiff Jan Heijmans zur Herstellung und Verlegung von Kolkmatten und Steinschüttungen,
- das Pfeilertransportschiff Ostrea für den schwimmenden Transport der 18 000 t schweren Pfeiler,
- das Steinverlegegerät Trias für die Verlegung von bis zu 10 t schweren Steinen als Fußsicherung der Pfeiler,
- das Mattentransportschiff Sepia zum schwimmenden Transport von 400 × 20 m großen Gründungsmatten.

Was das Bauwerk „Oosterschelde-Sperrwerk" so bemerkens- und bewundernswert macht, ist die „Verfahrenstechnik", – die Umwandlung der operativen Leitidee, – der ersten genialen Gedanken über die Bauausführung mit den riesigen Dimensionen bis hin zu den dafür notwendigen Maschinen und Geräten. Daß das „Ausknobeln" guter verfahrenstechnischer Gesamtkonzepte auch sehr viel Wissenschaftlichkeit und Ingenium und dazu eine ganze Menge Mut, Verantwortungsbewußtsein und Sinn für das praktisch Machbare erfordert, – das sei hier besonders herausgestellt (Die „Geschichte" des Bauwerkes wird in Kapitel 10 dargestellt!).

8.1 Verdichtungsschiff Mytilus

Der tragfähige Baugrund für die Pfeiler mußte weitgehend erst geschaffen werden: teilweise durch Bodenaustausch, fast immer aber durch Nachverdichtung des vorhandenen Sandes. Im gesamten Gründungsbereich mußte ein konsolidiertes Sandbankett geschaffen werden, das mit seiner Oberfläche die Pfeilergründung bis zu 30 m unter Wasser ermöglichte. Dazu wurde die Mytilus (Bild **8.1**.1) entwickelt, ein Schiff mit 4 Tiefenrüttlern, wie sie in ähnlicher Form z. B. schon beim Assuan-Damm zur Bodenverdichtung unter Wasser eingesetzt worden waren.

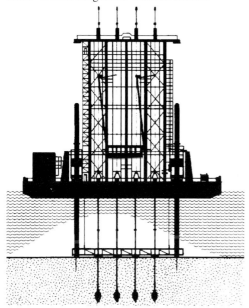

8.1.1   Verdichtungsschiff Mytilus

8.1.2   Rüttelkopf der Mytilus

Das Schiff trug auf einem Ponton 88 × 33 m an einem 50 m hohen Portalrahmen 4 Verdichtungs-„Nadeln" im Abstand von je 6,5 m, die aus 42,5 m langen Rohren mit 50 cm Durchmesser bestanden und oben je einen Vibrationsbär MS 120 (120 t Fliehkraft) und unten einen Rüttelkopf (Bild **8.1**.2) von 2,10 m Durchmesser trugen. Auf diese Weise konnte jeweils eine Fläche von 6 × 25 m in einer Tiefe bis zu 15 m und ingesamt eine durchgehende Gründungsfläche von 78 m Breite verdichtet werden. Geführt wurden die Nadeln auf dem Meeresboden durch einen Querbalken. Dieser stand über 2 Führungspfählen mit dem Ponton in Verbindung.

Die Rüttler arbeiteten mit einer Frequenz von 25 Hz und einer Amplitude von bis zu 8 mm. In 3 Jahren wurde eine Fläche von 250 000 m² (1,9 Mio. m³) verdichtet, im extremen Fall bei 30 m Wassertiefe um zusätzliche 15 m, d. h. bis auf minus 45 m unter dem Wasserspiegel.

Die Mytilus kostete 40 Mio. hfl, besaß ein automatisches Positionierungssystem mit einer Toleranz von 0,3 m und konnte bis Windstärke 7 und Strömungsgeschwindigkeit 2 m/s arbeiten.

8.2 Grundsaugeschiff Macoma

Die Macoma (Bild **8.2.**1) war das wichtigste Schiff in der Bauflotte. Ihre Aufgabe war es, zur genauen Positionierung der Matten, Balken und Pfeiler den „Fixpunkt" für die Verlegeschiffe abzugeben; hinzu kam als weitere Aufgabe, den inzwischen wieder angeschwemmten Sand vor dem unmittelbaren Absenken der Pfeiler auf die obere Matte abzusaugen, damit die Kontaktzone möglichst frei von Sand war.

8.2.1   Positionierschiff Macoma mit Grundsaugeinrichtung

Sowohl die „Cardium" (zum Verlegen der Gründungsmatten) wie die „Ostrea" (zum Verlegen der Pfeiler) wie der Schwimmkran (zum Verlegen der Querbalken) mußten im Wasser eindeutig fixiert werden (Gezeitenstrom!), damit die abgesenkten Bauteile exakt dort zu liegen kamen, wo sie liegen sollten.

Man mache sich klar, welche Anforderungen in der Praxis damit verbunden sind: Da mußten 200 m lange und 40 m breite „Teppiche" in einer Stärke von 36 cm bis zu 35 m tief unter der Wasseroberfläche mit einer maximalen Höhendifferenz von 30 cm (auf 200 m Länge!) und einer maximalen Unebenheit (innerhalb der Mattenfläche) von 15 cm verlegt werden, und da mußten 18 000 t schwere Pfeiler mit einer Grundfläche von 50 × 25 m zentimetergenau auf die obere Gründungsmatte aufgesetzt werden – mit einem Achsabstand (von Pfeiler zu Pfeiler) von genau 45 m! Das alles war nur möglich, wenn beim Verlegen in der hin- und hergehenden Strömung ein Fixpunkt da ist, der die exakte Positionierung von Matten, Pfeilern und Balken unabhängig von den schwankenden Umgebungsbedingungen garantiert.

Die Macoma ist Festmachponton, Ankerschiff und „Staubsauger" in einem (Bild **8.2.**2). Die maximale Arbeitstiefe betrug 40 m, Kosten für die Macoma waren ca. 45 Mio. hfl.

8.2.2   Saugvorrichtung der Macoma (angekoppelt an Ostrea)

8.3 Mattenverlegeschiff Cardium

Die Cardium hatte 2 Aufgaben:

- Verlegen der Gründungsmatten (Filtermatten)
  untere Matten 200 m × 42 m × 36 cm
  obere Matten 60 m × 31 m × 36 cm
- Absaugen und Egalisieren der Auflagenfläche für die
  unteren Filtermatten auf möglichst genaue Höhe.

Zum Verlegen der Filtermatten hat das Gerät, das aus einem 82 × 68 m großen Ponton besteht, am hinteren Ende eine Aufnahmevorrichtung für einen Stahlzylinder von 42,5 m Breite und 16 m Durchmesser, auf den die Filtermatten aufgerollt zur Verlegung angeliefert wurden (Bild **8.3.**1). Im Durchschnitt mußten pro Woche 20 000 m² verlegt werden.

Der besonders interessante Teil dieses Spezialschiffes ist der vorn angebrachte Saugrüssel. Er besitzt auf der Vorderseite (in Fahrtrichtung) zum Absaugen des groben Materials 12 Saugdüsen mit insgesamt 44 m Breite, auf der Rückseite (wechselweise eingesetzt) für das feinere Material 10 Düsen mit zusammen 36 m Breite (Bild **8.3.**2). 10 Baggerpumpen an Bord geben ihm eine Saugleistung von 40 000 m³/h (Gemischleistung). Im praktischen Einsatz kann diese Saugeinrichtung ca. 8000 m³/h festes Material absaugen. Das Gerät erreicht eine Saugtiefe bis zu 32 m. Die Cardium ist von den neu entwickelten Arbeitsschiffen dasjenige, das die größten Kontraste in seiner Anwendung aufweist: An der Vorderseite ist es ein Saugbagger, an der Rückseite ein Mattenverlegeschiff (Bild

8.3.1 Mattenverlegeschiff Cardium

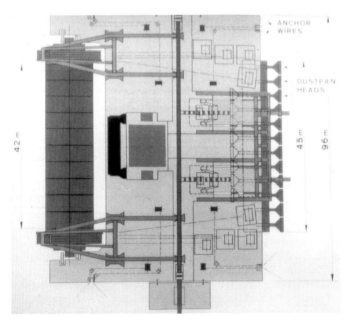

8.3.2 Schemaskizze der Cardium

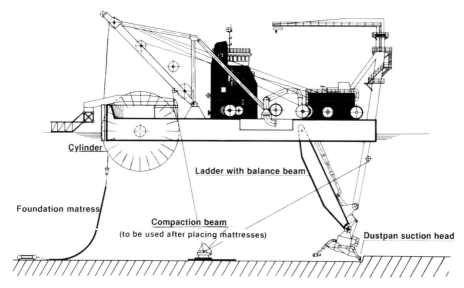

8.3.3 Arbeitsweise der Cardium [66]

8.3.3). Der Ponton ist so groß wie ein halber Fußballplatz, die Kommandobrücke vergleichbar mit einem sechsstöckigen Haus.

Das Schiff hat keinen eigenen Antrieb, sondern wird während der eigentlichen Arbeit an Ankerkabeln über Seilwinden bewegt. Die horizontal zulässige Abweichung vom Soll-Kurs (ideale Steuergerade) beträgt vorn (für den Saugrüssel) 50 cm, hinten (für die zu verlegenden Matten) 100 cm, in der Höhe 30 cm. Bei der exakten Einnahme der Ausgangsposition und zum Festhalten des Kopfbalkens an der Matte hilft die Jan Heijmans. Beide Schiffe arbeiten beim Mattenverlegen zusammen und werden intern als „Carjan" („Cardium" + „Jan Heijmans") bezeichnet. Die Anschaffung der Cardium allein kostete 92 Mio. hfl.

8.4 Universalschiff Jan Heijmans

Die Jan Heijmans ist das älteste, nun zum 3. Mal umgebaute Arbeitsschiff in diesem Revier. Ursprünglich wurde sie als Verlegeschiff für 4 m breite Streifen von Gußasphalt und Sandasphalt (als wasserundurchlässiger Bodenschutz) gebaut (Bild **8.4.**1). Ihre Einbauleistung betrug damals ca. 250 t/h, wobei das bituminöse Mischgut in einer eigenen Fabrik an Deck hergestellt und über einen langen Rüssel mit unten angeordneten Verteilerschnecken auf dem Meeresboden ausgebreitet wurde.

In der 2. Version war die Jan Heijmans dann eine schwimmende Fabrik zur Herstellung von sogenannten Fixtone-Matten mit bis zu 220 m Länge und 17 m Breite (Bild **8.4.**2).

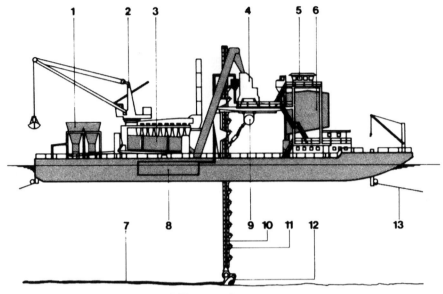

1 Sand	8 Bitumentanks
2 Umschlagkran	9 Kocher
3 Trockentrommel	10 Rohr
4 Mischer	11 Füllöffnung
5 Hauptkommandostand	12 Verteiler mit Fühler
6 Füllertank	13 Ankerseil
7 Gussasphaltschicht	

8.4.1   Universalschiff Jan Heijmans (Ausführung 1) [209]
(Verlegen von Gußasphalt-Teppichen unter Wasser)

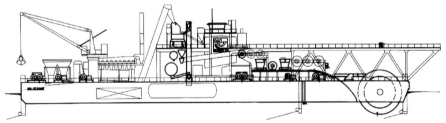

8.4.2   Jan Heijmans (Ausführung 2) als schwimmende Mattenfabrik und Mattenverlegevorrichtung [209]

Diese Matten waren schon „Filtermatten", die – im Gegensatz zu den ursprünglich verlegten Mastix-Schichten – nun wasserdurchlässig waren und einen Wasserüberdruck unter dem Bodenschutz und damit ein Ausschwemmen des Sandes unter den Matten verhindern sollten. Das Schiff hat damals 2,3 Mill. m^2 Matten in 3 Jahren verlegt. Die Matten waren 12 cm dick und hatten ein Gewicht von 800 t und bestanden zu 80% aus Schotter (20/40 mm) und zu 20% aus einem Sand-Asphalt-Gemisch.

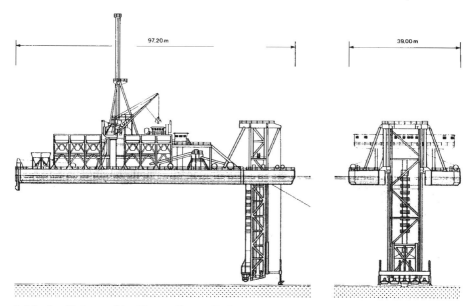

8.4.3 Jan Heijmans (Ausführung 3) zum Verlegen und Verdichten von Schotterschichten unter
Wasser [66]

Nach Änderung des Baukonzeptes an der Oosterschelde wurde die Jan Heijmans umgebaut zum Verlegen von Kies und Schotter unter Wasser in bis zu 35 m Tiefe (Bild **8.4.**3),
als es erforderlich wurde, die Zwischenräume zwischen den Pfeilergründungsmatten aufzufüllen. Das Schiff hatte dann eine Länge von 97,20 m, seine Breite betrug 23,30 m und
sein Tiefgang 5,50 m.

Die von der Jan Heijmans verlegten „Filtermatten" wurden nun nicht mehr an Bord vorgefertigt, sondern lose geschüttet. An Arbeitsgeräten waren an einem gitterartigen, auf
den Meeresboden bis ca. 40 m Tiefe absenkbaren Turm angeordnet:

  – eine Entsandungsanlage, bestehend aus einer 18 m breiten, in 5 Ab-
    schnitte aufgeteilten Spülanlage, die mit Hilfe eines Wasser-Luftgemi-
    sches den Sand auf den Matten aufwirbelt und wegspült; diese Vorrich-
    tung konnte eine Sandablagerung von bis zu 50 cm Höhe in einem Ar-
    beitsgang „wegblasen";
  – eine 4 m breite Schüttvorrichtung zum Anschütten der (seitlichen)
    Längsränder der Matten;
  – eine Schüttvorrichtung 1 (für Kiessand) mit einer Schütthöhe von 85 cm,
    mit 9 m breitem Verteil- und Dosierapparat;
  – eine Schüttvorrichtung 2 (für Grobkies) mit 40 cm Schütthöhe und eben-
    falls 9 m Breite.

Mit seiner speziellen Verlegeeinrichtung ist das Schiff in der Lage, lockere Filterschichten in exakt definierte Stärke gezielt auf dem Meeresboden auszubreiten. Die Schüttge-
schwindigkeit in Fahrtrichtung beträgt 5 m/min, und die Jan Heijmans kann eine 85 cm
hohe Lage Kiessand mit einer Leistung von 2200 t/h aufbringen.

Die Dosier- und Verteilanlage, die quer an dem von oben kommenden Schüttrohr aufgebaut ist, besteht aus einer rotierenden Stahlwalze. Zum Schluß wird durch die Schüttvorrichtung eine ebenfalls 9 m breite, aber nur 1 m starke Schicht aus 3500 t Bruchsteinen
(40–230 mm Durchmesser) geschüttet. Am Querbalken der Entsandungsanlage befinden sich 18 Echolote zur genauen Höhenaufnahme der Bodenoberfläche.

8.5 Pfeilertransportschiff Ostrea

Die Ostrea (Kranschiff für Transport und Verlegen der Pfeiler) ist das Flagschiff der
Oosterschelde-Flotte. Die 18 000 t schweren Pfeiler wiegen im Wasser nur noch 11 000 t
und das ist die Hubkapazität des Schiffes. Mit eingehängtem Pfeiler wird ein Tiefgang
von 12 m erreicht. Das macht für die Fahrtroute des Schiffes vom Trockendock bis hin
zur Verlegestelle wegen der oft geringen Wassertiefe große Umwege erforderlich. Mit
Hilfe der Macoma, an die die Ostrea beim Absenkvorgang angekoppelt wird, ist eine
Verlegegenauigkeit von max. 10 cm (!) Abweichung vom Soll erreicht worden (Bild
8.5.1).

8.5.1 Pfeilertransportschiff Ostrea

Die Ostrea besteht aus einem U-förmigen Ponton, der 80 m lang, 47 m breit und 12,5 m
hoch ist. Der U-förmige Grundriß des Schwimmkörpers läßt in der Mitte eine 70 m lange
und 22 m breite Öffnung zur Aufnahme eines Pfeilers frei. Die beiden Längsholme des
U-Rahmens sind durch 2 Portalkrane, 36 und 24 m hoch, miteinander verbunden, die an

8.5.2   Ostrea angekoppelt an Positionierungsschiff Macoma

4 je 28mal eingescherten Flaschenzügen die Pfeiler tragen (Bild **8.5**.2). Die Klauen des Hubgeschirrs (Bild **8.5**.3) greifen in die Hubnocken der Pfeiler ein. Jedes Hubgeschirr wird von einer Winde mit 315 kW Antriebsleistung betätigt. Während des Transportes wird der eingehängte Pfeiler durch 10 hydraulische Puffer innerhalb des U-Rahmens seitlich arretiert.

8.5.3   Hubgeschirr der Ostrea

Die Ostrea ist selbstfahrend und wird über 4 Schrauben mit insgesamt 5300 kW angetrieben. Sie kostete 72,5 Mio. hfl. Auch an Bord der Ostrea befindet sich ein sehr genau arbeitendes Positionierungssystem, das eine Steuergenauigkeit des Schiffes bis zu 5 cm Abweichung ermöglicht. Das Schlingern und Krängen des Pontons wird durch einen eigenen Bordcomputer ausgeglichen.

8.6 Blockverlegegerät Trias

Ebenfalls zum Verlegen von Steinen, nun jedoch in der Größenordnung 1–10 t, ist die Trias entwickelt worden (Bild **8.6.**1). Sie besteht aus einem Ponton mit einem umgebauten Seilbagger, der über einen teleskopierbaren Rohrausleger ein „Gefäß" – ähnlich wie ein Gradall arbeitend – exakt unter Wasser führen und so die schweren Steine ohne Beschädigung der Pfeiler direkt und unmittelbar an den gewünschten Stellen des Pfeilerfußes und der Schwellenbalken ablegen kann.

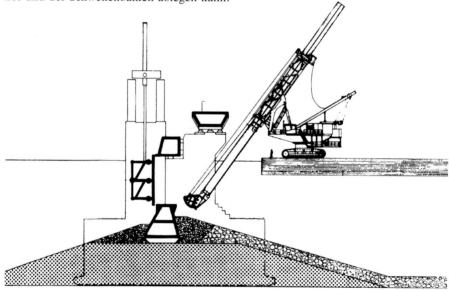

8.6.1 Einsatzschema des Steinverlegeschiffes Trias

Die Trias besitzt 3 „Werkzeuge", einen Gitterkorb für Steine 1–6 t (Bild **8.6.**2), einen Netzkorb für Steine 8–10 t und einen Tragring für Kunststoffbehälter, mit denen „Asphaltkissen" (Asphaltmastix in Nylonsäcke verpackt) zum Schutz der exponierten Betonteile (Pfeiler, Schwellenbalken) gezielt unter Wasser eingebracht werden können.

Auf einem elektronischen Anzeigegerät (Monitor) kann der Maschinist die Verteilung der Steine usw. in jeder gewünschten Position direkt verfolgen. Er bekommt jeweils ein genau ausgearbeitetes Verlegeprogramm, das ihm die Verfahrensweise seiner „blinden" Arbeit und Wasser exakt angibt. Das Verlegegefäß wird von seitlich beiliegenden Pontons mit einem Schaufellader beladen.

8.6.2   Transportgefäß der Trias (Gitterkorb)

Gekostet hat die Trias 8 Mio. hfl, mit dem Ponton zusammen 15 Mio. hfl. Die Arbeitsweise des Gerätes ähnelt etwa der eines Menschen, der sich in die aufgehaltene hohle Hand ein paar Kieselsteine hineinlegt, um sie dann mit ausgestrecktem Arm unter Wasser an einer bestimmten Stelle weich abzulegen (Bild **8.6**.3).

8.6.3   Trias im Einsatz

8.7 Mattentransportschiff Sepia

Zum Verlegen der Deckelmatten 200 × 31,5 m (zum Schutz der mit Kies und Schotter aufgefüllten Fugen zwischen den Filtermatten der einzelnen Pfeilergründungen) diente ein Schiffsverband, bestehend aus „Sepia", „Donax I" und „Macoma". Dabei übernahm die Sepia (Bild **8.7.**1) die mit einem Stahlzylinder von 10 m Durchmesser der Jan Heijmans ausgerüstet war (als diese noch als schwimmende Mattenfabrik fungierte) den Transport der Deckelmatten von der Fabrik zur Verlegestelle. Zum Ausrollen wurde dann der Ponton an die Donax I gekoppelt und diese wieder wurde von der Macoma genau positioniert (Bild **8.7.**2).

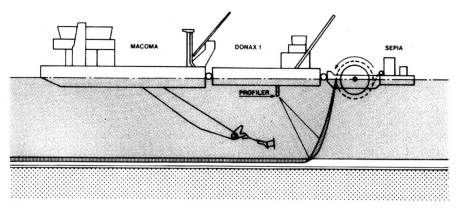

8.7.1 Schiffskombination Sepia – Donax – Macoma beim Verlegen von Matten

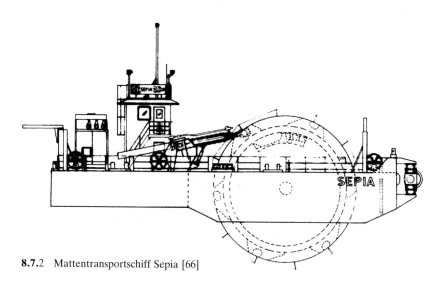

8.7.2 Mattentransportschiff Sepia [66]

8.8 Mattenverlegeschiff Donax

Es gab 2 Pontons, die speziell auf die stählernen Transportzylinder von 10 m, später 16 m Durchmesser für die Matten zugeschnitten waren: Dos I (später umbenannt in Donax I) und Dos II (später umbenannt in Donax II).

Die Donax I (Bild **8.8.**1) wurde auch zum Verlegen der Ausgleichsmatten (zum Höhenausgleich zwischen Filtermatten und Pfeilerfuß) verwendet. Diese Matten wurden im aufgerollten Zustand von der Donax II zur Verlegestelle gebracht (ähnlich wie es die Sepia mit den Deckelmatten machte). Zur Positionierung der Ausgleichsmatten wurde ebenfalls die Macoma eingesetzt. –

Soweit die Spezialschiffe für den Bau des Oosterschelde-Sperrwerkes. Einzelheiten siehe [59].

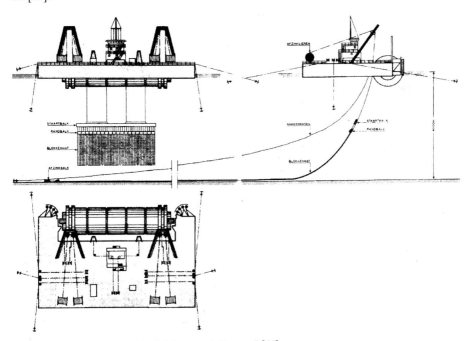

8.8.1 Verlegen von Betonblock-Matten mit Donax I [66]

8.9 Steinschüttschiffe

Für den Bau von Molen wurden 2 Schiffstypen entwickelt, die auf einem Grundmodell für den Schiffskörper aufbauen und sich nur in ihrem Anwendungszweck unterscheiden:

- das Steinschüttschiff soll in Querfahrt Schüttgutmaterial für die Gründung der Molenfüße gleichmäßig auf den Meeresboden auftragen (Bild **8.9.**1)

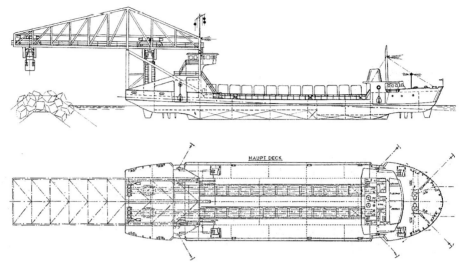

8.9.1 Blockverlege- (oben) und Steinschüttschiff (unten) mit baugleichen Schiffskörpern [55]

– das Blockverlegeschiff soll Betonblöcke bis 43 t Gewicht zum Schutz der Molenkrone im Gezeitenbereich verlegen (Bild **8.9**.2).

Die beiden Schiffstypen (mit gleichem Schiffsrumpf) haben folgende technischen Daten:

Länge ca. 80 m
Breite 20 m
Tiefgang 3,85 m (bei 2000 t Last)
Fahrgeschwindigkeit 10 kn

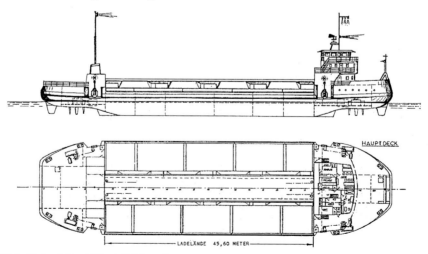

8.9.2 Steinschüttschiff mit Schüttwalzen

8.9.3 Schütten der Steine in Querfahrt (über Dosierwalzen)

Um eine Beweglichkeit in allen Fahrtrichtungen zu gewährleisten sind die Schiffe mit
Voith-Schneider-Antrieb ausgerüstet. Das Steinschüttschiff war anfangs mit Dosierwalzen versehen (Bild **8.9**.3), später wurden die Steinbehälter nur noch angehoben (Bild
8.9.4), und in der letzten Ausführung trug es auf Deck, von einem Längsholm in der
Mitte ausgehend, nach beiden Seiten je 4 hydraulisch ausfahrbare Planierschilde, die das
vor ihm auf Deck liegende Schüttmaterial möglichst gleichmäßig in Querfahrt über die
Seitenborde ins Wasser schieben. Die Fahrgeschwindigkeit des Schiffes in Querrichtung
beträgt dabei 2 kn. Die beiden Voith-Schneider-Propeller haben eine Antriebsleistung
von 1200 PS. Die Hydraulikzylinder zum
Ausfahren der Planierschilde haben
einen Hub von je 5,8 m und eine Geschwindigkeit von 1 m/min. Damit kann
die gesamte Steinladung in 6–7 Minuten
über Bord geschoben werden. Gesteuert
und positioniert werden die Schiffe über
das sogenannte Decca-Hi-Fix-System
mit einer bis auf 1 m genauen Positionsanzeige.

8.9.4 Auskippen der Schüttelbehälter

8.10 Blockverlegeschiffe

Diese Maschinen müssen für den speziellen Zweck der Molenkronensicherung 43 t schwere Betonblöcke vom Ladekai aufnehmen, in die vorgesehene Position auf See hinausfahren und dort vorsichtig absetzen. Das Ladedeck hat 2 je 43 m lange Bahnen für je 12 Betonblöcke. Zur Aufnahme der Blöcke dienen 2 kranartige Ausleger von 28 m Länge, die die Blöcke zunächst auf eine Art Fahrstuhl laden, mit dem sie über 20 m Höhenunterschied auf Deckhöhe herabgelassen und dann mit 2 Schienenwagen in die endgültige Transportposition gebracht werden (Bild **8.10.**1).

8.10.1 Blockverlegeschiffe Norma und Libra mit Verladekran für 60-t-Betonblöcke

Das Entladen geschieht dann genau umgekehrt, wobei die Heck-Krane jetzt das Absenken der Blöcke übernehmen. Diese Arbeit muß sehr langsam und weich durchgeführt werden, damit die Blöcke beim Auftreffen nicht zerspringen und ihre Stabilität gegen Wellenschlag einbüßen. Gesteuert wird das Schiff ebenfalls über Decca-Hi-Fix; um eine maximale Verlegegenauigkeit zu erreichen, wird das Schiff unmittelbar vor der Mole seitlich verankert und zur Feinkorrektur über Ankerseile bewegt (Bild **8.10.**2). (Siehe auch Bild **8.9.**1).

8.10.2 Transportfläche für 24 Betonblöcke

8.11 Kabelbahn

Um beim Verlegen von Steinschüttungen, Blocksteinen und Betonblöcken unabhängig von den Witterungseinflüssen (Wind, Nebel, Wellen usw.) zu sein, hatten die Holländer im Rahmen des Delta-Projektes Kabelbahnen eingesetzt, die sich insofern von den üblichen Seilbahnen unterschieden, als die Transportkabinen selbstfahrend waren und 2 starke Tragkabel (hier 92,2 mm Durchmesser) als „Fahrbahn" erhielten. Solche Kabelbahnen wurden mit großem Erfolg zunächst beim Grevelingen-Damm, später beim Brouvershaven-Damm und schließlich auch beim Bau des Oosterschelde-Dammes (erstes Projekt!) eingesetzt.

Die ursprüngliche Ausführung zeigt Bild **8.11**.1: Eine Gondel (selbstfahrend, mit Dieselmotor angetrieben und mit Fahrwerksrollen ausgerüstet) transportiert Steinschüttmaterial in einem an 4 Seilen aufgehängten Stahlnetz, das zum Entladen nach der einen Seite hin abgelassen wird. Das Tragkabel ist an einem Ende fest verankert, am anderen Ende an je einem Gegengewicht befestigt. Für die Kabelbahn über das Haringvliet wurde eine modifizierte Verankerung verwendet. Die Gegengewichte dienten jeweils zur Aufrechterhaltung ausreichender Kabelspannung.

Als Transportgut diente zunächst Felsausbruch, später je Gondel 4 Behälter mit „künstlichen Steinen" (mit Asphalt verbackene Sandmischung) (Bild **8.11**.2) und dann je 2,5 t schwere Betonblöcke (Bild **8.11**.3). Von Einsatz zu Einsatz wurden Konstruktion und

8.11.1 Ursprüngliche Ausführung
mit Hängenetz

8.11.2 Schütten künstlicher Steine

8.11.3   Neue Gondel mit 15 t Nutzlast (6 Blöcke je 1 m³) und Gasturbinen-Antrieb

Aufwendung verbessert. So wurde z. B. der Dieselmotor jeder Gondel mit 1000 kg Gewicht durch eine Gasturbine (92 kg Gewicht) ersetzt und dabei die Nutzlast von 10 t auf 15 t (bei gleichbleibendem Gesamtgewicht der Gondel von 30 t) gesteigert. Durfte anfangs nur eine Gondel in jedem Stützenabschnitt fahren, so waren es später jeweils zwei, und während anfangs nur eine Beladestation vorhanden war und die Gondeln leer zurückfuhren, hat man sie später in einer zweiten Beladestation auch für die Rückfahrt beladen. Durch die systematische und stufenweise durchgeführte Verbesserung gelang es, die Transportleistung von 100 t/h auf 1000 t/h zu steigern. Hinzu kam, daß für den Abkippvorgang der je 6 Betonblöcke eine elektronische Zeitsteuerung eingerichtet wurde, die das Lösen der Blöcke so steuerte, daß (durch das Entlasten der Gondeln) im Kabel minimale Schwingungen auftraten (Bild **8.11.**4). Verankert wurde jedes Tragkabel über 10 Vorspannkabel mit insgesamt 2500 t Bruchlast, wobei die Verankerung eines Tragkabels für 900 t Zugkraft berechnet war. Für den Betrieb wurde eine Zugkraft von 300 t als Vorspannung im Kabel zugrundegelegt.

8.11.4   Programmgesteuerte Schüttfolge für die Betonblöcke

8.12 Taucherschiffe

Der Gedanke ist uralt: Schon Aristoteles sprach davon, daß man sich „unter einem umgekehrten Kessel tief ins Wasser herablassen kann". Um eine solche Taucherglocke, vertikal beweglich an einem Schiff montiert, handelt es sich hier: Das Taucherschiff (Bild **8.12.**1) besteht aus einer speziell dafür entwickelten Taucherglocke, einem Glockengerüst, der Maschinenanlage und dem Schiffskörper. Die Taucherglocke wieder ist in einen unteren und einen oberen Raum unterteilt. Im unteren Raum wird gearbeitet (Abmessungen 7 × 4 m), der obere Raum enthält 4 Luftschleusen zur Anpassung der Arbeiter an den veränderten Luftdruck (Bild **8.12.**2). Um den Wassereintritt in die abgesenkte Taucherglocke zu verhindern, muß der Luftinnendruck in der Kammer der Höhendifferenz zwischen Wasserspiegel und Arbeitsebene in der Kammer entsprechen. Die beiden Räume sind durch einen Glockenhals miteinander verbunden. Die Glocke selbst wiegt 84 t und ist über Gelenkketten im Glockengerüst aufgehängt. Der Schiffskörper ist 34,5 m lang, 9,0 m breit und hat 1,3 m Tiefgang.

8.12.1   Taucherschiff „Krokodil" auf dem Rhein

In Deutschland sind z. Zt. zwei derartige Schiffe eingesetzt. Sie haben die Aufgabe, die Wassertiefe des Rheines in der Schiffahrtsrinne auf mindestens 1,4 m aufrecht zu halten. In der Rheinstrecke zwischen Bingen und Koblenz drücken die beiderseitigen Talhänge des Schiefergebirges in den Flußlauf und heben die Rheinsohle immer wieder an. Es handelt sich also um einen dem Grundbruch in einer Baugrube vergleichbaren Vorgang.

Ein solches Taucherschiff wurde 1934 auch in Düsseldorf eingesetzt, um die Rheinsohle von Steinen und Felsbrocken zu befreien. Über die Eindrücke bei der „Befahrung" dieses Schiffes ist in einer damaligen Tageszeitung folgendes zu lesen: „Zunächst kamen wir in die Schleusenkammer. Nachdem wir den gleichen Luftdruck mit dem Taucherschaft hatten, stiegen wir die Treppe zur Taucherglocke hinunter. Ein unheimliches Rauschen umfing uns. Die Glocke wird herabgelassen. Von den Spills hört man das Rattern der

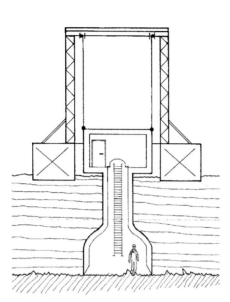

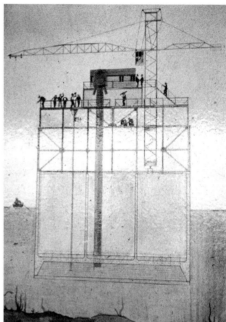

8.12.2 Prinzip des Taucherschachtes

8.12.3 Taucherglocke, schwimmend, beim Umsetzen in eine andere Position

Ketten, die Taucherglocke geht tiefer. Nur noch etwa 1 m unter uns fließt das graulich-grüne Wasser des Rheines. Wir gehen tiefer bis auf 2,35 m, denn soweit muß die Fahrt-rinne sauber sein. Da, – ein Rumoren, ein Krachen: Der Rand der Taucherglocke ist auf einen großen Felsbrocken gestoßen... Wir haben den mächtigen Felsblock nun genau unter uns. Ein großer Steinblock zeigt sich, das restliche Wasser fließt ab. Von Deck kommen einige Arbeiter herunter. Der Preßluftbohrer wird angesetzt. Wir können jetzt auf die Rheinsohle, die sonst aus Kies besteht, herunterspringen... usw."

Soweit der Stimmungsbericht aus der Taucherglocke. Ein ähnlicher Einsatz, jedoch von einer Hubinsel aus und auf 24 m Sohltiefe, wurde in Amsterdam beim Bau des Ij-Tun-nels neben dem Hauptbahnhof durchgeführt. Die „Atmosphäre" in einer solchen Tau-cherglocke, unterlegt durch das Wasserrauschen von außen, ist ein beeindruckendes Er-lebnis, – verbunden mit dem Gefühl, daß man tief unten auf dem Flußgrund (fast) trok-kenen Fußes sich fortbewegen kann!

Normalerweise sind Taucherglocken starr geführt, – entweder am Schiff oder im Erdbo-den. Eine selbstschwimmende Taucherglocke ist in Bild **8.12**.3 dargestellt. Ortsverände-rungen müssen hier mit Schlepperhilfe durchgeführt werden.

8.13 Amphibien-Bulldozer

Immer mehr sind Bauaufgaben im Wasser zu bewältigen, die sich schwimmend nicht lösen lassen, weil entweder die erforderliche Wassertiefe nicht vorhanden ist oder die sonst übliche Naßbaggerflotte (Kapitel 7) nicht zur Verfügung steht. Der Trend weist dabei vom Ufer oder Strand ausgehend immer mehr in die Tiefe, um schließlich nicht nur mit dem Bauen am oder im Wasser, sondern auch unter Wasser fertig zu werden. Denn dort liegt das „Bauerwartungsland" der Zukunft.

Während die normale Planierraupe bis etwa 1 m Wassertiefe eingesetzt werden kann, bewältigt die Schürfraupe mit entsprechender Wateinrichtung bereits bis zu 1,8 m Wassertiefe. Den nächsten Schritt stellt der Amphibien-Bulldozer dar, der zwar in Japan groß geworden ist, aber hier und da bereits in Europa eingesetzt wurde (Bild **8.13.**1). Dieses Gerät (Anschaffungspreis zur Zeit ca. 700 000 DM) wiegt über Wasser 34 t und unter Wasser 27 t, entwickelt eine Fahrgeschwindigkeit von 8 km/h, eine Steigfähigkeit bis 25° und einen Bodendruck von 0,6 kg/cm^2 über Wasser. Angetrieben wird er von einem 270 PS Dieselmotor, wobei die Verbrennungsluft über einen Schnorchel aus der Atmosphäre angesaugt wird. Das Planierschild ist – zum besseren Festhalten des unter Wasser gelösten Bodens – als Klappschaufel ausgebildet und kann bis zu 3,8 m^3 Boden transportieren.

8.13.1 Amphibien-Bulldozer mit 4-m-Schnorchel [210]

Der Antriebsmotor ist vollständig gekapselt und zur Entfernung von Schwallwasser mit einer automatisch arbeitenden Lenzpumpe versehen. Der Schnorchel besitzt neben dem Luftansaugrohr auch einen Auspuff und eine Antenne für die Fernsteuerung. Der Maschinist bedient das Gerät vom Ufer oder von einem Begleitboot aus. Um einen möglichst störungsfreien Betrieb im Wasser zu gewährleisten, ist das Gerät mit zahlreichen Warn-, Kontroll- und Sicherheitseinrichtungen ausgerüstet. Der 7 m lange Schnorchel kann gegen einen kürzeren Schnorchel für nur 3 m Wassertiefe ausgetauscht werden.

8.13.2   Offshore-Einsatz von Amphibien-Scrapern [210]

Es handelt sich hier also im wesentlichen um eine konventionell angetriebene aber ferngesteuerte und wasserdicht gekapselte Planierraupe, die vor allem zur Verteilung und Planierung von aufgespülten Neulandgebieten im Küstenbereich oder zum Planieren von Kanalböschungen unter Wasser eingesetzt wird.

Passend zu diesem Amphibien-Bulldozer ist ein Anhänge-Scraper gebaut worden (Bild **8.13.**2), dessen Kübel vor allem für den Transport von schlammigem Material entwickelt wurde und mit besonderen Abdichtungen an den Kübelschlitzen versehen ist.

8.14 Unterwasser-Bulldozer

Eine Stufe tiefer (derzeit bis 80 m Wassertiefe) ist der Unterwasser-Bulldozer einzuordnen. Er wiegt über Wasser 43 t, unter Wasser noch 31 t. Die maximale Fahrgeschwindigkeit liegt bei 3,8 km/h, die Steigfähigkeit bei 30° und der Bodendruck über Wasser bei 7,4 N/cm^2 (Bild **8.14.**1). Die Zugkraft liegt bei 38 t.

Angetrieben wird das Gerät von einem 125-kW-Elektromotor, zu dem ein 170 kVA-Generator in einem Begleitboot gehört. Der Strom wird durch ein schwimmendes Kabel zum Gerät transportiert (Bild **8.14.**2). In dieser „Nabelschnur" befinden sich auch die Leitungen für die Steuerung der Maschine und für die verschiedenen Sicherheits- und Kontrolleinrichtungen. Bedient werden kann das Gerät im Unterwasser-Einsatz entweder durch „mitschwimmende Taucher" über ein abgesetztes Bedienungspult in Gerätenähe oder vom Begleitschiff aus (Bild **8.14.**3). Als Arbeitsgerät können eine Klappschaufel mit 3,8 m^3 Fassungsvermögen, ein Heckaufreißer für Fels oder ein Heckbagger mit 0,6 m^3 Tieflöffel eingesetzt werden. Die Arbeitsbewegungen werden über einen Monitor im Begleitschiff aufgezeichnet, so daß selbst Präzisionsarbeiten durchgeführt werden können. Problematisch bleibt zur Zeit noch die durch das Aufwühlen des Meeresbodens entstehende Trübung der Geräteumgebung.

8.14.1 Unterwasser-Bulldozer

8.14.2 Unterwasser-Bulldozer mit Begleitschiff und Umbilical
(Versorgungskabel)

Über eine Ultraschallausrüstung gibt das Gerät laufend seine genaue Position innerhalb des durch Sonarbojen markierten Einsatzfeldes sowie die topographische Beschaffenheit des Meeresbodens durch.

Fernsehkameras geben (soweit möglich) einen Überblick über die Situation vor und hinter der Maschine, akustische Sensoren tasten das Einsatzfeld nach Hindernissen ab.

Das Operationssystem der Maschine wird vollständig vom Begleitboot aus beherrscht.

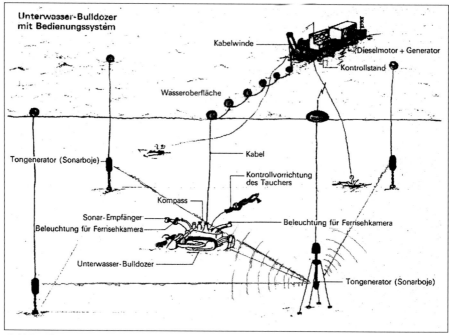

8.14.3 Einsatzschema eines Unterwasser-Bulldozers

Dort befinden sich 2 Monitore, – einer für die Fahrbewegungen in der Ebene, der andere für die Bewegungen der Arbeitsgeräte. Die Steuerung erfolgt elektro-hydraulisch. In dem vollständig gekapselten Gerät wird ständig ein automatisch geregelter Überdruck von 3 bis 5 N/cm^2 gehalten, um Wassereindrang durch eventuelle Leckstellen zu verhindern. Ein automatisch arbeitendes Bewegungssystem sendet im Schadensfall eine Markierungsboje nach oben, über die ein spezielles Krangehänge des Begleitschiffes das havarierte Gerät erreichen und dann „auf den Haken" nehmen kann.

8.15 Unterwasser-Schreitinsel

Für mehr stationär angelegte Bauarbeiten auf dem Meeresboden haben die Japaner ihren Sea-Robot entwickelt, – eine Unterwasser-Schreitinsel als Geräteträger mit den erforderlichen Arbeitsgeräten an Bord. Einen solchen Einsatz zeigt Bild **8.15.**1. Das Gerät soll (hier) Verankerungspunkte z. B. für Tanker in der Nähe von Ölbohrinseln herstellen und ist zu diesem Zweck mit einem Bohrgerät und ferngesteuerten Manipulatoren ausgerüstet. Die Bedienung erfolgt auch hier von einem Begleitschiff aus, das über ein vieladriges Steuerkabel mit dem Sea-Robot verbunden ist und die Arbeitsbewegungen über Monitore (Bildschirme) verfolgt.

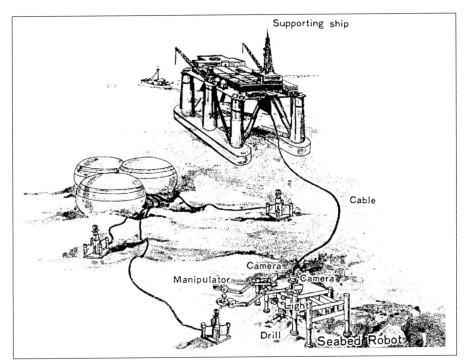

8.15.1 Einsatz des Sea-Robot als ferngesteuerte Arbeitsinsel auf dem Meeresboden

Problematisch ist die Fortbewegung des Gerätes. Wie die in Abschnitt 7 behandelte Schreitinsel für den Einsatz an der Wasseroberfläche kann auch der Sea-Robot nur „schreiten" in linearer Richtung, wie sie durch die Gleitbahn für die Bewegung der beiden Teil-Inseln vorgegeben ist. Die „große" Schreitinsel ändert ihre Fortbewegungsrichtung in Abweichung von der linearen Marschrichtung dadurch, daß sie aufschwimmt und dadurch um 360° richtungsveränderlich ist. Der Sea-Robot kann nicht schwimmen, sondern muß jeweils immer von einem Kran aus in die richtige Richtung abgesetzt (und evtl. gedreht) werden. Aber noch sind zahlreiche experimentelle Untersuchungen mit Modellen im Gange, die auch dieses Problem lösen werden.

Auf jeden Fall ist die Unterwasser-Schreitinsel zunächst als Geräteträger für Arbeiten auf dem Meeresboden von großem Interesse. Ein Experimentiermodell, das sogenannte ReCUS der Japaner zeigt Bild **8.15.**2. Dieses Gerät – erst die darauf montierten Arbeitswerkzeuge machen es zu einem Sea-Robot – bietet gegenüber schwimmenden Geräten eine bessere Standfestigkeit auch in rauher See und könnte z. B. auch einen Schneidkopf- oder Schaufelradbagger aufnehmen und somit zu einem Standardgerät des künftigen Meeresbergbaus (Mangan-Knollen!) werden.

In großen Dimensionen wird diese Gerät etwa dann so aussehen, wie es Bild **8.15.**3 zeigt: Es könnte die übliche Länge von etwa 50 m haben und beiderseits mit ausfahrbaren Kragarmen von je 25 m Länge zu sehen sein, so daß sich insgesamt ein ca. 100 m langer Arbeitsbereich ergibt. Das jeweilige Arbeitsgerät würde auf einer Art Laufkatze

8.15.2   Sea-Robot: Experimentiermodell [210]

montiert sein und durch die exakte Führung im Grundgerät eine präzise Abbaumöglichkeit auch für flache Bodenschichten bis hin zu Planierarbeiten für die Gründungsfläche von Bauwerken auf dem Meeresboden bieten. Das ist zunächst eine Vision, aber das daraus entwickelte Szenario könnte sehr bald Wirklichkeit werden.

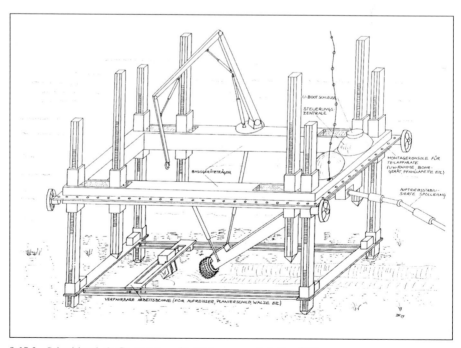

8.15.3   Schreitinsel als Geräteträger für Unterwasser-Arbeiten [79]

8.16 Unterwasser-Rammbär

Vor allem die Bauwerke für die Ölbohrtechnik (Bohrplattenformen, Bohrinseln, Pele-tiers usw.) machen Rammarbeiten in bis zu 200 m Wassertiefe erforderlich. In einer er-sten Entwicklungsstufe wurden Dampfbäre mit Fallgewichten bis zu 180 t eingesetzt (Bild **8.16.**1), die noch von über Wasser aus über entsprechend lange Rammjungfern ihre Rammwirkung – wenn auch mit hohen Verlusten – in die Tiefe übertrugen. Die 2. Stufe brachte dann den eigentlichen Unterwasserbär, der hydraulisch angetrieben und auf den Pfahlkopf (meist ein Stahlrohr) aufgesetzt wurde. Aber auch damit ging noch ein beträchtlicher Teil der Rammenergie verloren, denn der einzelne Rammschlag konnte nur auf den Kopf des bis zu 180 m langen Rohres (Pfahles) angesetzt werden, wurde aber in seiner vollen Schlagwirkung am Pfahlfuß gebraucht, – also dort, wo er den Ein-dringwiderstand unmittelbar überwinden mußte.

In der 3. Entwicklungsstufe wurde dann ein Bär gebaut, der – ähnlich etwa wie der Im-lochhammer beim Gesteinsbohren – im Stahlrohr bis auf den Pfahlfuß herabgeführt wird und ohne große Energieverluste seine Stoßkraft dort zur Wir-kung bringt, wo sie gebraucht wird. Der Bär arbeitet hydrau-lisch und erhält sein Drucköl über eine lange Schlauchleitung. Er ist so schlank gebaut, daß er in die Rohre von etwa 1,80 m Durchmesser eingeführt werden kann. Über ein Verbindungs-rohr, das auf den Kopf des ei-gentlichen Rammbäres aufge-schraubt wird, besteht eine feste Verbindung nach oben zum Be-gleitschiff.

Wegen der hohen Druckverluste im Hydraulikschlauch und der ständigen Gefahr der Beschädi-gung dieser Zuleitungen wurde in der 4. Stufe das Antriebsag-gregat direkt über dem Ramm-hammer angeordnet (Bild **8.16.**2) und die Primärenergie für den Antrieb elektrisch über ein Stromkabel bis an das Hy-draulik-Aggregat im Bär ge-führt. Zum Schutz gegen Schlag-rückwirkungen vom Rammstoß her sind die Elektromotoren zu-sammen mit den Hydraulikpum-pen im Bärgehäuse elastisch auf-gehängt.

8.16.1 Dampfbär MRBS für den Offshore-Einsatz [211]

Schlanker Hydrohammer in
Pfahlform mit Druckmittelzufuhr
über lange Schlauchleitungen

Schlanker Hydrohammer
mit
Unterwasser-Antriebseinheit

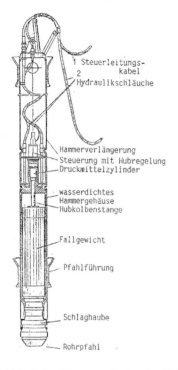

1 Steuerleitungs-
    kabel
2 Hydraulikschläuche

Hammerverlängerung
Steuerung mit Hubregelung
Druckmittelzylinder

wasserdichtes
Hammergehäuse
Hubkolbenstange

Fallgewicht

Pfahlführung

Schlaghaube

Rohrpfahl

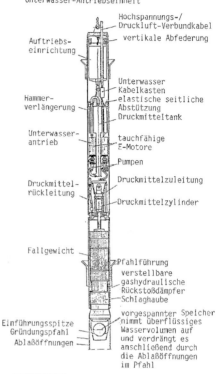

Hochspannungs-/
Druckluft-Verbundkabel

Auftriebs-
einrichtung

vertikale Abfederung

Unterwasser
Kabelkasten
elastische seitliche
Abstützung
Druckmitteltank

Hammer-
verlängerung

Unterwasser-
antrieb

tauchfähige
E-Motore

Pumpen

Druckmittel-
rückleitung

Druckmittelzuleitung

Druckmittelzylinder

Fallgewicht

Pfahlführung
verstellbare
gashydraulische
Rückstoßdämpfer
Schlaghaube

Einführungsspitze
Gründungspfahl
Ablaßöffnungen

vorgespannter Speicher
nimmt überflüssiges
Wasservolumen auf
und verdrängt es
anschließend durch
die Ablaßöffnungen
im Pfahl

8.16.2 2 Ausführungsvarianten des Hydrohammers MHW [211]

Zum Antrieb ist also nur noch ein relativ dünnes und flexibles Kabel erforderlich, das die Energie – und die Steuerleitungen – enthält. Die Anpassung des Innendrucks im Bärgehäuse an den jeweiligen Wasserdruck erfolgt über eine Druckluftleitung im Kern des Elektrokabels.

In der bisherigen Einsatzerprobung wurde das Gerät in 85 m Wassertiefe auf das Rammrohr gesetzt und dieses 43 m tief in den Meeresboden eingetrieben, so daß der Bär eine Endtiefe von 128 m erreichte [41] (Bild **8.16.**3).

8.16.3 Hydrohammer beim Einfädeln in
ein Stahlrohr

8.17 Unterwasser-Fahrwerke

Besonders problematisch ist für alle Unterwasser-Geräte die Fortbewegung auf dem Meeresboden, vor allem die Ausbildung der Fahrwerke. Die Gewinnbarkeit und die Befahrbarkeit des Meeresbodens sind Hauptthemen im Meeresbergbau und darüber hinaus in der gesamten Offshore-Technik.

In der Theorie gibt es eine ganze Reihe „Gedankenspiele", wie ein Fahrwerk für den Unterwassereinsatz aussehen könnte (Bild **8.17**.1). Experimentell sind solche Fahrwerks-Varianten schon erprobt worden. Alle Versuche, praktisch gangbare Lösungen zu finden, haben jedoch immer wieder auf das Raupenfahrwerk zurückgeführt, – freilich mit Veränderungen an den Details wie etwa der Ausbildung der Raupenplatten oder der Aufhängung und Abfederung der Raupenketten. Verwertbar für den praktischen Einsatz ist bisher eigentlich nur ein Gerät nach Bild **8.17**.2 geblieben, – eine Planierraupe mit ferngesteuerten Greifarmen [42].

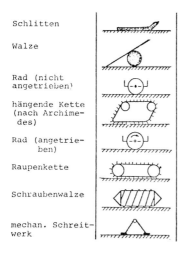

Schlitten

Walze

Rad (nicht angetrieben)

hängende Kette (nach Archimedes)

Rad (angetrieben)

Raupenkette

Schraubenwalze

mechan. Schreitwerk

8.17.1 Spielarten von Unterwasser-Fahrzeugen [42]

8.17.2 Unterwasser-Planierraupen mit Greifarm und Manipulator

Zunächst einmal ist es schwierig, Vorstellungen von der Beschaffenheit des Meeresbodens in seinem ungestörten Zustand zu bekommen. Zwar können hier Boden-Simulationen unter Verwendung z.B. von Betonit weiterführen, aber trifft so etwas die dann im konkreten Fall auftretende Wirklichkeit? Im allgemeinen wird davon ausgegangen, daß es sich um Schlamm handelt, der den festen Meeresboden bedeckt. Dieser Schlamm ist kohäsiv und verhält sich thixotrop, d.h. in Ruhe ist er gallertartig fest, bei Bewegung wird er breiig bis flüssig.

Dieser thixotrope Schlamm braucht ein Fahrwerk, das einerseits eine möglichst geringe (vertikale) Bodenpressung und andererseits eine hohe (horizontale) Schubfestigkeit (mit Absicht wird der Begriff „Scherfestigkeit" vermieden!) besitzt, um die Vortriebskraft des Gerätes auf den Meeresboden zu übertragen. Das sind 2 Einflußfaktoren, die gegenläufig gerichtet sind.

8.17.3 Unterwasser-Inspektionsfahrzeug „Portunus" [66]

8.17.4 Unterwasser-Fahrwerk im Versuchskanal

Über die geeignete Ausbildung von Meeresboden-Fahrwerken sind zahlreiche Untersuchungen angestellt worden. Am interessantesten ist wohl bisher das von Holländern für den Oosterschelde-Einsatz entwickelte Gerät „Portunus", – ein Inspektionsfahrzeug für den Meeresboden (Bild **8.17.**3). Auch an der Uni Karlsruhe sind (theoretische wie experimentelle) Untersuchungen über die Fahrwerksentwicklung für weiche Meeresböden durchgeführt worden (Bild **8.17.**4). Einzelheiten, auch weiterführende Literatur sind in [42; 43; 44] enthalten. Für den bisher bei uns in Frage kommenden Unterwasser-Einsatz bis ca. 100 m Wassertiefe sind geringfügig modifizierte Raupenketten üblicher Bauart noch immer (auch unter wirtschaftlichen Gesichtspunkten) ausreichend geeignet.

8.18 Amphibien-Cutter

Ein interessanter Schneidkopf-Saugbagger (und zugleich richtungweisend für zukünftige Entwicklungen – ist das in Bild **8.18**.1 gezeigte Gerät, das schwimmen und fahren kann (Firmenbezeichnung: „Crawl-Cat"). Betrachtet man die Fortbewegungsart für sich, so könnte man von einer Alternative zur Schreitinsel sprechen. Während letztere jedoch ihre Fortbewegung über das „rechenschieberartige Schreiten" bewerkstelligt und damit auch auf festem Untergrund bzw. im Grenzbereich zwischen Wasser und Küste eingesetzt werden kann, macht das der Amphibien-Cutter mit dem hydraulisch angetriebenen (und höhenverstellbaren) Raupenfahrwerk, ist damit also erheblich beweglicher als die Schreitinsel mit ihrer schwerfälligen Fortbewegungsmethode. Das Gerät kann also in geringen Wassertiefen fahrend und bei größerer Wassertiefe schwimmend arbeiten.

Der Vergleich mit der Schreitinsel ist bei den sehr unterschiedlichen Größenverhältnissen bei den bisher eingesetzten Modellen nur vom Prinzip her möglich: die Schreitinsel ist wesentlich größer, aber eben nur eine „bewegliche Plattform" – für die Installation von Arbeitsgeräten, während der Amphibien-Cutter mit dem integrierten Schneidkopf ein komplettes Arbeitsgerät für sich ist. Auf jeden Fall geht das Gerät mit seinem Raupenfahrwerk einen Schritt über die Schreitinsel hinaus und wird auch der Hubinsel als Baumaschine neue Impulse geben.

8.18.1 Amphibien-Schneidkopfbagger (Crawl Cat) [202]

8.19 Kies-Hopper

Ein Land wie Holland ist reich an Sand, aber arm an Kies (und Wasserbausteinen). Es fehlt an gröberen Zuschlagstoffen im eigenen Land, und so müssen die groben Körnungen meist aus anderen Gebieten, vor allem Küsten, herbeigeschafft werden. Dazu werden Spezialschiffe benötigt, die das Kieskorn wirtschaftlich aufnehmen und entladen können.

Einer der ersten modernen Laderaumsaugbagger für die Kiesgewinnung war der „Sand Harrier" mit einem Laderaum von 2815 m³, einem Seitensaugrohr für bis zu 33 m Wassertiefe, einer eingebauten Wasch- und Siebanlage und einem Schaufelrad zum Entladen des (groben) Materials aus dem Laderaum.

Inzwischen wurde ein fast doppelt so großer Kies-Hopper, die Camdijk – nebenbei der größte Kiestransporter dieser Art – mit einem Laderaum-Inhalt von 5110 m³ gebaut, um gröbere Zuschlagstoffe von den Küsten Englands nach Amsterdam zu bringen. Die wesentlichsten technischen Daten sind in Tafel 8.1 zusammengestellt.

Tafel **8**.1 Kies-Hopper Camdijk

Technische Daten – Kies-Hopper „Camdijk"	
Schiffskörper:	
Länge	113,20 m
Breite	19,60 m
Laderauminhalt	5 110,00 m³
Nutzlast	9 770,00 t
Saugrohr $\varnothing$	700,00 mm
Tauchtiefe	50,00 m
Tiefgang	7,65 m
zu reduzieren auf	6,55 m
Fahrantrieb	2 x 1 900,00 kW
Unterwasser-Pumpe	1 240,00 kW
Fahrgeschwindigkeit	13,60 km

Der Bagger nimmt das Material mit einem an der linken Schiffseite angebrachten Saugrohr (mit Schleppkopf) auf und transportiert es über eine Wasch- und Siebanlage in den Laderaum (Bild **8.19**.1). Die Aufbereitungsanlage kann auch abgeschaltet werden. Im Saugrohr ist – in etwa halber Rohrlänge – eine Unterwasserpumpe angebracht, um das relativ schwere Gemisch besser hochfördern zu können.

8.19.1 „Sand Harrier": Schleppkopf-Saugbagger für die Kiesgewinnung [202]

8.19.2 Schaufelrad für die
Kiesentleerung [202]

Zum Entladen dient ein fast 10 m großes Schaufelrad mit zehn 800-l-Eimern (Bild **8.19.**2). Das Schaufelrad ist höhenverstellbar und kann über die gesamte Laderaumlänge verfahren werden. Das Rad entlädt das Material in ein auf der rechten Schiffseite angebrachtes Förderband.

Die bisherigen Einsätze haben eine Entladeleistung (Schaufelrad-Band) für 5000 m³ festes Material von 4,5 h und eine Spitzenleistung von 6600 m³ in 6 h ergeben.

Um die Eintauchtiefe des Schiffes zum Befahren von Kanälen usw. zu reduzieren, sind im Schiffsboden Entleervorrichtungen angebracht, die eine Verringerung der Tauchtiefe von 7,65 m (voll beladen mit ca. 10 000 t) auf 6,55 m ermöglichen.

8.20 Ramminsel

Um den Strandbereich im Küstenvorland durch eingerammte Reihen von Holzpfählen zu befestigen und das Ausspülen des angelandeten Sandes durch die Wellenbewegung zu verhindern, wurden Raupenbagger dadurch umkonstruiert, daß man zwischen Unter- und Oberwagen ein 2,5 m hohes Zwischenstück einfügte, wie es Bild **8.20.**1 zeigt. Der Bagger bekam gewissermaßen einen „Stehkragen", um auch bei höheren Wasserständen einsatzbereit zu bleiben [76].

Ausgerüstet war diese mobile Ramminsel mit einem Kastenmäkler, an dem ein 3-t-Hydraulikbär zusammen mit dem Holzpfahl geführt wurde. Das Gerät arbeitet zum Einrammen von Buhnen aus je 200–300 Holzpfählen für den Küstenschutz bis zu 3 m Wassertiefe. Um dem Bedienungspersonal jederzeit den Zugang zum Arbeitsbereich von Mäkler, Bär und Pfahlkopf zu ermöglichen, wurde eine verschiebbare Arbeitsbühne an-

8.20.1 Rammen von Pfahl-Bühnen [80] mit hochgesetztem Raupenbagger

geordnet. Um eine vielseitige Verwendbarkeit zu gewährleisten, kann das Turmstück zwischen Unter- und Oberwagen jederzeit abgebaut und das Gerät als normaler Bagger verwendet werden (Bild **8.20.**2).

Die Pfähle hatten einen Durchmesser von 200–280 mm und waren 3–8 m lang. Besonders problematisch war das Einrammen in den dichtgelagerten gleichkörnigen Sand, der als extrem rammschwierig anzusehen ist. Die Pfähle wurden daher teilweise mit stählernen Rammspitzen und Stahlbandagen versehen, um das Ausfransen der Holzspitzen zu verhindern.

8.20.2 Rammbagger mit „Stehkragen"

9 Arbeitstechnik

9.0 Überblick

Nachdem in den vorangegangenen Kapiteln die maschinellen Möglichkeiten und die Maschinen selbst besprochen wurden, geht es nun um die Frage: Wie arbeitet man mit den Maschinen? – wie setzt man sie ein, wie rüstet man sie aus, wie optimiert man sie?

Auch hier kann wieder nur eine Auswahl wichtiger Themen gebracht werden, – Themen, die herausstellen wollen, worauf es in der Praxis ankommt. Immer ist dabei neben dem rein technisch Machbaren auch die Wirtschaftlichkeit nicht zu übersehen. So kann man den Aushub eines Hafenbeckens aus dem Wasser heraus natürlich auch mit der Verfahrenskette Seilbagger – Transportschuten – Zwischendeponie – Aufnehmen – Bandtransport – Einbaufeld durchführen; man kann aber auch einen Schneidkopf-Saugbagger einsetzen und das gelöste Material über eine Rohrleitung direkt in das Einbaufeld verspülen. Man kann ein Meißelschiff „verkehrt herum" einsetzen und sich dann über die geringe Leistung wundern. Man kann beim Rammen das Spiel mit den Mäkler-Varianten übersehen und zu umständlichen anderen Lösungen greifen müssen und man kann schließlich beim Bohren einem Zahnrollenmeißel den Vorzug geben und dann geringe Vortriebsleistung reklamieren, weil Zahnrollen für plastische bindige Böden nicht geeignet sind.

Bisher wurden im allgemeinen nur die Grundgeräte und ihre verschiedenen technischen Spielarten betrachtet. Zur Optimierung eines Geräteeinsatzes gehört aber auch die richtige „Bestückung" mit den zweckmäßigen Werkzeugen, die Ausnutzung aller von der Konstruktion her gegebenen Verstell- und Anbaumöglichkeiten und die Sicherstellung eines möglichst effizienten und schadensfreien Kraftschlusses vom Antriebsmotor bis hin zur Werkzeugspitze.

Alles das gehört zum Bereich Arbeitstechnik. Sie ist vom Büro aus schwer zu überblicken, aber jeder Bauleiter ist gut beraten, wenn er sich die Zeit nimmt, jedem seiner vielen Geräte bei der Arbeit einmal zuzusehen, womöglich die einzelnen Arbeitsbewegungen fotografisch festzuhalten oder auf Video zu fixieren. Sehr schnell wird er dann erkennen, was „falsch" läuft, und wie man mehr aus einem Gerät herausholen kann.

Zur Arbeitstechnik gehören aber auch markante Einsätze in einer Art „Breitband-Aufnahme", die lehrreich für die praktische Anwendung sind. Während weiter unten in Kapitel 10 punktuell einzelne Einsätze besprochen werden, geht es hier immer um die Aufsummierung von Einsatzerfahrungen aus mehreren ähnlich gelagerten Baustellen. Anders ist eine Weitergabe praktischer Erfahrungen in gedrängter Form nicht möglich; das Gebiet ist einfach zu umfangreich.

9.1 Schwimmbagger-Einsatz

Zum besseren Verständnis und zum Zweck eines sinnvollen Geräteeinsatzes sei darauf hingewiesen, daß für Naßbagger 3 grundsätzlich unterschiedliche Arbeitssysteme in Frage kommen:

BAGGERFORTSCHRITT

9.1.1 Grundformen der
Schwimmbagger-Fortbewegung

a; b der Mäander-Einsatz,
c der Sichel-Einsatz und
d der Linear-Einsatz.

Wie Bild **9.1.**1 zeigt, muß der mäanderartige Einsatz wieder unterteilt werden je nach der Vortriebsrichtung: Eimerkettenbagger und Meißelschiffe beschreiben die gleichen Grundfiguren, jedoch mit dem Unterschied, daß der Eimerkettenbagger gegen eine „Baggerbank" angehen, also ähnlich wie der Hochlöffel, arbeiten muß, während der Einsatz des Meißelschiffes eher dem eines Tieflöffelbaggers ähnelt. Der Eimerkettenbagger schwimmt im bereits ausgebaggerten Feld, hat also eine größere Wassertiefe zur Verfügung, während das Meißelschiff oft vom noch nicht ausgebaggerten Untergrund aus jeweils eine „Scheibe" der Meißelbank in den ausgebaggerten Teil umwerfen soll (s. Bild **6.9**.4). Der richtige Einsatz des Meißelschiffes hat grundsätzliche Bedeutung für den Erfolg der Meißelleistung.

Vom Prinzip her kann das Meißelschiff die Abbaubank von beiden Seiten aus angreifen. Ist ausreichende Wassertiefe vorhanden, so wird es meist „Vorkopf" meißeln und über dem bereits gelösten Felsmaterial (das nachfolgend ein Eimerkettenbagger aufnimmt) schwimmen. Ist die Wassertiefe dagegen gering, so muß das Meißelschiff vom bereits gemeißelten Bereich aus arbeiten – sofern dort überhaupt ausreichende Wassertiefe für den Schwimmeinsatz des Schiffes vorhanden ist. Meißeln in geringer Wassertiefe ist oft problematisch deswegen, weil das durch das Meißeln gelöste Felsmaterial als Haufwerk in lockerer Lagerung höher anfällt als in gewachsenem Zustand.

Beide Geräte – der Eimerkettenbagger wie das Meißelschiff arbeiten quer zur Fluß- oder zur Hauptarbeitsrichtung: Das Meißelschiff liegt quer zur Strömung, der Schwimmkörper des Eimerkettenbaggers steht zwar in Flußrichtung, muß aber in Längsrichtung quer verhohlen, um die Front der Baggerbank über die volle Breite zu bearbeiten. Konkret heißt das zunächst für den praktischen Einsatz: Das Meißelschiff wird die Schiffahrt mehr stören als der Eimerkettenbagger (sofern es sich um ein Meißelschiff mit mehreren darauf quer verschiebbar untergebrachten Meißeln handelt).

Für beide Schiffe gilt, daß sie durch Ankerseile während des Einsatzes fest verzurrt sein müssen. So wird der Eimerkettenbagger z. B. durch 4 Seitenseile und je 1 Kopf- und Heckseil gehalten (Bild **9.1**.2), während das Meißelschiff im allgemeinen mit 2 Seitenseilen und 2 Kopf- und Heckseilen sicher fixiert werden kann.

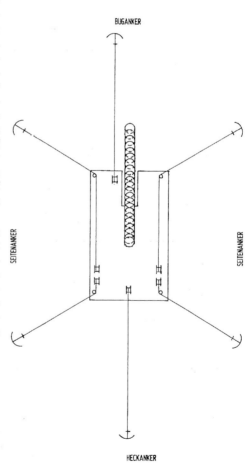

9.1.2 Seilführung zur Positionierung des Eimerkettenbaggers

Anders sieht es beim Schneidkopfsaugbagger (und ebenso auch beim Schaufelradbagger) aus: Beide Geräte arbeiten im Prinzip sichelförmig, wobei sie um den am Heck des Schiffes angebrachten Arbeitspfahl schwenken und dazu von 2 vorn am Schiffskörper oder an der Eimerleiter angebrachten Ankerseilen hin und hergezogen werden (Bild **9.1.**3). Während die Schwenkbewegung also über Seilwinden und seitlich in Schwenkrichtung ausgelegte Ankerseile erfolgt, wird die Vorwärtsbewegung durch einen 2. Pfahl am Heck des Schiffes wie in einer Art „Pilgerschritt" durch wechselweises Heben und Senken des Arbeits- und des Schreitpfahles erreicht.

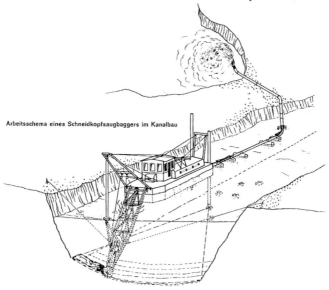

Arbeitsschema eines Schneidkopfsaugbaggers im Kanalbau

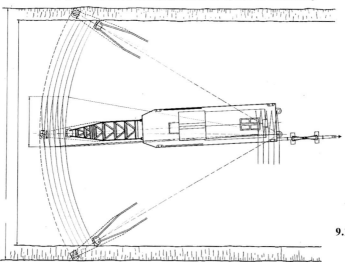

Bewegungssystem eines Schneidkopfsaugbaggers mittels Schwingwinden und Pfahleinrichtung

9.1.3 Arbeitsschema des Schneidkopfsaugbaggers

Wichtig für die Grabbewegung des Schneidkopfsaugbaggers ist, daß die Grabfurchen – vor allem beim Schneiden von härteren Böden – parallel verlaufen bzw. über die gesamte Schwenkweite in gleichem Abstand liegen. (Insofern ist der Vergleich mit dem „Pilgerschritt" nicht ganz zutreffend!) Der Schritt nach vorn – von der ausgebaggerten Schneidfurche zur neuen Abbaufurche – muß dazu immer in der Mittellinie des Schiffes bzw. im Zentrum des Abbau-„Kanals" vorgenommen werden.

Die Schreit- und Schwenkbewegung unter Betätigung der beiden Heck-Pfähle und der Seitenwinden veranschaulicht Bild **9.1.**4:

Phase 1: Der Arbeitspfahl A ist abgelassen, das Schiff wird mit dem Schneidkopf in Position 0 geschwenkt.

Phase 2: Schneidkopf (mit Schiff) wird nach Position C geschwenkt (um Pfahl A herum). Dabei wandert Pfahl B (hochgehoben) nach Position B' aus.

Phase 3: Nun wird Pfahl B' abgesenkt und Pfahl A angehoben. Die rechte Ankerwinde zieht die Eimerleiter nun nach rechts, dabei wandert der Schneidkopf von Position C nach D aus.

Phase 4: Jetzt wird der Pfahl A wieder abgelassen und steht nun in A', Pfahl B (in Position B') wird wieder angehoben. Pfahl A ist um die Strecke A vorgewandert, Schneidkopfposition 0 liegt jetzt in 1, und damit kann die neue Schneidfurche bearbeitet werden. Die Vorwärtsbewegung läuft also 0-C-D-1.

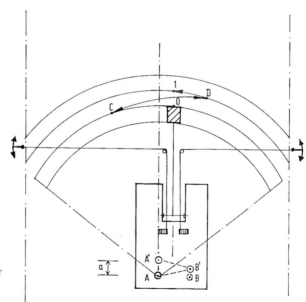

9.1.4 Schwenkbewegung der
Schneidkopfsaugbagger
mit Heck-Pfählen

Diese „klassische" Methode wird bei neuen Schiffen mehr und mehr abgelöst durch die Unterbringung des 2. Pfahles (Schreitpfahl) in einem Pfahlwagen in Schiffsmitte, wo der Pfahl in Längsrichtung verschoben werden kann. Den Schreitvorgang veranschaulicht nun Bild **9.1.**5:

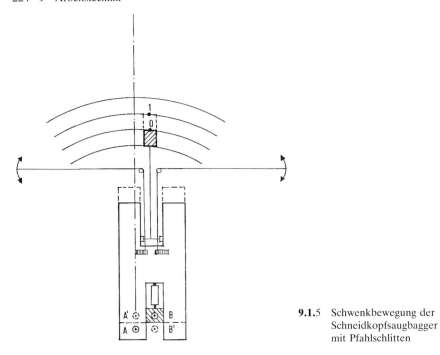

9.1.5 Schwenkbewegung der
Schneidkopfsaugbagger
mit Pfahlschlitten

Phase 1: Der Arbeitspfahl A (Drehpunkt des Schiffes) muß von A nach A' bewegt werden.

Phase 2: Pfahl A wird angehoben, Pfahl B (in beweglichen Pfahlwagen) wird in zurückgezogener Position abgesenkt.

Phase 3: Nun wird Pfahl B im Pfahlwagen nach Position B' verschoben. Dabei wird das Schiff (mit Pfahl A) nach A' vorgeschoben.

Phase 4: Die neue Position ist erreicht und die Schwenkbewegung kann in der neuen Schneidfurche begonnen werden.

Die Vorrichtung nach Bild **9.1.**6 ist maschinentechnisch einfacher, nimmt aber mehr Zeit in Anspruch. Die Vorrichtung mit dem Pfahlwagen erfordert einen höheren maschinellen Aufwand (der Pfahlwagen wird mit einem Hydraulikzylinder verschoben), ist aber schneller in der Durchführung.

Aus der Schilderung der Schreitbewegung mag schon hervorgehen, daß der Schneidkopfsaugbagger durch diese ständige Positionsänderung von Schneidfurche zu Schneidfurche viel Zeit verliert und daß schon der Pfahlwagen eine erhebliche Verkürzung der unproduktiven Einsatzzeit zur Folge hat.

Schneidkopfbagger sind meist mit 2 Auslegern für die Ankerwinden ausgerüstet, um das Verlegen der Seitenanker zu vereinfachen (Bild **9.1.**7). Wird ein Schneidkopfsaugbagger in hartem Material (festen Ton oder Korallenfels) eingesetzt, so kann es u. U. nicht mehr möglich sein, die Seitenanker zum Eingreifen zu bringen. Dann kommen anstelle der Anker Ankerinseln zum Einsatz (Bild **9.1.**8), die zum Positionswechsel geflutet und am neuen Ankerort wieder mit Wasser ballastiert werden, also allein von der Bodenreibung her ihre Ankerwirkung herleiten.

9.1.6 Pfahlschlitten mit
hydraulischem Vorschub
(unten) und Parallelseil-
führung zur Dämpfung
von Lastspitzen [201]

9.1.7 Auslegerbäume für die Ankerseilführung [201]

9.1.8 Schwimmende
Ankerinsel
(lenz- und flutbar)

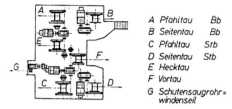

A Pfahltau   Bb
B Seitentau   Bb
C Pfahltau   Stb
D Seitentau   Stb
E Hecktau
F Vortau
G Schutensaugrohr=
   windenseil

9.1.9 Windenanordnung am Spüler V

Auch die Schneidkopfbagger liegen während der eigentlichen Baggerarbeit „an der Leine". So ist z. B. der Spüler V mit 6 Seilen fest verzurrt und trägt die entsprechende Anzahl Seilwinden (Bild **9.1.9**).

Einen ausgesprochenen Linear-Einsatz (mit je einer Wendeschleife) führt der L a d e - r a u m s a u g b a g g e r durch. Seine Arbeitsweise ist – auf den Trockeneinsatz übertragen – der des Scrapers vergleichbar. Dort spricht man von „Kreisverkehr". Der Laderaumsaugbagger nimmt in Vorwärtsfahrt mit dem abgesenkten Schleppkopf das Fördergut in den Laderaum auf, fährt dann mit angehobenem Saugrüssel zur Entladestelle, entlädt dort das Material entweder schlagartig durch Öffnen der Bodenklappen oder zeitlich in die Länge gezogen durch Leerpumpen des Ladesraumes, dreht dann am Entladeort, fährt leer zurück, dreht wieder an der Beladestelle und beginnt den Kreislauf von neuem (Bild **9.1.10**). Das Wenden kann durch Schlepperhilfe oder durch ein Bugstrahlruder beschleunigt werden. Wichtig ist dabei, daß genügend Platz für das Wendemanöver zur Verfügung steht, was besonders für Einsätze in den Fluß- und Zufahrtsrinnen für Hafeneinfahrten von Bedeutung ist. Um die Wendemanöver schnell durchzuführen, sind diese Schiffe durch Bugstrahl-Querruder wesentlich beweglicher.

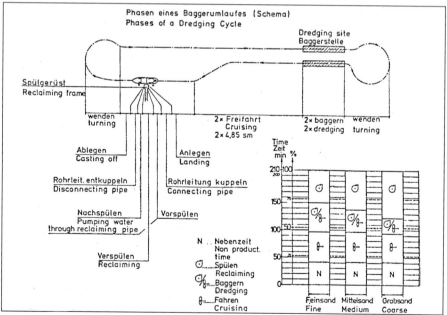

9.1.10 Umlaufschema des Laderaumsaugbaggers [201]

9.2 Transporttechnik

Standardfahrzeug für den wassergebundenen Transport ist die Schute, – gewissermaßen der „Anhänger" hinter der Zugmaschine.

Die weitaus gebräuchlichste Form der Schuten-Familie ist die Klappschute, – mit Entladeklappen im Schiffsboden, die den Vorteil hat, daß sie ihren Inhalt schnell und ohne Hilfsgeräte entleeren kann – allerdings ins Wasser. Von dort muß es dann mit anderen Geräten (meist mit weitreichenden Eimerseilbaggern) ans Ufer gebracht werden.

Die modernste Form stellen die Spaltklappschuten dar, – längsgeteilte Schiffskörper, die über Scharniere vorn und hinten den gesamten Schutenraum spaltartig nach unten öffnen und so eine schnelle und das Innere der Schutenwanne nicht störende Entleerung sicherstellen (Bild **9.2.**1).

Eine interessante Möglichkeit des Materialtransportes stellt die in Bild **9.2.**2 gezeigte Anlage dar: Bagger laden das zu transportierende Material in eine Verladeanlage, in der es zunächst zerkleinert und dann fluidisiert wird, um pumpfähig zu werden.

9.2.1   Spaltklappenschute beim Entleeren

9.2.2   Übergabe von Trockenmaterial an eine Naßbagger-Förderanlage

Eine starke Baggerpumpe drückt dann die Feststoff-beladene Flüssigkeit (den Gemisch-förderstrom) in das anschließende Rohrleitungssystem und sorgt so für einen verhältnis-mäßig billigen Weitertransport. Diese Methode wird vor allem dann angewandt, wenn größere Flächen aufgespült werden müssen und zur Gewinnung kein Pumpenbagger-Einsatz möglich ist. Voraussetzung ist allerdings immer, daß das Fördergut spülfähig ge-macht werden kann (s. Kapitel 11!).

Einen „Transport" ganz anderer Art veranschaulicht Bild **9.2.3**. Man könnte auch von „Schwimmbagger-Einsatz tief im Binnenland" sprechen. Bauaufgabe war hier: Einen Autobahndamm ca. 1,5 m über Geländeoberfläche (mit entsprechender Gründungstie-fe) aufzutragen, – trocken oder naß. „Naß" war billiger und bekam den Auftrag. Für die Materialversorgung konnten mehrere Seitenentnahmen angelegt werden, und ein hoher Grundwasserspiegel (auf ca. minus 1,5 m) ermöglichte den Einsatz eines Saugbaggers.

Problem war hier das Umsetzen des Baggerschiffes in die verschiedenen Materialgru-ben. Die Lösung bestand darin, den Bagger über aufblasbare Gummisäcke über Land zu rollen. Die Entfernung zwischen den einzelnen Baggerseen betrug 1–2,5 km. Über eine Rampe 1:10 wurde das Schiff von einer Planierraupe D6 über einen Flaschenzug bei

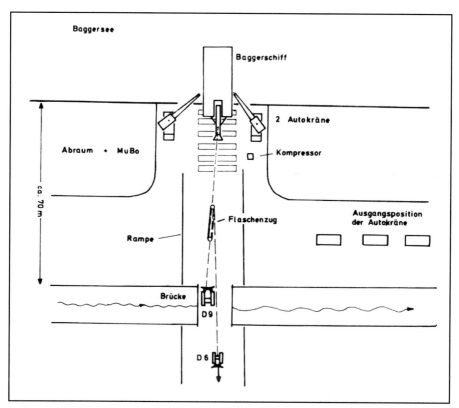

9.2.3 Übersicht: Hochziehen des Schwimmbaggers auf die Rollbahn

9.2.4 Hochziehen aus dem Baggersee auf Land [201]

gleichzeitigem Anheben durch 2 Autokrane aus dem Baggersee herausgezogen, wobei eine D9 als Verankerung für den Flaschenzug diente (Bild **9.2.**4). Auf einer vorbereiteten Trasse (Sandauffüllung) zog dann die D6 das Schiff zum neuen Einsatzort ca. 500 m entfernt (Bild **9.2.**5). Für die Rollbewegung wurden sogenannte Flexodan-Säcke (aufblasbare Gummiwülste) benutzt, die von einem Kompressor auf 1,5 bar aufgeblasen waren, um das Schiff dann über eine ebenfalls vorbereitete Rampe in die neue Aushubgrube zu rollen, wobei diese Grube in entsprechender Größe vorbereitet worden war (Bild

9.2.5 Rollvorgang auf Flexodan-Säcken [201]

9.2.6). Ein solcher Umzug dauerte alles in allem ca. 1 Tag und hatte den Vorteil, daß auf diese Weise ein einziger Schwimmbagger Material aus 5 Baggerseen entnehmen und ca. 1,5 Mill. m³ Damm aufspülen konnte.

9.2.6 Ablassen in eine neue Entnahmegrube [201]

9.3 Sprengen unter Wasser

Auch dem Wasserbau bleibt der Umgang mit Fels nicht erspart. Erinnert sei nur an den Aushub von Hafenbecken in Korallenfels, an die Eintiefung des Unterwassers von Fluß-kraftwerken oder an die ständige Nacharbeitung des Sohlprofils der Schiffahrtsrinne des Rheines zwischen Bingen und Koblenz. Wenn es irgendwie möglich ist, wird man versu-chen, den Fels zu reißen oder aufzumeißeln (s. Abschn. 6.8 und 6.9), doch sind diesen noch verhältnismäßig wirtschaftlichen Methoden von der Festigkeit des Felsmate-rials her sehr enge Grenzen gesetzt. In der Mehrzahl der Fälle muß man das Material sprengen.

Wenn man vom Sprengen spricht, muß man immer auch an das Bohren (der Sprenglö-cher) denken, das wesentlich teurer kommt als das eigentliche Sprengen. Das Bohren ist in Abschn. 6.2 näher behandelt worden, wobei darauf hingewiesen werden muß, daß es sich hier nicht um das Großloch-, sondern um das Sprenglochbohren, d.h. also um Bohrlochdurchmesser von 2″ (50 mm) bis max. 5″ (130 mm) handelt. Dieses ist ausführ-lich in [10] beschrieben.

Wichtig speziell für den Wasserbau ist jedoch das sogenannte Überlagerungsbohren: Der Felshorizont unter Wasser liegt meist nicht frei, sondern ist von Geschiebe und Ge-röll überdeckt und muß zunächst durchstoßen werden, bevor man die eigentliche Fels-bohrkrone ansetzen kann. Die Überlagerungsbohrer (Bild **9.3.**1) [8] bestehen eigentlich aus 2 getrennten Bohrvorrichtungen: einer ringförmigen Kernbohrkrone und einem

Kreuz- oder Stiftkopfmeißel. Die erstere gehört zu einem Mantelrohr, das den Weg durch das Geröll bahnt und das Bohrloch für den eigentlichen Felsbohrkopf offen hält. Vergleichen kann man die gesamte Bohrvorrichtung im trockenen Bereich mit einem rotierenden Kernbohrgerät (oder sogar mit einem gezahnten Mantelrohr), in dem ein Kreuzmeißel mitgeführt wird. Während beim Durchfahren der Geröllschicht das äußere Kernrohr der aktive Teil ist, wird das eigentliche Felsbohren dann von dem inneren Kreuzbohrkopf übernommen, der das jeweilige Sprengloch aushebt, während der äußere Kernbohrer an der Felsoberfläche zurückbleibt und das Geschiebe vom Bohrloch fernhält.

Stellen sich in der Überlagerungsschicht größere Steine oder Felsbrocken in den Weg, die nicht mehr verdrängt werden können, so muß dort schon der Kreuzmeißel eingreifen und diese Hindernisse durchbohren oder zerkleinern. Abgeführt wird das Bohrklein dann durch den Spülstrom, der über Druckluft mit ca. 3 bar in Gang gehalten wird.

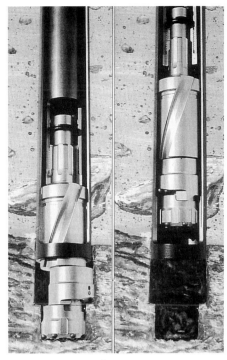

9.3.1 Schema des Überlagerungsbohrens (206)

Gebohrt wird von einer Bohrinsel aus, die meist aus einem Ponton oder einem katamaran-ähnlichen Schwimmkörper, d. h. aus zwei nebeneinander angeordneten und starr verbundenen Pontons besteht und bis zu 8 verschieb- bzw. verfahrbare Bohrgerüste samt den erforderlichen Kompressoren (Bild **9.3**.2) trägt.

9.3.2 Bohrinsel mit 3 Bohrlafetten

Während des eigentlichen Bohreinsatzes muß das Bohrschiff aufgestelzt werden, damit die Bohrgeräte einen ruhigen Stand haben und nicht eventuell allein durch die Wasserbewegung die Bohrgestänge abgebrochen werden. Schon die Überlagerungsschichten können eine Mächtigkeit bis zu 20 m haben, hinzu kommt dann noch einmal das eigentliche Bohrloch mit 5–10 m Tiefe. Die Gefahr, daß das Bohrgestänge bricht, ist immer gegeben – allein schon durch eine eventuell erzwungene Ablenkung des Bohrloches durch Steine, Klüfte oder harte Felspartien. Daher ist der feste Standort für die Bohrgeräte eine Grundvoraussetzung für jedes Unterwasserbohren. Für einfache Fälle genügt oft ein Stelzenponton, für größere Bohrvorhaben müssen Hubinseln verwendet werden (Bild **9.3.**3).

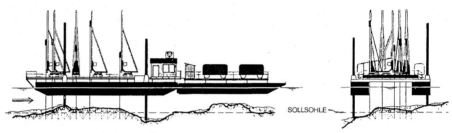

9.3.3 Arbeitsschema Unterwassersprengen [105]

Bohren und Sprengen sollten auf jeden Fall einem erfahrenen Sprengmeister überlassen werden, – schon allein im Hinblick auf die zu beachtenden Sicherheitsvorschriften. Soviel sei hier noch erwähnt: Gebohrt werden sollte nach einem wohl überlegten Bohrlochraster, wobei die Bohrlöcher einen Abstand von 1,0 bis 1,5 m im Quadrat haben, diese werden jedoch wieder von der Felsmächtigkeit bzw. der vorgesehenen Abtragshöhe beeinflußt. So kann eine Abtragshöhe von 2 m einen Bohrlochabstand von ebenfalls 2 m zulassen, wobei immer zu bedenken ist, daß die gesprengten Felsbrocken um so größer (und damit schwieriger zu beladen) sind, je größer die Maschenweite des Bohrlochrasters ist.

9.3.4 Zahnverschleiß beim Felsbaggern (nach 15 Minuten!)

Bei Unterwassersprengungen sind die Sprengladungen immer in den Bohrlöchern unterzubringen. Auf- oder untergelegte Ladungen ohne ausreichende Verdämmung für die Sprengwirkung sind fast immer von geringem Erfolg. Im Normalfall liegt der Sprengstoffbedarf bei etwa 0,8 bis 1,5 kg/m³. Gesprengt wird vor allem mit Ammongelit 3, der in Patronen in die Bohrlöcher geladen wird. In ungünstigen Felsvorkommen kann der Sprengstoffbedarf bis etwa 4 kg/m³ (!) ansteigen.

Es sei an dieser Stelle nochmals darauf hingewiesen, daß man in der Bearbeitungsskala Reißen – Meißeln – Fräsen – Sprengen auch immer an das Fräsen (durch Schneidkopfbagger) denken sollte, aber auch die sehr hohen Reparaturkosten der Fräswerkzeuge (vor allem der Zähne) und Antriebsvorrichtungen (Getriebe, Seile, Ketten usw.) berücksichtigen muß (Bild **9.3.**4). In extremen Fällen müssen die Zähne nach ca. 15 Minuten Einsatz bereits gewechselt werden, was große Betriebsunterbrechungen mit sich bringt. Andererseits läßt sich das gefräste Felsmaterial meist recht gut fluidisieren und damit im Spülbetrieb transportieren, was die Nachbehandlung des gelösten Materials stark vereinfacht. Die Transportkette schrumpft dann auf Baggerpumpe – Spülrohrleitung – Absetzbecken zusammen und liegt damit wesentlich günstiger als alle anderen Verfahren aus dem Bereich Bohren und Sprengen.

9.4 Grabwerkzeuge

9.4.0 Vorbemerkungen

Die Grabwerkzeuge stehen am Anfang der hydraulischen Förderkette, – die Spülkippe am Ende. Aber bevor der Boden einer Trägerflüssigkeit aufgegeben und als Gemisch transportiert werden kann, muß er „gewonnen", – also gelöst – werden. Das geschieht

> entweder durch reines Saugen
> oder durch Schneiden
> oder durch Schneiden + Saugen,

wobei vorbereitende Hilfsoperationen wie

> Schürfen und
> Reißen

hinzuzurechnen sind. Grundsätzlich gelten dabei die gleichen Gesichtspunkte wie beim trockenen Graben der Bagger und Flachbagger, jedoch wird diesem Aspekt oft viel zu wenig Beachtung geschenkt, weil man den Gewinnungsvorgang unter Wasser nicht beobachten und nur aus dem geförderten Feststoffgehalt auf die Brauchbarkeit der Werkzeuge schließen kann.

Obwohl sie – streng genommen – der hydraulischen Förderung nicht zuzuordnen ist, soll mit der (robusteren) Eimerkette begonnen werden. Drei Zustandsgruppen müssen beim Einsatz eines Eimerkettenbaggers im Zusammenhang mit der Bodengewinnung unterschieden werden: Das Material kann

> entweder aus Sand
> oder aus Schotter bzw. Bruchsteinen
> oder aus Fels

bestehen, wobei letzterer zuvor gerissen, also aus dem zusammenhängenden Verband gelöst werden muß. Reines Saugen ist nur bei locker gelagertem Sand möglich, während bindiger Boden den Einsatz eines Schneidkopfes (oder Schneidrades) erfordert. Schwemmsand und Schlamm sind die Domäne des Schleppkopfes.

9.4.1 Eimerketten

Einen Eimer für den normalen Feinsandeinsatz zeigt Bild **9.4**.1. Zwar hat die Formgebung des Eimers ebenfalls Einfluß auf die Eimerfüllung, aber bei diesem – leichtesten – aller Eimerkettenbaggereinsätze liegt das Problem nicht beim Lösen und Laden, sondern beim Entleeren des Eimers. Die jeweilige Eimerfüllung muß über eine Strecke von 15–30 m durch Transport in der Eimerkette vom Unter- bis zum Oberturas hochgehoben werden und wird bei diesem Kettentransport gründlich durchgerüttelt. Dabei wird das Korngemisch verdichtet und das Porenwasser ausgetrieben. Durch die dichte Lagerung der Körner bildet sich dann eine Art „scheinbare Kohäsion", die die Füllung unter Umständen beim Auskippen im Eimer festhält und dadurch die Ladeleistung erheblich beeinflußt. Abhilfe kann hier die Reduzierung der Haftfläche durch eine feine Perforierung der Rückwand oder durch Siebbleche schaffen.

9.4.1 Normaler Bodeneimer für den Eimerkettenbagger

Obwohl der Eimerkettenbagger eine verhältnismäßig grobe Gewinnungsmaschine ist, kann es bei größeren Einsätzen zweckmäßig sein, die Eimer den jeweiligen Einsatzbedingungen anzupassen. Dabei läßt sich unterscheiden zwischen

> dem normalen Sand-Eimer,
> dem perforierten Eimer,
> dem Geröll-Eimer,
> dem Reiß-Eimer für Fels.

Zwar ist die große Anzahl der Eimer einer solchen Maßnahme nicht gerade förderlich – große Eimerkettenbagger haben 60–80 Eimer an einer Eimerkette für Baggertiefen bis 30 m – aber bei schwierigen Bodenverhältnissen und langer Einsatzdauer ist die Auswechselung und Anpassung der Eimerkette doch empfehlenswert.

Je härter das Material wird, das gefördert werden soll, um so größer ist der Eimerverschleiß, und um so robuster müssen die Eimer sein. Während Sandeimer nur aus Blech geformt sind, werden bei festeren Eimern immer mehr Gußteile bis hin zum insgesamt gegossenen Eimer verwendet. Allgemein werden alternativ 2 verschiedene Ketten (und damit Eimer) verwendet: Die Boden- und die Felskette. Ein Eimer bei einem der größten Eimerkettenbagger, der „Hansa", wiegt 2,9 t. Bei diesem Gewicht hat der Bodeneimer einen Inhalt von 0,9 m³, der Felseimer einen solchen von 0,6 m³, d. h. die Verstärkung der Eimerausführung geht – bei gleichem Gesamtgewicht – auf Kosten des Eimerinhalts und damit der Leistung.

Der Felseimer (Bild **9.4.**2) ist mit Zähnen bewehrt, – um den Fels in gewachsenem Zustand gut reißen zu können und um in Geröll und Geschiebe besser einzudringen. Die Zähne wirken dann wie die Zinken einer Schottergabel und nehmen das Haufwerk besser auf. Die Reißkraft eines Eimers reicht bis ca. 50 t, und die gesamte Eimerkette kann bis über 900 t schwer werden, wobei großes Gewicht gerade für das Eindringen der Felskette vorteilhaft ist. Man mag über den Eimerkettenbagger denken, wie man will: Zum Profil- und zum Felsbaggern wird er noch immer von keiner anderen Bauart übertroffen.

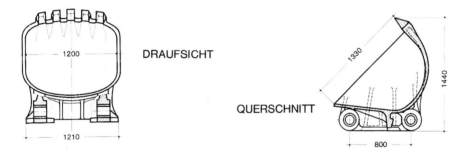

9.4.2 Felseimer (mit Zähnen) für den Eimerkettenbagger „Herkules" [101]

9.4.2 Saugkopf

Er besteht im einfachsten Fall aus einer einfachen Rohrmündung, die bei größeren Ausführungen zu einer trichterförmigen Aufweitung umgeformt und – um Steine fernzuhalten – mit einem Steingitter versehen ist (Bild **9.4.**3). Um in härteren Sandablagerungen das Lösen zu erleichtern, – also überall dort, wo die Saugwirkung des Wasserstromes nicht ausreicht, um das Korngemisch aus seiner Einlagerung in die Umgebung herauszureißen, – kann eine Vorlockerung mit Druckwasser erfolgen. Ein solcher druckwasseraktivierter Saugkopf steht in der „Aggressivitätsskala" zwischen dem normalen Grundsauger und dem Schneidkopfsauger.

9.4.3 Saugkopf am Grundsauger [201]

9.4.3 Schneidkopf

Nachdem Schneidkopfsaugbagger die am häufigsten eingesetzten Maschinen der Naßbaggerflotte sind, kommt den Schneidköpfen besondere Bedeutung zu – das um so
mehr, als für Schneidkopfbagger ständig neue Einsatzmöglichkeiten gefunden werden.
Hingewiesen sei nur auf die steigende Verwendung dieser Geräte zum Baggern von Fels,
wobei aus dem Schneidkopf immer mehr ein Fräskopf oder Reißkopf wird, denn Fels
(man denke etwa an Korallenfels) läßt sich nicht mehr „schneiden". Entstanden sind die
Schneidkopfbagger, als man nach einer Möglichkeit suchte, den Saugbagger auch in fest-
gelagertem Feinsand und Kleiboden einzusetzen, der sich nicht mehr (nur) saugen ließ.
Dem Saugmund wurde ein Lösegerät vorgesetzt, das – rotierend – den Boden löst und
in kleine Späne aufbereitet, die dann vom Saugstrom mitgenommen werden können.

Über die zweckmäßige Ausbildung des Schneidkopfes gibt es viele Ansichten und Theo-
rien. Tatsache bleibt, daß die optimale Form bis heute nur durch Probieren gefunden
wird – da man die Arbeit eines Schneidkopfes unter Wasser nicht beobachten kann – und
daher viele Schneidkopfbagger immer mehrere Schneidköpfe an Bord haben, die von
Fall zu Fall ausgewechselt werden, – wobei zu bedenken ist, daß ein Schneidkopf bis zu
3 m Durchmesser haben und mehrere 100 000 Mark kosten kann.

Grundsätzlich lassen sich 3 verschiedene Schneidkopfformen unterscheiden, je nachdem
ob sie Feinsand, Kleiboden oder Fels baggern müssen. Der Schneidkopf für festgelagerten Sand (Bild **9.4.**4) hat meist nur Schneiden als eigentliches Lösewerkzeug, die unter
Umständen wellen- oder zahnartig eingefräst sind. Das andere Extrem ist der Fels-
Schneidkopf, der in seiner aggressivsten Form eigentlich nur noch aus korbförmig angeordneten Zähnen besteht. Felsköpfe sind aus Stahl gegossen und mit sogenannten Adap-

9.4.4 Schneidkopf für Sand

tern versehen, in die die Zähne eingesetzt werden. Einen Mittelweg beschreiten die für universelle Verwendung entwickelten Schneidköpfe, deren Schneidmesser mit mehr oder weniger vielen Zähnen besetzt sind, wobei diese „Zähne" auch Rundschaftmeißel sein können.

Besonderes Interesse kommt den Felsköpfen für den Fräs- oder Reißeinsatz zu, die das aufwendige Bohren und Sprengen ersetzen. Sie sind besonders hohem Verschleiß ausgesetzt und müssen sehr oft instandgesetzt werden. Der Extremfall sieht so aus, daß ein solcher Fräskopf beim Einsatz in hartem Korallenfels nach $^1/_4$stündigem Einsatz so verschlissen ist, daß er ausgebaut und zumindest die Zähne, oft auch die zugehörigen Adapter, ausgewechselt werden müssen. Dazu gehört eine leistungsfähige Reparaturwerkstatt (Bild **9.4.**5). Für diese Prozedur müssen immer eine ganze Reihe von Schneidköpfen vorgehalten werden (die Reparatur eines solchen Kopfes dauert viel länger als die Zähne vom Verschleiß her aushalten).

9.4.5 Felskopf bei der Reparatur

9.4.6   Schneidkopfformen im Modell

Mit Erfolg wird versucht, Schneidköpfe im Modellversuch zu optimieren und die Ergebnisse mit Hilfe der Dimensionsanalyse in die Wirklichkeit zu übertragen [15]. Die verschiedenen Schneidkopfformen (Bild **9.4.**6) werden dann durch Variation ihrer Betriebsparameter (Drehzahl, Drehmoment, Vorschub, Grabtiefe, Andruck) auf ihre jeweils erzielbare Förderleistung (in m^3/h) untersucht, wobei das gelöste Material (ganz wie in der Wirklichkeit) hydraulisch abgesaugt wird. Dabei wird Modellboden verwendet, der nicht aufschlämmt, – also keine Trübung des Wassers verursacht und damit eine Beobachtung des Schneidvorganges ermöglicht (Bild **9.4.**7).

9.4.7   Schneid- und Saugvorgang im Schneidkopf [203]

9.4.4 Schleppkopf

Schleppköpfe sind die Arbeitswerkzeuge der Laderaumsaugbagger (Bild **9.4**.8). Sie befinden sich am unteren Ende der Saugrohre und lösen den Boden entweder durch reines Saugen (Erosion) oder durch Schneiden (Excavation) nach Art der trockenen Erdbauwerkzeuge. Die Industrie bietet 4 Bauvarianten an:

    den Universalschleppkopf
    den saugenden Schleppkopf
    den schneidenden Schleppkopf
    den Schleppkopf mit Führungswalze.

Am gebräuchlichsten ist der Universal-Schleppkopf (Bild **9.4**.9). Er besteht aus einem fest mit dem Saugrohr verbundenen Teil und einem beweglich an dieses angelenkten „Visier" (Bild **9.4**.10). (Dieser Begriff entspricht etwa dem des Visiers am Schutzhelm einer Ritterrüstung!) Während des Saugens „schleift" das Visier auf dem Flußgrund. Die zum Wassereintritt erforderliche Spaltöffnung zwischen Visier und Untergrund wird durch verstellbare Schleifschuhe sichergestellt. Schon damit beginnt die „hohe Kunst" des Schleppsaugens: Der Saugspalt sollte einerseits so schmal wie möglich sein, um viel Feststoff anzusaugen, andererseits aber breit genug sein, um die nötige Wassermenge für den Feststofftransport mitzunehmen. Dabei kann die Spalthöhe entweder über die Schleifschuhe (passiver Typ) oder das gesamte Visier über Hydraulikzylinder (aktiver Typ) verstellt und dem Betrieb laufend angepaßt werden.

9.4.8 Schleppkopf außenbords angehoben

9.4.9 Schleppkopf mit hydraulisch verstellbarem Visier

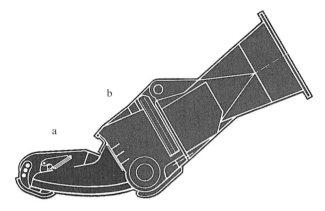

9.4.10 Standard-Schleppkopf [201]
a: Visier mit verstellbaren Gleitschuhen
b: Saugrohr-Anschluß

Der oft eingesetzte California-Schleppkopf unterscheidet sich von dem ersteren dadurch, daß er 2 vertikal bewegliche Saugtatzen hat. Er ist vor allem für bessere Anpassung an unebenen Untergrund und für das Saugen von dicht gelagertem Feinsand gedacht (Bild **9.4.**11).

9.4.11 California-Schleppkopf, mit zweigeteilter Saugfläche [202]

Der schneidende Schleppkopf (excavating type) wird in harten, festen Böden eingesetzt, die nicht mehr durch Saugen allein zu lösen sind. Sie werden mit Schneiden in flachen Spänen gelöst und eventuell durch Reißzähne vorgelockert. Auch hier können die Schneiden, die sich am Visier befinden, entweder über Lochstangen fest eingestellt oder über Hydraulikzylinder während der laufenden Schleppfahrt verstellt werden (Bild **9.4.**12).

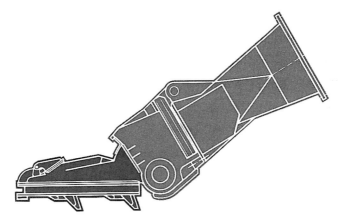

9.4.12 Visier mit Reißzähnen für den Felseinsatz [201]

Schließlich ist der Schleppkopf mit Führungswalze zu erwähnen (Bild **9.4.**13), bei dem eine Walze die Führung des Visiers (vor allem in der Höheneinstellung) übernimmt, d. h. für die richtige „Spaltöffnung" zwischen Visier und Boden sorgt. Dieser Schleppkopf wird vor allem in weichem Untergrund eingesetzt, wobei die Walze ein Einsinken des Kopfes verhindern soll. Die Walze ist auch vorteilhaft überall dort, wo mit größeren Hindernissen in der Schleppbahn (Steine, Baumreste usw.) zu rechnen ist.

9.4.13 Walzen-Schleppkopf für den Einsatz in Schlick [202]

Die meisten Schleppköpfe werden heute zur Verbesserung der Lösewirkung mit Druckwasseraktivierung eingesetzt (Bild **9.4.**14). Die Kunst des Schleppkopfsaugens besteht – abgesehen von der Wahl des richtigen Saugkopfes – für den Baggermeister (den „Rohrführer") darin, das Saugrohr in der richtigen Position zum Flußgrund zu halten

9.4.14   California-Schleppkopf mit Druckwasser-Aktivierung [201]

und dafür zu sorgen, daß der Spalt zwischen Visier und Saugfläche den günstigsten Abstand hat. Die Grobeinstellung des Saugrohres läßt sich über ein Anzeigeinstrument kontrollieren (Bild **9.4.**15), die Feineinstellung (des Öffnungsspalts) kann nur über den Feststoffaustrag überwacht werden. Druckwasseraktivierung bringt fast immer eine merkliche Besserung des Saugerfolges. Moderne Schleppkopfbagger sind mit einer Unterwasserpumpe im Saugrohr ausgerüstet und erfahren auch dadurch eine beträchtliche Steigerung der Saugwirkung und erzielen größere Einsatztiefen (s. Bild **12.**5).

Der Vollständigkeit halber sei erwähnt, daß es neben dem Schleppkopf auch einen „Stechkopf" gibt. Bei ihm ist das Saugrohr nicht schräg nach hinten, sondern schräg nach vorn gerichtet, wobei dieses Schiff mehr als selbstfahrender schwimmender Grundsauger betrachtet werden kann (s. Bild **6.6.**2).

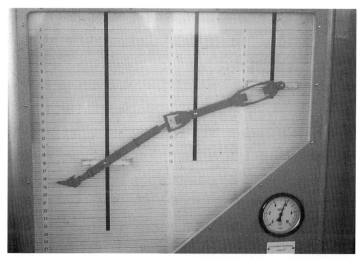

9.4.15   Höhenanzeige für die Schleppkopfführung

9.4.5 Schaufelrad

In neuerer Zeit finden Schaufelräder Verwendung, wobei zu unterscheiden ist zwischen

> Schaufelrädern
> Schneidrädern
> Doppel-Schneidrädern.

Unterwasser-Schaufelräder arbeiten im Prinzip wie die Schaufelräder der Trockenbagger: Sie „schütten" (unter Wasser!) das gelöste Material in Aufnahmebehälter, aus denen es abgesaugt wird. Die Saugkammer befindet sich im Scheitel des Schaufelrades, das Material wird in der Schaufel nach oben gehoben und rutscht dann in die Saugkammer (Bild **9.4.**16).

9.4.16 Schaufelrad
(Saugrad)
[201]

Das Schneidrad hat keine Schaufeln, sondern ist dicht besetzt mit Schneidbügeln (Bild **9.4.**17), die hinten offen sind. Der Saugmund (statt der Saugkammer) befindet sich im vorderen Viertel des Radkreises. Die Arbeitsweise dieses Rades unterscheidet sich von der des klassischen Schaufelrades: Die Schneidbügel haben nur die Aufgabe, den

9.4.17 Schneidrad
[202]

Boden zu lösen. Unmittelbar neben dem Lösebereich befindet sich der Saugmund, der das gelöste Material direkt hinter der Schneide absaugt. Hier ist eine Begrenzung durch die Korngröße des gelösten Materials insofern gegeben, als die Spaltbreite zwischen den aufeinanderfolgenden Schneiden die maximal Durchlaßöffnung festlegt. Die Schneidbügel sind also nur zum Lösen des Materials vorgesehen, die Weiterförderung übernimmt direkt der Saugstrom der Baggerpumpe. Zum völligen Entleeren des in den Schneidbügeln haftenden Bodens dient ein Sporn, der in die Bügelöffnung eingreift und den anhaftenden (klebenden) Boden in den Saugmund drückt. Diese Methode ähnelt der des Schneidkopf-Saugbaggers.

Die 3. Variante (Doppel-Schneidrad) verwendet 2 Schneidradhälften nach Bild **9.4.**18 mit dem Radträger samt Saugmund und Förderrohr in der Mitte zwischen den beiden Radhälften. Diese Anordnung hat den Vorteil, daß die Sauwirkung der Baggerpumpe über den Saugmund besser gebündelt werden kann. In der Mitte zwischen den beiden Schneidradhälften befindet sich ein Mittelsteg, und die (in Saugrichtung) dahinterliegende Saugrohröffnung hat eine Klappe, die den Förderstrom jeweils der schneidenden Radhälfte in den Saugmund leitet.

So interessant das in der Theorie klingt, so sind die praktischen Probleme noch nicht befriedigend gelöst. Das betrifft vor allem die Umlenkung des Förderstromes vom Schneidbügel in das (rechtwinklig dazu angeordnete) Saugrohr mit der Bremswirkung des Mittelsteges.

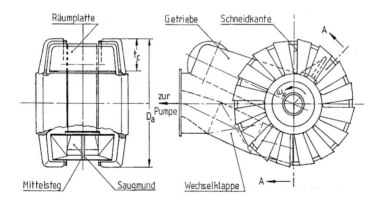

9.4.18 Doppelschneidrad [201]

9.5 Rammen

Zunächst ist zu unterscheiden, ob man das langsame oder schnelle Schlagen oder das Vibrieren im Sinn hat. Die beiden letzteren kommen nur für leichtere Rammarbeiten, vor allem für den Umgang mit Spundbohlen, in Frage; eine größere Rolle im Wasserbau spielt nur das langsam schlagende Rammen mit schweren Rammbären für das Eintreiben von Stahlrohren, Dalben und anderen schweren Stahlkonstruktionen.

Und welche Probleme stehen dabei im Vordergrund? Da ist die Frage nach der Aufstellung der Ramme, d. h. ob die Ramme von einem Schwimmponton aus arbeiten soll, ob ein Rammgerüst errichtet werden muß oder ob von Land aus gerammt werden kann, – z. B. bei der Errichtung von Kaimauern, wo sich hinter der eigentlichen Ufermauer oft ein vielgliedriges Gerüst von Stütz- und Ankerpfählen verbirgt.

Weiterhin problembehaftet ist die Auswahl des geeigneten Mäklers, wobei die Industrie eine Fülle von Varianten anbietet. Auch das Thema Schlaghauben – die großen „Energiefresser" jeder Rammarbeit – gehört hierher und schließlich der richtige Umgang mit der Rammbrücke. –

Schwimmramme oder nicht? (Bild **9.5.**1) Zu Bedenken ist, daß die Schwimmramme auf einem Ponton steht, dieser Ponton vom Wasserspiegel abhängig ist und Tidehub, Wellenbewegung und Strömung die Standruhe der Ramme beeinflussen und oft Schwierigkeiten bei der geforderten Präzision der Rammarbeit bereiten. Hinzu kommt, daß die Ramme eventuell verfahrbar auf dem Ponton aufgestellt wird, um ein häufiges Verhohlen zu ersparen, und damit den Schwerpunkt der gesamten Schwimmramme und somit auch die Neigung des Rammgerüstes beeinflußt. Der Trend geht daher immer hin zu einer festen Aufstellung der Ramme, – entweder auf ein Hilfsgerüst (meist mit einer Rammbrücke verbunden) oder auf das Land. Das gilt besonders für das Rammen von Schrägpfählen bis hin zu Ankerpfählen mit einer 1:1-Neigung.

9.5.1 Schwimmramme

Das Hilfsgerüst, bestehend aus einer vorübergehenden Holzkonstruktion, wird meist mit einer schwimmenden Bockramme (der Urform der Gerüstramme) geschlagen und zur besseren Beweglichkeit der Ramme in Längs- und Querrichtung mit einer Rammbrücke versehen (Bild **9.5.**2).

9.5.2 Hilfsgerüst für das Rammen von Spundbohlen

Sind nur Ankerpfähle (Schrägpfähle 1:1) zu rammen, so kann man unter Umständen das Rammgerüst auf sehr einfache Weise durch ein Gestell ersetzen, das den Mäkler (und darauf den Rammbär) trägt, wie es Bild **9.5**.3 zeigt. Überhaupt ist das Spiel mit den Mäklervarianten nicht zu unterschätzen. Oft kann das teure Rammgerüst durch einen (meist sowieso vorhandenen) Seilbagger ersetzt werden (Bild **9.5**.4). Neben dem Hängemäkler hat auch der Ersatz des Mäklers durch die freireitende Anordnung des Rammbärs – auch bei schweren Rammgütern – größere Bedeutung.

9.5.3 Rammwagen mit Stahlgerüst und Mäkler für das Rammen von Ankerpfählen 1:1
        mit Dieselbär

9.5.4 Hängemäkler für Ankerpfähle 1:1

9.5.5 Schlaghaube für großes Stahlrohr

Sehr häufig wird der Einfluß der Schlaghaube übersehen. Zunächst einmal gibt es die verschiedensten Ausführungen der Schlaghaube mit unterschiedlichem Schlagfutter (siehe Bild **7.15.**8), angefangen vom (möglichst zu vermeidenden) Schlagen Stahl auf Stahl bis hin zum „weichen" Futter aus Holz oder Kunststoff. Einer damit geht die Schlagwirkung, – der sogenannte „Stoßwirkungsfaktor" –, ebenso aber auch die Notwendigkeit, das Schlagfutter immer wieder auszuwechseln.

In diesem Zusammenhang gehört die Anpassung der Schlaghaube an die Kopfform des jeweiligen Rammgutes. Ein Stahlrohr verlangt eine ganz andere Schlaghaubenform (Bild **9.5.**5) als ein Peiner Träger (Bild **9.5.**6). Immer geht es darum, den Rammschlag von der meist runden Schlagplatte des Bären möglichst gleichförmig auf die

9.5.6 Schlaghaube für IP 1000

Kopfform des Rammgutes zu verteilen.
Die Schlaghaube für einen Betonpfahl
verdeutlicht das am besten (Bild **9.5.**7).

9.5.7 Schlaghaube zum Rammen von
Betonpfählen (mit Holzeinlage)

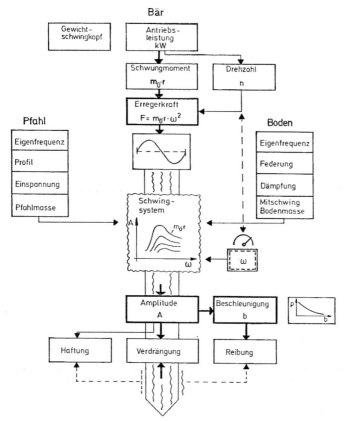

9.5.8 Die Wirkgrößen der Vibrationsrammung im Zusammenspiel

Bei der Dimensionierung des Rammbärs geht es nicht nur um dessen Schlagwirkung, sondern auch darum, ob das Rammgut diesen Schlag auch „aushalten" kann. Dabei stehen 2 Eigenschaften im Vordergrund: Die „Nehmerqualität" des Pfahlkopfes (erfaßt über die sogenannte „Quetschfestigkeit") und die Verformungssteifigkeit. Im einen Fall kann schon der Pfahlkopf, bestimmt aber der Pfahlfuß („Tulpenbildung") zerschlagen werden, im anderen Fall verbiegt sich der Pfahl (z.B. beim Auftreffen auf einen Stein) und nimmt beim Weiterrammen eine ganz andere (meist von oben nicht erkennbare) Richtung ein.

Noch ein Wort über die Vibrationsrammung – die im Wasserbau eigentlich nur für das Rammen von Spundbohlen und für das Ziehen auch schwererer Rammgüter Bedeutung hat. Immer sollte man sich den „Mechanismus" vor Augen halten (Bild **9.5**.8): Das in seiner Gesamtheit schwingende System. Es schwingt nicht nur der Bär, sondern seine Schwingungen sind eingebunden in die Schwingungen des Rammgutes und des Bodens, die sich gegenseitig beeinflussen und die integrierte Gesamtfrequenz unter Umständen erheblich verändern.

Und noch eines sei bemerkt: 2 Kennwerte spielen eine ganz besondere Rolle: die Amplitude und die Beschleunigung. Erstere – eine Art (wenn auch sehr schnelle) Schlagwirkung ähnlich einem besonders schnell schlagenden Bär – und die Beschleunigung als die Erzeugerin jenes „pseudoflüssigen Zustandes" im Boden, der die Korn-zu-Korn-Reibung reduziert. Letzten Endes sinkt der Pfahl nur deswegen in den Boden ein, weil ein Gewicht auf ihm lastet, wobei die Vibration die Mantelreibung reduziert und das Korngerüst des Bodens „aufweicht".

Ausführlich werden alle Fragen des Rammens in [10] behandelt.

9.6 Bohren

Auch das Bohren steht nicht im Mittelpunkt des maschinellen Wasserbaus. Größere Bedeutung hat hier nur das Großlochbohren, wie es in Abschn. 7.15 beschrieben wurde. Insgesamt werden alle mit der Bohrtechnik in Zusammenhang stehenden Fragen in [10] behandelt. Soviel sei hier gesagt:

Gelöst wird das Material der Bohrlochsohle entweder durch drehendes Schneiden oder durch keilförmiges Eindrücken mit seitlichem Abspalten. Konkret heißt das: Für das hier interessierende Großlochbohren mit Durchmessern zwischen 2,0 und 5,0 m werden in weichem Boden rotierende Schneidköpfe oder in hartem Boden Bohrköpfe mit Zahnrollenmeißeln eingesetzt (Bild **9.6**.1). In beiden Fällen wird also „gedreht" (Bild **9.6**.2), und damit spielen 2 Faktoren die entscheidende Rolle für den Erfolg des Bohrens („Bohrfortschritt"):

> das Drehmoment am Drehkopf und
> der Andruck des Bohrwerkzeuges.

Auch hier wieder haben Extremwerte keinen Sinn, und beide Größen müssen in einem ausgewogenen Verhältnis zueinander stehen: Das Drehmoment muß im Drehantrieb ein ausreichendes Widerlager (Widerstandsmoment) besitzen und ein zu hoher Andruck darf den Bohrkopf nicht „festbremsen". Oft ist allerdings zu beobachten, daß der Andruck zu gering ist und das Bohrwerkzeug (Schneiden oder Zähne) nicht genügend in

9.6.1 Bohrkopf mit Rollenmeißel und Saugrohr für das Bohrklein

9.6.2 Drehtisch für ein Rotary-Bohrgerät (s. o.)

das Material eindringt, – nicht „greift", sondern den Boden nur „abschmirgelt", ohne ausreichende Tiefenwirkung zu erzielen. Das Resultat ist dann: geringer Bohrfortschritt.

Auf die Werkzeuge sollte man besonders achten: Schneidende Bohrköpfe sollten nur in schnittfähigem Boden und Zahnrollenbohrköpfe nur in sprödem – seitlich wegplatzendem – Material eingesetzt werden. Zahnrollenmeißel in plastisch klebenden Böden führen sehr schnell zu einem Verkleben der Zähne und damit zu einer Beendigung des Eindringvorganges.

Auf eine Bohrmethode sollte noch besonders hingewiesen werden, die eigentlich nicht unter den Begriff „Bohren" fällt, aber oft der Retter in der Not sein kann, wenn Geröll durchbohrt werden muß: das Schlagbohren (Bild **9.6.**3). Es besteht aus einem sehr ro-

9.6.3 Schlagbohrmaschine Benoto auf Bohrwagen

bust gebauten Schlagbohrer (Bild **9.6.**4) – auch „Bohrgreifer" genannt – und benötigt
ein Mantelrohr als Bohrlochsicherung bzw. Verrohrung mit einer Verrohrungsmaschine.
Der Schlagbohrer wird auch mit Geschiebe, mürbem Fels und schieferigem Untergrund
fertig. Gelingt das nicht, so kann im Bohrloch ein Fallmeißel (im Austausch gegen den
Bohrgreifer) oder ein zum Felsmeißel umgebauter Schnellschlagbär eingesetzt werden.
Oft ist auch empfehlenswert, die unterste Mantelrohrschneide mit Zähnen oder Rund-
schaftmeißeln zu besetzen (Bild **9.6.**5).

Auch hier sei auf ausführliche Informationen in [10] hingewiesen.

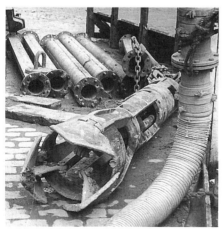

9.6.4 Schlagbohrer   **9.6.**5 Schneidkranz für das Mantelrohr

9.7 Arbeitsüberwachung

Oberstes Ziel jeder Naßbaggerförderung ist die Erzielung einer möglichst hohen Feststoffkonzentration. Nur die transportierte Feststoffmenge wird vergütet, – das Wasser ist nur Transportmittel („Förderband") und spielt in der Ertragsrechnung keine Rolle.

Als die Instrumentenindustrie noch nicht so leistungsfähig war wie heute, orientierte sich der Baggerführer eines Saugbaggers an der Farbe des „Blumenkohls": Je dunkler die Wasserfontäne am Ende der Druckleitung (bei Austritt in die Spülkippe) aussah, um so größer war der Feststoffgehalt im Förderstrom (Bild **9.7.**1). Das mochte ausreichen, solange dieser Blumenkohl in Sichtweite des Saugbaggers lag. Auch heute wird bei kleineren Geräten teilweise noch nach dieser Methode gearbeitet.

9.7.1 Gemisch-Austrag am Ende der Spülleitung („Blumenkohl")

Man versetze sich aber einmal in die Situation eines Baggerführers (die Holländer nennen ihn „Dredgemaster"), der seinen Schneidkopfsaugbagger so steuern muß, daß er möglichst viel Feststoff transportiert: Der rotierende Schneidkopf und die schwenkende Schneidkopfleiter, die an einem Kranausleger auf bestimmter Höhe gehalten wird, die Drehgeschwindigkeit des Schneidkopfes, die Schwenkgeschwindigkeit (um den Arbeitspfahl) des Schiffes und die Grabtiefe des Schneidkopfes müssen auf maximalen Feststoffaustrag abgestimmt sein. Hinzu kommt die Drehzahl der Baggerpumpe, die die Fördergeschwindigkeit des Wasserstromes reguliert, ferner die Vakuumverhältnisse in der Pumpe, die maßgebend sind für die Saug- und Druckfähigkeit der Pumpe, sowie die Boden-Abtragshöhe, die wieder die Häufigkeit der Schrittwechsel (und unter Umständen auch die Schrittweite) des Schiffes bestimmt. Das alles muß der Baggerführer im Auge haben, wenn er das Ziel der „optimalen Produktion" erreichen und aufrecht erhalten will.

Moderne Naßbagger sind heute mit einer Vielzahl von Instrumenten ausgerüstet, die dem Baggermeister die Arbeit wesentlich erleichtern und den gesamten Bagger wenigsten zum Teil automatisch steuern. Naßbaggerschiffe sind sehr teure Baumaschinen und wollen so wirtschaftlich wie möglich eingesetzt und ausgenutzt werden. Dazu gilt es, den Baggermeister so weit wie möglich zu entlasten.

9.7.2 Führerstand eines modernen Schneidkopfsaugbaggers („Noordzee")
[202]

Der Führerstand eines Naßbaggers gleicht heute mehr dem Cockpit eines Flugzeuges.
Schalter, Hebel, Monitore und Dipsticks breiten sich vor ihm aus und wollen optimal bedient werden (Bild **9.7**.2). Das wohl wichtigste Anzeigeinstrument z. B. bei einem Laderaumsaugbagger ist dann das „integrierte Daten-Schaubild" nach Bild **9.7**.3, das die wesentlichen Betriebsdaten des Baggers laufend anzeigt und dem Baggerführer zur optimalen Einstellung seines Schiffes dient.

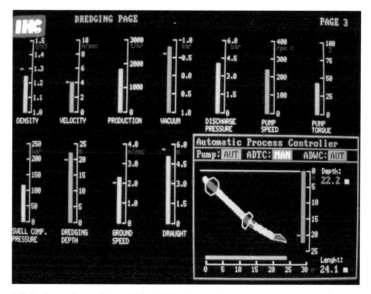

9.7.3 Integriertes Daten-Schaubild eines Laderaumsaugbaggers [202]

Ein moderner Pumpenbagger (Schneidkopfsaugbagger; Laderaumsaugbagger) verfügt heute als Mindestausrüstung über Instrumente, die anzeigen

> die Vakuum-Verhältnisse in der Baggerpumpe:
> den Sog am Pumpeneintritt (Saugleistung) und
> den Druck am Pumpenaustritt (Druckleistung),
> die Fließgeschwindigkeit des Gemischstromes,
> die Ablagerung von Feststoff in der Druckleitung,
> die Feststoffkonzentration,
> die Produktion, d. h.
> die Feststoff-Förderleistung in m³/h.

Je größer das Gerät ist, um so mehr Instrumente kommen hinzu. Unterscheiden muß man dabei zwischen reinen Anzeigevorrichtungen, zusätzlichen Hilfen und automatischen Kontrollen. Das ergibt dann folgende Zusammenstellung (Tafel **9**.1).

Tafel **9**.1 Automatische Kontrollen in einem Schneidkopfsaugbagger

Auf dem Control Board eines Dredgers werden angezeigt:		
Gemischdichte	t/m³	1–1,5
Fahrgeschwindigkeit	m/s	0–10
Feststoffleistung	t/hp	0–3000
Unterdruck (Saugseite)	bar	0–6,8
Drehzahl Pumpe	U/min	0–400
Drehmoment	%	0–100
Schwell-Faktor	bar	0–250
Saugtiefe	m	0–25
Geschwindigkeit über Grund	m	0–4,0
Laderaumfüllhöhe	m	0–6

Außerdem ist vorhanden ein Production-Calculator.
Er ermittelt laufend die Feststoffleistung aus

Geschwindigkeit Schleppkopf	m/s
Gemischdichte	t/m³
für	
Endwert	t/h

Im sog. Yield Indicator wird dem Baggerfahrer gegenübergestellt:

die Ladeleistung	t/m³
bei bestimmter	
Fahrgeschwindigkeit	m/s

Im Dredged-Profile-Monitor wird angezeigt

der Schwenkbereich des Schneidkopfes
im Kanalprofil

Weitgehend automatisiert ist die Einstellung der Grabwerkzeuge, z. B. die Höhenstabilisierung von Schneidkopf, Schneidrad und Schleppkopf, die die Schwankungen des Schiffes abfängt, um die Arbeitshöhe des Schleppkopfes konstant zu halten. Der Schleppkopf soll eine bestimmte „Öffnungshöhe" zwischen Kopf und Bodenoberfläche beibehalten,

9.7.4   Steuerpult eines Laderaumsaugbaggers [202]

die möglichst klein sein sollte, damit nicht unnötiges Vakuum in der Saugleitung der Baggerpumpe verloren geht, – andererseits aber immer noch ausreichend, um einen unbehinderten Saugvorgang zu gewährleisten (Bild **9.7**.4).

Eine ganz andere Problematik stellt sich beim Laderaumsaugbagger: Der Laderaum muß möglichst gleichmäßig (vorn und hinten) beladen und die Ladegeschwindigkeit nach der Art des Ladegutes eingestellt werden. So sinken schwere Feststoffteilchen schnell ab (der Ladevorgang kann also zügig durchgeführt werden), während feinkörnige Teilchen länger schweben und der Ladevorgang langsamer vollzogen werden muß, damit nicht zuviel Feststoffanteile mit dem Überlaufwasser wieder weggeschwemmt werden. Auch gibt es eine Vorrichtung, die einen Förderstrom mit zu geringem Feststoffanteil gar nicht erst in den Laderaum, sondern gleich wieder über Bord leitet.

Die Automatisierung der Baggerpumpen erstreckt sich vor allem auf eine Vergleichmäßigung der Pumpendrehzahl zwecks Kraftstoffeinsparung und Verschleißreduzierung. Beim Eimerkettenbagger werden instrumentenüberwacht: Die Belastung der Eimerkette, die Anzahl der Eimer/Zeit, die Neigung der Kette, die Baggertiefe und die Kettengeschwindigkeit.

Wichtig bei den mehr stationär arbeitenden Geräten wie Eimerkettenbagger, Schneidkopfsaugbagger, Schaufelradbagger ist die Begrenzung der Zugspannung in den Ankerseilen. Siehe Abschn. 9.1, vor allem Bild **9.1**.9.

Ein moderner Naßbagger steckt voller Meßgeräte und voller Elektronik und wird mehr und mehr von einem Computerprogramm gesteuert, so daß sich der Baggerführer voll und ganz auf die Feststoffkonzentration konzentrieren kann.

Die zunehmende Automatisierung der großen Schwimmbagger sei am Beispiel der Schneidkopfsaugbagger von IHC (das auch für die Schneidradbagger gilt) veranschaulicht:

Grundsätzlich gilt es zu unterscheiden zwischen „Positionsdaten" und „Prozeßdaten", oder anders ausgedrückt: Zwischen den externen und internen Vorgängen im Schiff.

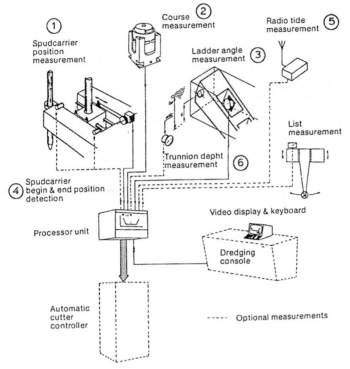

9.7.5 Automatisierung der fahrtechnischen Komponenten eines Schneidkopf-Saugbaggers [202]
1 Position Pfahlwagen
2 Kompaß
3 Neigung der Leiter
4 Endanzeige Pfahlwagen
5 Gezeitenstand
6 Anzeige Grabtiefe

Die externen Vorgänge werden im Rahmen der Automatisierung nach Bild **9.7.**5 aufgenommen und verarbeitet und über einen Prozessor mit Monitor visuell dargestellt. Dabei handelt es sich nicht um die nautische Position des Schiffes, sondern um die Lage des Schiffes gegenüber dem einzuhaltenden oder zu erreichenden Profil eines Aushubs. Im Monitor erscheint als Bildanzeige das Aushubprofil (z. B. das Kanalprofil) und die jeweilige Position des Grabwerkzeuges (Schneidkopf; Schneidrad); – anders ausgedrückt: es wird darin dargestellt: der Soll-Aushub, der Ist-Aushub und die Position des Schiffes im vorgegebenen Profil.

Die Verarbeitung der interen Vorgänge zeigt Bild **9.7.**6. Dort werden z. B. angezeigt:

  die Druckverhältnisse um die Pumpe,
  die Betriebsdaten des Schneidkopfes,
  die Seilspannungen in den Ankerseilen,
  die Schwenkgeschwindigkeit des Schiffes,
  die Gemischdichte.

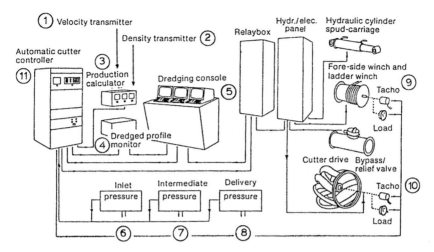

9.7.6 Automatisierung der Arbeitsbewegungen eines Schneidkopf-Saugbaggers [202]
1 Gemisch-Geschwindigkeit
2 Gemisch-Dichte
3 Leistungs-Rechner
4 Saugprofil-Anzeige
5 Sauganzeige
6 Pumpendruck : Saugseite
7 Pumpendruck : Pumpenraum
8 Pumpendruck : Druckseite
9 Front- und Seitenwinden
10 Schneidkopf
11 Automatik-Überwachung

Daraus wird zunächst die Feststoff-Ausbringung berechnet, rückwirkend dann der gesamte Bewegungsmechanismus (Drehzahl des Schneidkopfes, Drehzahl der Pumpe, Schwenkgeschwindigkeit) korrigiert, bzw. optimiert. Das alles geschieht im eigentlichen Steuerautomaten (automatic cutter controller), der das Bindeglied zwischen externer und interner Steuerung darstellt und den Baggerführer weitgehend entlastet.

In einem nicht-automatisierten Schwimmbagger (hier einem Laderaum-Saugbagger) hat der Baggerführer eine erhebliche Anzahl Anzeigegeräte ständig zu beobachten, um die Eingriffshöhe der beiden Schleppköpfe so zu steuern (bei fahrendem Schiff), daß im Endergebnis ein maximaler Feststoff-Austrag erzielt wird. – Die Erleichterung der Steuerung eines Schwimmbaggers durch die Automatisierung ist offensichtlich! Hinzu kommt, daß automatisierte Schwimmbagger auch nachts, also ohne externe Sichtkontrolle, sehr genau arbeiten können (Bild **9.7**.7).

Und wie sieht der Steuerstand der Zukunft aus? Der führende Schwimmbagger-Hersteller in Europa (die Firma IHC Holland) sieht ihn so (Bild **9.7**.8).

9.7.7 Steuerstand bei Nachtbetrieb [202]

9.7.8 Der Führerstand eines Naßbaggerschiffes der Zukunft [202]

10 Maschineneinsatz

10.0 Überblick

Auch im maschinellen Wasserbau ist jede Baustelle ein „System", und in der betrieblichen Abwicklung wird immer so etwas wie eine „Sinfonie" gespielt, wobei die Instrumente des Orchesters die beteiligten Baumaschinen sind. In den vorhergehenden Kapiteln wurden diese Instrumente für sich betrachtet. Nun sollen sie im Zusammenhang wirken und dabei zeigen, wie faszinierend der maschinelle Wasserbau sein kann. An einigen markanten Beispielen mit hoher Maschinendichte oder einem besonders bemerkenswerten Verfahrensablauf soll das veranschaulicht werden (Bild **10.0**.1).

10.0.1   Rammeneinsatz beim Bau eines Anlegers [104]

Es ist das Schicksal vieler großer Bauwerke – und auch die Tragik des Bauingenieur-Berufs – daß man nachher von dem „Ingenium", das dahintersteckt, kaum noch etwas spürt. Alles ist dann so selbstverständlich und niemand kommt noch auf die Idee, daran zu denken, welche Mühe es gekostet hat, so etwas zustandezubringen.

Bei jedem Bauwerk steht die Verfahrenstechnik im Mittelpunkt, – ist doch die praktizierte Lösung der Schlüssel für die Umsetzung des Baukonzepts. Die „Werkzeuge" dafür müssen oft völlig neu entwickelt werden, und es müssen regelrechte „Drehbücher" für ihren Einsatz auf der Baustellen-Bühne aufgestellt werden, damit alles reibungslos ineinandergreift. Zu all dem kommt dann noch das Wasser und mit erhöhtem Schwierigkeitsgrad die See mit ihren Strömungen, Gezeitenbewegungen, wechselnden Wasserständen, Wellenkräften, Wind und Nebel.

Die folgenden Szenarios sollen das Geschehen veranschaulichen:

- der Bau einer Seebrücke über einen 5 km breiten Meeresarm (Zeeland-Brücke),
- der Bau einer Erzverladeanlage mit einer 3,5 km langen Zufahrtsbrücke bis in 17 m Wassertiefe (El Aaiun),
- die Anlage eines neuen Hafengebiets vor der Küste (Europoort),
- die Sicherung eines Unterwasser-Tunnels mit einem Stahlbetondeckel (Alter Elbtunnel in Hamburg),
- der Bau eines Seedeiches im Gezeitenbereich eines Watts (Rüstersieler Groden),
- das Vortreiben einer Hochsee-Mole bis 3,5 km ins Meer hinaus (Ijmuiden),
- der Bau eines Unterwassertunnels in einem Fluß mit starker Schlammführung (Parana-Tunnel),
- der Aushub eines Kanalbetts mit Unterwasser-Schaufelradbaggern (Irak),
- der Einsatz von Hubinseln für Gründungs- und Montagearbeiten,
- der Rammeneinsatz beim Bau von Kaimauern (Nordsee-Bereich),
- der maschinelle Aufwand bei Erstellung von Pfahlbauwerken (Ovendo: Betonrohre gebohrt; Rüstersiel: Stahlrohre gerammt; Arzew: Stahlrohre gebohrt)
- der Schwimmbagger-Großeinsatz beim Bau des neuen Flughafens in Hongkong

Hinter allen diesen Bauwerken stand die Verfahrenstechnik mit ihrer Vorgehens-Systematik zur Lösung der Probleme. Die Beispiele sollen zeigen, wie vielschichtig und vielseitig die Anwendung der Maschinen im Wasserbau sein kann, und wie immer wieder nach neuen Wegen gesucht werden muß, um optimale Lösungen zu finden.

10.1 Zeeland-Brücke

Als man 1960 mit dem Bau der Zeeland-Brücke begann (anfänglich hieß sie „Oosterschelde-Brücke"), sprach man von einer technischen Sensation: Eine 5 km lange Brücke quer durch die Oosterschelde – einem Mündungsarm im Rhein-Delta – in einer Gesamt-Bauzeit von nur 3 Jahren zu errichten. Diese Brücke ist bis heute ein Bauwerk geblieben, das man noch immer bewundern muß (Bild **10.1**.1).

Das besondere war die Verwendung von Fertigteilen im „Zyklopen-Format". 600 t wogen die schwersten Bauteile. Aber konnte man damit eine Brücke bauen, noch dazu im Einflußbereich der Nordsee, nahe der Küste?

Schon vorher – gewissermaßen als Ouvertüre – hatte man sich an eine neue Baumethode herangewagt. Beim Bau der Schleuse Haringsvliet mußten 16 Wehrträger von je 56 m Länge mit einem Gewicht von je ca. 1000 t hergestellt und eingebaut werden. Aber wo sollte man diese Träger herstellen und wie sollte man sie transportieren und einbauen? Man entschied sich dahingehend, jeden Träger in 2,50 m dicke Scheiben zu zerlegen und diese vor Ort auf dem Schleusenboden zu betonieren, diese Scheiben dann mit einem Portalkran auf ein Lehrgerüst zu heben und dort – nach Einfügen von jeweils 40 cm Plombenbeton – die Scheiben mit Spannkabeln zusammenzuspannen. Jede Scheibe wog 200 t, und das erforderte einen Kran mit bis zu 250 t Tragfähigkeit. Das Problem lag

10.1.1 Gesamtansicht: Zeeland-Brücke

nicht in der Herstellung der sogenannten Nabla-Scheiben, sondern in ihrem Einbau. Wie groß (und damit wie schwer) konnten die Scheiben sein, damit ein Kran gängiger Größe sie noch transportieren konnte? Man entschied sich für 200 t, und das war die Richtgröße für alle anderen Überlegungen, die mit dem „Handling" der Fertigteile zu tun hatten. Die sinnvolle maschinelle Transporttechnik war der Angelpunkt für den Umgang mit diesen (damals) Riesenbausteinen zur Errichtung des Bauwerks. –

Darum ging es auch bei der Zeeland-Brücke. Nachdem man sich für Fertigteile entschieden hatte, trat die Frage der maximalen Größe in den Vordergrund, gekoppelt mit den Problemen der Herstellung und des Transportes. Die konstruktive Lösung ist in Bild **10.1**.2 dargestellt. Die Brücke wurde praktisch aus einer Reihe von Einzelbauwerken in T-Form errichtet, die sich aneinander lehnten und im Untergrund eingespannt waren. Daraus wieder ergaben sich 2 Schwerpunkte für die Herstellung: die Fertigteilfabrik und der Fertigteiltransport.

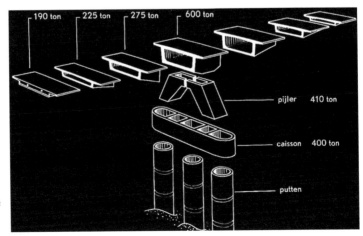

10.1.2 Die Einzelteile und ihre Gewichte

10.1.3 Fertigung der Rohrschüsse (stehend)

7 einzelne Formelemente waren herzustellen:

– Rohre mit 4,25 m Durchmesser	(250–500 t)
– Jochbalken für die Zusammenfassung von je 3 Rohren zu einer Pfeilergründung	(390 t)
– Pfeilerhälften	(410 t)
– Mittelstücke für die beiderseits auskragenden Brückenteile (Brückenteile A)	(586 t)
– Brückenteile B Länge 12,35 m	(260 t)
– Brückenteile C Länge 12,85 m	(260 t)
– Brückenteile D Länge 11,71 m	(176 t)

Interessant war vor allem die Herstellung der Gründungspfähle. Dazu wurden zunächst Rohrschüsse von 5,90 m Höhe stehend vorgefertigt, dann mit je 40 cm Zwischenabstand auf ein Spannbett gelegt und dort zusammengespannt (Bild **10.1**.3). Die Rohre hatten unten einen Schneidring, der mit 4,25 m Durchmesser allein 60 t wog. Insgesamt hatten die Rohre eine Länge von 24,8 bis 50,0 m und wogen zwischen 250 und 500 t. Die Rohrschüsse wurden zunächst stehend gefertigt. Zum Einlegen in das Spannbett mußten sie jedoch umgelegt werden. Das geschah in einem eigens dafür entwickelten Kippstuhl (Bild **10.1**.4).

10.1.4 Kippvorrichtung („Kandelstuhl") für die Rohrschüsse

10.1.5 Rohrtransport mit den beiden Portalkränen

Dann wurde jedes Rohr mit den 2 großen Portalkränen (à 300 t Tragkraft) zum Werkhafen transportiert und dort für den Schwimmtransport zur Einbaustelle vorbereitet (Bild **10.1.**5).

Der Transport der Rohre erfolgte zunächst horizontal: Eingesetzt wurde ein Spezialponton – eine Art „Katamaran", also ein Schwimmkörper bestehend aus 2 Pontons, die durch ein Tragegerüst für die Rohre verbunden waren (Bild **10.1.**6).

10.1.6 Doppelponton für den Rohrtransport (liegend)

An der Absenkstelle angekommen, galt es, das Rohr aufzurichten (Bild **10.1.**7): Ein Schwimmkran mit 500 t Tragfähigkeit packte jedes Rohr an seiner Hubvorrichtung, wobei es sich beim Anheben von der Horizontalen in die Senkrechte drehte, und setzte es in die endgültige Position. Dann wurde ein Schneidkopf vom Schwimmkran aus in das Rohr eingeführt und der Hohlraum abgesaugt. Das Rohr sank dabei immer tiefer, bis es etwa 10 m unter dem Meeresboden die vorgesehene Einbindetiefe erreicht hatte.

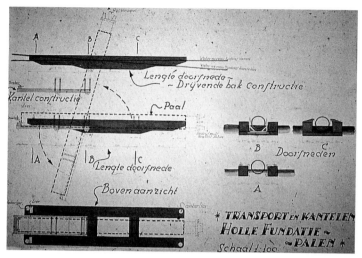

10.1.7   Aufrichten der Gründungspfähle

Dann mußte es noch ca. 1 m weiter eingedrückt werden, um fest auf dem tragfähigen Untergrund aufzusitzen (Bild **10.1.**8).

Dieses „Eindrücken" erfolgte auf originelle Weise: Zunächst wurde der Wasserballast im Ponton des Schwimmkranes nach hinten gepumpt, wodurch sich der Kran vorn etwas anhob. An der Vorderseite des Pontons war eine hydraulische Klemmvorrichtung befe-

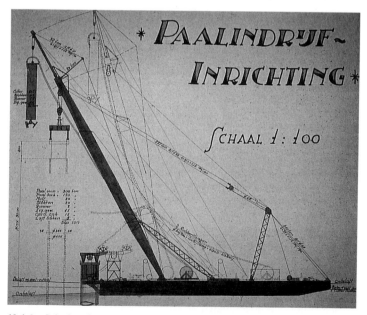

10.1.8   Schwimmkran zum Absenken und Eindrücken der Rohre

stigt, die sich in der obersten Pontonstellung an das Rohr klemmte. Dann wurde der Wasserballast nach vorn umgepumpt, und das zusätzliche Gewicht bewirkte den geforderten Andruck des Rohrfußes (dieser wurde dann auf 4 m Höhe mit Beton gefüllt).

Zum „Anfassen" der Rohre (und vor allem zum späteren Aufrichten durch den Schwimmkran) erhielten diese jeweils einen Stahlkopf (eine „Mütze"), der über Gewindestäbe mit dem Betonrohr verbunden war und allein für sich 32 t wog (s. Bild **10.1.**5).

Waren jeweils 3 Rohre gesetzt, so wurde für die Gründung der eigentlichen Pfeiler ein Kopfbalken über die Pfahlköpfe gestülpt und der verbleibende Hohlraum zwischen Rohr und Kopfbalken mit Beton verfüllt. Der Ringraum um die Rohre wurde mit einer sogenannten schwimmenden Schalung verschlossen (Bild **10.1.**9). Sie bestand aus ringförmig angelegten Schwimmkörpern, die zunächst um die Rohrköpfe gelegt wurden und in gelenztem Zustand aufschwammen. Beim Aufsetzen des Kopfbalkens wurden sie von diesem nach unten gedrückt und preßten sich nun von unten gegen den Ringspalt. Zur Demontage flutete man sie, um den Druck wegzunehmen, und schwamm sie wieder aus.

10.1.9 Schwimmende Schalung um die Gründungspfeiler vor dem Aufsetzen der Pfeilerjoche

Nach der Verbindung von jeweils 3 Rohren zu einer Pfeilergründung mit dem Kopfstück (von den Holländern als „Caisson" bezeichnet) wurde der eigentliche V-förmige Pfeiler aufgesetzt, der aus jeweils 2 Hälften bestand. Diese Pfeilerhälften wurden vormontiert auf einen ebenfalls katamaranartig aufgebauten Spezialponton bei Flut eingeschwommen und während des langsamen Abfallens des Wasserspiegels positionsgenau auf den Kopfbalken gesetzt und dort zunächst mit großen Verstellschrauben justiert. Danach konnte der Plombenbeton zwischen den Balkenpfeilerstreben sowie in der Verbindung zu den Kopfbalken eingebracht werden.

Besonders eindrucksvoll war der Transport des jeweiligen T-Mittelstücks und seine Positionierung ebenfalls wieder unter Mitwirkung der Tide: Der Transport-Katamaran, der den Pfeilertransport durchführte, wurde durch Einfügen passender Zwischenstücke nachgerüstet und diente jeweils auch zum Transport des Mittelstückes für die beiderseits auskragenden Fahrbahnvorbauten (Bild **10.1.**10). Bei Hochwasser legte sich das Trans-

10.1.10   Transportvorrichtung für das Mittelstück

portschiff mit den beiden Pontons über den Pfeiler, und nach genauer Zentrierung wurde bei fallendem Wasser das Mittelstück auf den Pfeilerkopf abgesenkt, – zunächst auf die aus dem Pfeiler nach oben herausragenden Zentrierspindeln. Danach wurde dann der Zwischenspalt ebenfalls mit Beton ausgefüllt und eine feste Verbindung mit dem Pfeiler hergestellt (Bild **10.1.**11). Das Mittelstück mit seinen 600 t Gewicht war das jeweils schwerste zu transportierende Betonteil eines T-förmigen Brückenelements.

10.1.11   Einschwimmen des Mittelstückes bei Flut

Die Fahrbahn-Seitenstücke wurden dann symmetrisch in die jeweilige Hubposition geschwommen und von den beiden Laufkatzen des Montagegerüsts (zweieinhalb Brückenfelder überspannend) in die endgültige Position hochgehoben und dort durch Spannkabel, die beide Elemente miteinander verbanden, und nach Einfügen der schlaffen Bewehrung, der Hüllrohre und des Plombenbetons fest mit den übrigen Brückenteilen verbunden (Bild **10.1.**12).

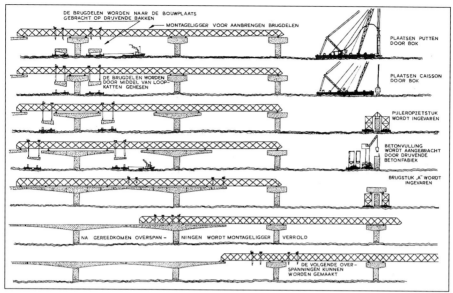

10.1.12 Montagevorgang der Brückenteile

Aus maschinentechnischer Sicht verdienen hervorgehoben zu werden:
der Kippstuhl
zum Aufrichten der Rohrschüsse,
die stählerne Rohrhaube („Mütze")
für Rohrtransport, Aufrichten und Absenken,
die beiden Portalkrane mit je 300 t Tragkraft
zum Transport der Rohre in der Feldfabrik,
das Schiff für den Rohrtransport
mit Vorrichtung zum Aufrichten der Rohre,
der Schneidkopf
zum Ausbaggern des Rohr-Innenraumes,
der Schwimmkran 500 t mit Rohrklammern
und Zellenponton zum Umpumpen des Ballastwassers,
das Spezialschiff zum Transport und Einschwimmen der
Pfeiler und des Mittelstücks (ca. 600 t)
die Schwimmschalung für die Betonverbindung zwischen
den 3 Pfeilerköpfen und dem Kopfbalken,
die biegesteife Montagebrücke mit den beiden
Katzkränen zum Montieren und „Festhalten" der Seitenstücke während
des Erhärtungsprozesses der Betonverbindungen.

Als besonders interessant bleiben im Zusammenhang mit der Baustelleneinrichtung zu erwähnen, daß die beiden großen 300 t Portalkrane der Feldfabrik, die ursprünglich durch Zusammenkoppeln beider Krane für Lasten bis zu 600 t konzipiert waren, für eine spätere Aufgabe (Transport von Fahrbahnplatten) auf 1200 t verstärkt wurden, indem man beide Kräne durch Längsträger parallel zu den Laufschienen miteinander verband und über einen Querträger die Last von 1200 t aufnahm.

Der Bau der Zeeland-Brücke kann auch heute noch als bahnbrechend für die Integration verfahrenstechnischer Grundgedanken in das Baumaschinenwesen gelten. Hier wurde ein Bauverfahren konzipiert, das die Entwicklung einer ganzen Reihe von Geräten und Maschinen erforderlich machte, die es vorher noch nicht gab oder die für andere Zwecke umfunktioniert werden mußten. Dieses Systemdenken nahm damals seinen Anfang und hat schließlich 20 Jahre später zu der beeindruckenden Konzeption des Oosterschelde-Sperrwerks und seiner maschinellen Ausprägung geführt.

10.2 Verladebrücke El Aaiun

Hier handelte es sich auch um eine „Brücke", jedoch mit nur e i n e m Landhaupt: das andere war ein „Seehaupt", an dem Schiffe anlegen sollten. Verlangt wurde eine Verladebrücke bis 17 m Wassertiefe, woraus sich eine Brückenlänge von 3,5 km ergab (Bild **10.2.**1). Auch hier kamen Fertigteile zur Anwendung, – im Gegensatz zur Zeeland-Brücke (7 Fertigteile) hier nur 3 Formelemente, allerdings waren die Verkehrslasten und damit auch die Brückendimensionen geringer. Daher konnte die Fahrbahn aus Längsträgern aufgebaut werden, – war also nicht „querorientiert" wie die Oosterschelde-Brücke [45], [46], [104].

Die Brückenkonstruktion bestand aus folgenden Bauelementen:

- Rohre mit 2,50 m Durchmesser für die Pfeilergründung,
- Kopfbalken für die Zusammenfassung von je 2 Rohren zu einem Brückenpfeiler,
- Fahrbahnlängsträger (je 5 nebeneinander für eine Fahrbahnplatte).

10.2.1 Blick auf die Verladebrücke El Aajun

10.2.2 Die 3 Bauelemente des Brückenbauwerks: Pfeiler, Jochbalken und
Brückenträger

Bild **10.2.**2 zeigt den Aufbau der Brücke. Der Pfeilerabstand betrug 45 m (Zeeland-
Brücke 90 m) und der Meeresuntergrund bestand im wesentlichen aus Kalkstein.
Der geniale Gedanke für das Grundkonzept bestand darin, hier „Seewasserbau im Trok-
kenen", d. h. von Land aus, zu betreiben. Dazu dienten als Hilfsgeräte

     1 Hubinsel
     1 Großlochbohranlage
     1 200 t Kran (auf der Hubinsel)
     1 Vorbaugerät,
     mehrere Transportfahrzeuge für den Fertigteiltransport.

Schon der Transport des Baumaterials von der See an Land war ungewöhnlich. Da in
Baustellennähe kein Hafen zur Verfügung stand und die Küste sehr flach auslief, mußte
das gesamte Baumaterial zunächst in einem 250 km entfernten Hochseehafen auf Kü-
stenmotorschiffe umgeladen und von diesen in die Nähe der Baustellen-Küste gebracht
werden. Dort lagen die Schiffe auf Reede und die Lasten wurden von Amphibienfahr-
zeugen mit 1,5 bis 3,0 t Tragfähigkeit an Land gebracht (Bild **10.2.**3). Das hatte zur Folge, daß das Gewicht der Einzelteile durch die Tragkraft der Amphibienfahrzeuge begrenzt war. So konnten z. B. die Spannkabel für die 45 m langen Brückenträger nicht im
fertigen Zustand angeliefert werden, sondern man mußte einzelne Drahtrollen verladen
und diese dann auf der Baustelle zu den erforderlichen Drahtbündeln in der Feldfabrik
zusammenbauen. (Verwendet wurde das System BBRV.) Das war jedoch nur ein De-
tailproblem.
Bemerkenswert war das Transportkonzept in der Feldfabrik. Die Rohre, Kopfbalken
und Träger wurden in großer Zahl benötigt und mußten massenweise vorgefertigt und
innerhalb der Feldfabrik zwischengelagert werden. Bei der Zeeland-Brücke taten das
2 mächtige je 300 t tragende Portalkrane, – hier sah man einige wenige Turmdrehkrane
üblicher Größe (Form 90), die lediglich zum Umsetzen der Schalung, zum Einbringen
der Bewehrung usw. dienten (Bild **10.2.**4), während der eigentliche Schwerlasttransport
von den Fertigteilen zu den Zwischenlagerplätzen auf Schienen durchgeführt wurde.

10.2.3 Amphibien-Fahrzeug für den Transport Reede-Strand

10.2.4 Die Feldfabrik

10.2.5 Hubwagen für den Träger-Quertransport

Es wogen

> die Rohre max. 160 t
> (je nach Länge),
> die Kopfbalken 40 t und
> die Fahrbahnträger je 135 t

Zu ihrem Zwischentransport wurden kleine elektrisch angetriebene und hydraulisch höhenverstellbare Hubwagen auf 600 mm Spur verwendet (Bild **10.2.5**). Vom Zwischenlager in der Feldfabrik mußten die Fertigteile dann bis zu 4 km auf dem schon fertiggestellten Brückenteil nach vorn zur Einbaustelle transportiert werden.

Die Konzeption der Baudurchführung ist in Bild **10.2**.6 dargestellt. Alles steht unter der Überschrift „Seewasserbau im Trockenen". Brückenfeld für Brückenfeld (jeweils 45 m Länge) wuchs das Bauwerk ins Meer hinaus, bis es die geforderte Tiefe für 17 m Wasserstand erreicht hatte.

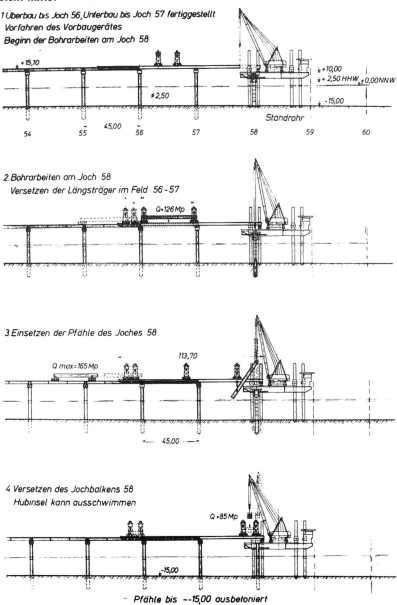

10.2.6 Bauvorgang

Schrittmacher war die Hubinsel, die jeweils in der nächsten Pfeilerposition vorausmarschierend Stellung bezog. Dann wurde die Vorbaubrücke vorgeschoben (über Rollböcke) und eine feste Verbindung zwischen dem fertigen Teil der Brücke und der Hubinsel hergestellt. Nach dem Bohren der beiden Gründungslöcher (Durchmesser je 2,65 m) wurden die Betonrohre eingesetzt und verspannt. Darüber kam der Kopfbalken, und dann wurde die Fahrbahnplatte aus 5 Fahrbahnträgern hergestellt. Das alles geschah nach gründlicher Arbeitsvorbereitung in jeweils nur 48 Stunden für ein Brückenfeld. Die Brücke wuchs also alle 2 Tage um 45 m ins Meer hinaus!

Entscheidend für diese beispielhafte Leistung waren die eingesetzten und größenmäßig gut aufeinander abgestimmten Geräte und Hilfsgeräte bis hin zum Ladegeschirr. Da war zunächst die Hubinsel, wobei jedes der 8 Beine ein Gewicht von ca. 650 t in den Meeresboden zu übertragen hatte (Bild **10.2.**7). Die Beine hatten eine Länge von 44 m. Auf der Hubinsel stand ein schwenk- und neigbarer Gitterauslegerkran mit 200 t Tragfähigkeit. Er konnte auf einer Arbeitsbühne in der U-förmigen Plattform der Hubinsel verschoben werden.

Die Vorbaubrücke hatte eine Länge von 110 m und trug 2 verfahrbare Portalkräne mit je 100 t Tragfähigkeit, dazu für jeden Kran ein Stromaggregat (Bild **10.2.**8).

10.2.7 Hubinsel in Position für den nächsten Brückenpfeiler

10.2.8 Vorbaubrücke mit 2 Portalkranen zu je 100 t Tragfähigkeit

10.2.9   Transportwagen für Rohre, Joche und Träger (100 t Tragfähigkeit)

Der Transport der Fertigteile aus der Feldfabrik zum Vorbaukopf erfolgte mit 2 Spezial-Transportwagen (Bild **10.2.**9), die je für 100 t Tragfähigkeit ausgelegt waren, einen Bodendruck von 250 N/cm² hatten und bis zu 6 km schnell waren. Jeder Wagen wurde von 2 Dieselmotoren à 55 PS angetrieben. Jeder Motor wieder trieb eine Hydraulikpumpe und jede Pumpe bediente 2 Hydraulikmotoren. Damit war eine stufenlos regelbare Fortbewegung gewährleistet. So ein Fahrzeug nahm fast die gesamte Brückenbreite ein (der Fahrer saß praktisch schon über der Wasseroberfläche), so daß die Fahrbewegung nur mit äußerster Geschicklichkeit zu beherrschen war.

Der Bauprozeß lief nun wie folgt ab:

Die beiden Transportwagen holten die Bauelemente in der Feldfabrik ab und deponierten sie zunächst in einem vorgezogenen Zwischenlager auf der Brücke. Das war erforderlich, weil der Transport jedes Rohres oder Trägers bei maximal 6 km Fahrgeschwindigkeit unmittelbar vor dem Einbau zu lange gedauert hätte.

Vom Zwischenlager wurden die Elemente nach vorn zur Vorbaubrücke transportiert, wo sie die Portalkräne übernahmen und so weit vorbrachten, bis der Kran der Hubinsel das Kopfende des Rohres übernehmen konnte. Nun begann ein äußerst schwieriges Zusammenspiel der Kräne beim Aufrichten des Rohres aus der horizontalen Transportlage in die vertikale Einbaustellung (Bild **10.2.**10). War diese erreicht, wurde das Rohr in das vorgebohrte Loch abgesenkt, der

10.2.10   Einsetzen der Rohrpfeiler

Spaltraum zwischen Bohrlochwand und Rohraußenfläche mit Kies verfüllt und der Bohrfuß mit Beton ausgelegt.

Waren beide Rohre gesetzt und der Kopfbalken eingeführt und horizontiert (Bild **10.2.**11), so wurden mit Hilfe der beiden Portalkrane die 5 Fahrbahnträger verlegt (**10.2.**12), querverspannt und die Zwischenfugen mit Beton verfüllt. Das alles geschah nach einem bis in letzte Feinheiten ausgeklügelten Taktplan in jeweils 48 Stunden! – hoch über dem oft recht stürmischen Atlantik mit bis zu 6 m hohen Wellen.

10.2.11 Einschwenken der Kopfbalken

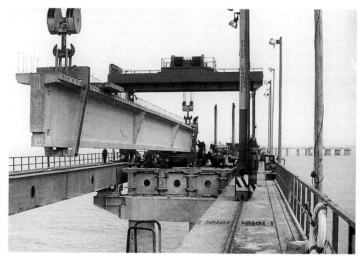

10.2.12 Einsetzen der Fahrbahnträger

Inzwischen machte die Hubinsel Stellungswechsel zur nächsten Pfeilerposition und führte dort die beiden neuen Bohrungen durch. Der Vorbauwagen wurde wieder vorgeschoben und damit die Hubinsel erneut fest mit dem nachfolgenden Brückenkopf verbunden. – Auch hier konnte man von maschinellem Wasserbau in höchster Vollendung sprechen. Hauptakteure unter den Maschinen waren:

> die Hubinsel
>> mit dem Derrick-Kran 200 t,
>> der Bohreinrichtung für 2,65 m-Löcher,
>
> die Vorbaubrücke mit
>> 2 Portalkranen je 100 t und Stromerzeugern,
>
> die beiden Transportfahrzeuge mit je 100 t Tragkraft
>> zum Transportieren von Rohren, Kopfbalken und Fahrbahnträgern.

Eine wichtige Überlegung stand am Anfang: Wie groß sollte der Derrick-Kran auf der Hubinsel sein? Danach richtete sich letzten Endes die Feldweite der Brücke, die Ausbildung der Brückenpfeiler und der Transport in der Feldfabrik. Alles mußte in das 200 t-Schema passen. Eine andere Krankapazität hätte vielleicht zu einem ganz anderen Baukonzept geführt. Die Krangröße (zusammen mit der Hubinsel) war also der Angelpunkt in der gesamten Projektplanung und seiner Dimensionierung.

10.3 Europoort

Rotterdam und sein Hafen liegen 12 km von der Küste entfernt. Die ständige Vergrößerung der Schiffe – von 250 000 tdw aufwärts – zwang zur Vertiefung der Zufahrtswege und zur Anlage größerer und tieferer Hafenbecken. Daher entschloß man sich, ein neues Hafengebiet direkt vorn an der Küste einzurichten, das eine reibungslose Zufahrt zum offenen Meer auch für die größten Schiffe sicherstellt. Dieses Hafengebiet wurde in der sogenannten Maasvlakte, einer küstennahen Sandbank, gefunden. Diese Sandbank konnte aufgespült und auf ein überflutungssicheres Niveau gebracht werden. Dieses neue Hafengebiet lag aber, bedingt durch die Auffüllung der Sandbank, vor der bisherigen Küstenlinie, ragte in das offene Meer hinaus und mußte sturmflutsicher befestigt werden [55].

Bild **10.3**.1 zeigt das Projekt und seine einzelnen Bauabschnitte. Von Interesse sind im Zusammenhang mit der Maschinentechnik vor allem die Abschnitte 3a, b und c, bei denen es um die Südmole ging, die völlig neu angelegt werden mußte und aus

> einem 4,5 km langen Sanddamm (3 a),
> einem 4,5 km langen Steindamm (3 b) und
> einem 3,0 km langen Strandwall (3 c)

bestand. Was dieses Projekt so überaus interessant machte, waren die Boden- und Steinmassen, die es dabei zu bewegen galt. Insgesamt ging es um

> 150 Mio. m³ Sand zum Aufspülen der Hafenfläche,
> 3,5 Mio. t Seekies für den Molenbau,
> 1,5 Mio. t Grobkies für den Molenbau,
> 50 Mio. m³ Sand für die Teile 3a und 3c,
> 5 Mio. t Bruchsteine
> 55 000 Betonblöcke von je 43 t Gewicht,

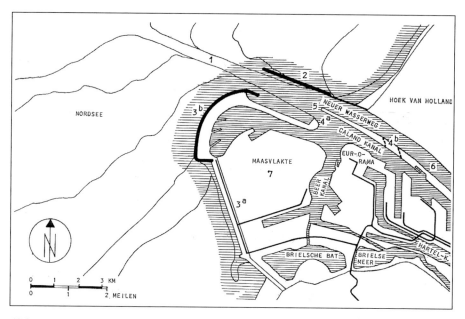

10.3.1 Lageplan Europoort in der Maasvlakte [55]

also um eine Massenbewegung von mehr als 250 Mio. m³. Zur Durchführung des Vorhabens wurden einige neue Schiffstypen entwickelt, deren Notwendigkeit vor allem aus der Molenkonstruktion resultierte. Und wieder spielte die Verfahrenstechnik eine maßgebende Rolle.

Den Aufbau des Molenkörpers zeigt Bild **10.3.**2. Grundidee war dabei, den gesamten Molenkörper wasserdurchlässig und nach oben hin, d. h. im Bereich der Wellenbewegungen, immer standsicher gegen jede Sturmflut zu machen. Man hatte festgestellt, daß die Molenbausteine bis zu 43 t schwer sein mußten, um den extremen Wellenkräften standzuhalten.

Die der offenen See zugewandte Südmole baute sich aus von unten nach oben in der Korngröße (und damit im Gewicht) zunehmenden Filterschichten auf, und zwar aus einem weit ausgreifenden, ca. 110 m breiten

       Kiesbett als Erosionsschutz
         aus Sand,
         Feinkies und
         Grobkies

Darüber wurde eine

       Deckschicht aus
         Bruchsteinen 10–80 kg/Stück und
         Bruchsteinen 300–1000 kg/Stück

gelegt, worauf sich der eigentliche Molenkern gründete. Dieser bestand aus

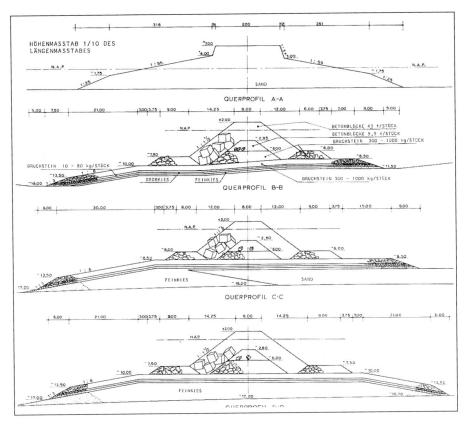

10.3.2 Der Aufbau des Molenkörpers: Querprofil A-A: [55] Sanddamm 3a; Querprofil B-B und C-C: Südmole 3b; Querprofil D-D: Nordmole 2

> einer unteren Lage
> Bruchsteine 300–1000 kg/Stück und
> einer oberen Lage
> Betonblöcke 5,5 t/Stück,

und die gesamte Mole wurde sturmflutsicher abgedeckt durch eine ca. 6 m starke Schicht aus Betonblöcken 43 t/Stück.

Hauptproblem für die Maschinenseite war dabei der Transport und das zielgenaue Ablagern der grobstückigen Schüttgüter, also der

> Bruchsteine 10 kg/Stück bis 6 t/Stück und der
> Betonblöcke 5,5 t und 43 t/Stück.

Um die Bruchsteine in einer gleichmäßigen Lage und mit entsprechender Breite zu schütten, wurde ein neuer Schiffstyp entwickelt. Bisher war es üblich, Schuten einzusetzen, die die Steine in kippbaren Mulden auf Deck trugen. Zur Dosierung des Schüttvorganges wurden Zellenwalzen oder Vibrationsrinnen installiert. Auch Klappschuten fan-

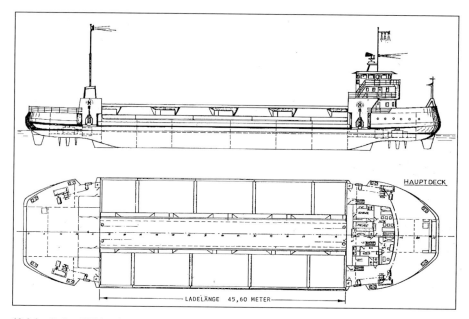

10.3.3 Steinschiff für das Schütten von Kies, Schotter und Bruchsteinen [55]

den Verwendung. Doch noch lange suchte man nach der Ideallösung für das Transportieren und gleichmäßige Schütten von grobstückigem Material. Besonderer Wert wurde dabei auf eine große Variationsbreite in der Menge der jeweils abzuschüttenden Steine gelegt. Man wollte sowohl wenige Steine wie auch größere Mengen auf einmal versenken können. Zellenwalzen und Vibrationsrinnen waren dafür eher hinderlich.

Die gewählte Lösung bestach durch ihre Einfachheit (Bild **10.3.**3): Die beiden Steinschiffe hatten in der Mitte des Decks – angelehnt an eine Art Längsholm, die „Wirbelsäule" des Schiffes, auf jeder Breitseite 4 hydraulisch betätigte Planierschilde, die die davor lagernden Steine ähnlich wie Bulldozer schnell oder langsam über die Bordkante schieben konnten (s. a. Bild **8.9.**1). Die Schiffe hatten eine maximale Tragfähigkeit von je 1500 t und wurden auch zum Transport des Kiesmaterials eingesetzt. Sie waren mit Voith-Schneider-Antrieb ausgerüstet, damit eine maximale Positionsgenauigkeit eingehalten, die Schüttung gleichmäßig aufgebracht und ein Abtreiben des Schiffes während des Schüttvorganges verhindert wurde (Bild **10.3.**4).

Völlig neu war die Konzeption der Schiffe für den Blocktransport. Man hatte sich entschlossen, zur Sicherung der Molen gegen den extremen Wellenangriff locker geschüttetes Material mit entsprechender Einzelkornstabilität zu verwenden und wollte dafür 43 t schwere Betonwürfel verlegen, die trotz ihres Gewichts noch wie „Würfel" geschüttet werden konnten. Die Blöcke mußten von Land auf See umgeschlagen und dort versenkt werden. Hubinseln kamen als Verlegegeräte für 43 t-Blöcke nicht mehr in Frage, man mußte ein neues Transportgerät entwickeln.

Die Lösung sah so aus (Bild **10.3.**5): 2 Transportschiffe (siehe auch Bild **8.9.**2) mit je 1200 t Tragfähigkeit erhielten auf dem Heck je einen 50 t tragenden Hammerkran zum Aufnehmen und Verlegen der Blöcke. Jedes Schiff konnte 26 Blöcke transportieren.

10.3.4   Steinschiff: Im Vordergrund Bruchsteine vor den Schubschilden

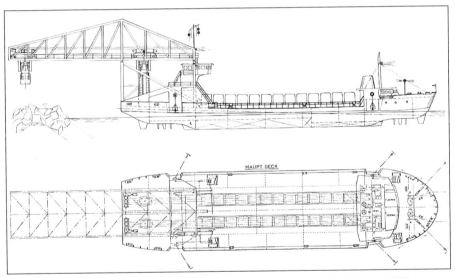

10.3.5   Blockschiff mit 2 Brückenkranen (nebeneinander) mit je 50 t Tragfähigkeit [55]

Zum Transport der Blöcke nahm der Kran je einen Block vom Ufer auf und setzte ihn auf die Plattform eines im Kranturm untergebrachten Fahrstuhles. Mit diesem wurden die Blöcke nach unten befördert, auf einen seilgesteuerten und schienengeführten Roll-wagen (Bild **10.3.**6) gesetzt und mit diesem zum Lagerplatz auf Deck gefahren (Bild **10.3.**7).

Das Schütten ging in umgekehrter Weise vor sich. War das Schiff am Verlegeplatz ange-kommen, so lief der einzelne Betonblock von Deck über Rollwagen, Fahrstuhl und Kranwagen an den Lasthaken des Kranes und wurde von diesem langsam und vorsichtig

10.3.6   Transportwagen für die Blöcke

10.3.7   Blöcke auf dem Transportdeck

10.3.8   Blockschiffe (Modell) beim Absenken der Blöcke

abgesenkt, – nicht „geworfen", damit die Blöcke beim Auftreffen nicht zersprangen (Bild **10.3**.8).

Den Arbeitsvorgang beim Schütten der Südmole veranschaulicht Bild **10.3**.9: Nach dem Schütten des Kiesbettes aus dem Laderaum eines Hopperbaggers brachten die Steinschüttschiffe groben Kies, feine und grobe Bruchsteine und schütteten diese in Querfahrt („Seitenlöschung") teppichweise in die Molenflucht. Dann brachten sie Material (Bruchsteine) zum Schütten des Molenkernes und der Seitenbermen, wobei sie nun

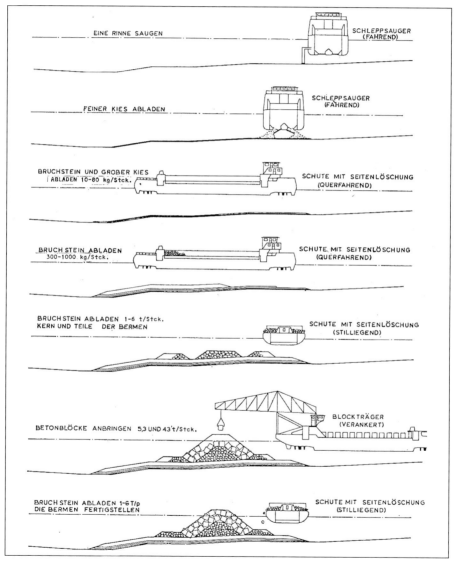

10.3.9 Die Bauphasen beim Schütten der Südmole

längs der Molenachse lagen und das Material im Stillstand schütteten. Die Blockschiffe verlegten dann die Betonwürfel auf den Molenkern, und abschließend brachten nochmals Steinschüttschiffe Bruchsteine zur endgültigen Fertigstellung der Seitenbermen.

Erwähnenswert ist noch das Aufspülen der eigentlichen Maasvlakte. Saugbagger lieferten Sandmaterial von weit draußen über teilweise bis zu 5 km langen Rohrleitungen an die Einbaustelle. Für die Überwindung des Rohrwiderstandes der langen Förderleitungen waren mehrere Zwischenpumpen erforderlich, die teilweise ortsfest installiert (Bild **10.3.**10), teilweise als schwimmende Pumpstationen auf Land gesetzt waren.

10.3.10 Zwischenpumpe, ortsfest installiert

Zur Sandgewinnung vor der Küste – mehr als 150 Mio. m^3 – waren große leistungsfähige Schneidkopfsaugbagger eingesetzt. Laderaumsaugbagger – der damals größte, der „Prins der Nederlanden" mit 9000 m^3 Laderaumkapazität – und eine ganze Reihe von „Geopotes"-Schiffen besorgten das Aufspülen der breiten Kieslagen unter Wasser für den Molenkern, und außerdem sorgten sie für das Eintiefen und Konstanthalten der Fahrtrinnen für den Hafen.

Man bedenke immer: Es ging um 200 Mio. m^3 Sand und Kies und 55 000 Betonblöcke à 43 t, – und das alles vor der Küstenlinie und in unmittelbarer Berührung mit der See.

10.4 Deckelmoker

Nach dem Hamburger Abendblatt stellte sich die Sache so dar:

„historisches Bauwerk wird gesichert"
„ein Deckel für den Elbtunnel"
„Betonplatte ermöglicht Vertiefung der Elbe"
„Hamburgs tiefste und gefährlichste Baustelle"

10.4.1 Die vielzitierte „Riesenspinne"

und: Der „Star" dieser Aktion, der Deckelmoker, wird

„... wie eine Riesenspinne durch die Elbe kriechen".

Über Wasser ist von dieser Riesenspinne nicht viel zu sehen (Bild **10.4.**1). Die aufregenden Besonderheiten liegen unter Wasser und bleiben dem Beobachter verborgen; er kann nur feststellen, daß diese Riesenspinne immer wieder quer durch die Elbe ihren Standort verändert.

Zunächst zur Vorgeschichte: Die Sohle der Hafenzufahrt mußte von minus 11,0 m auf minus 13,60 m vertieft werden, um auch größeren Schiffen den Zugang zu ermöglichen. Quer durch die Elbe zieht sich der Alte Elbtunnel. Als er 1907 gebaut wurde, betrug die Erdüberdeckung noch 7 m. Inzwischen wurde die Hafensohle wiederholt abgesenkt, und die Überdeckung ist auf 3 m geschrumpft. Dieses Maß durfte nicht weiter reduziert werden, weil sonst die Gefahr des Aufschwimmens der Tunnelröhren oder die Beschädigung des Tunnels durch Ankerwurf gegeben war.

Eine Ausschreibung der notwendigen Sicherheitsmaßnahmen ergab einen Betondeckel 210 m lang und 50–60 cm dick als Schirm über beide Tunnelröhren (Bild **10.4.**2). Die Arbeiten sollten von einer Taucherglocke aus durchgeführt werden. Da der Tunnel in unmittelbarer Nähe des Trockendocks „Elbe 17" lag, mußte gewährleistet werden, daß diese Taucherglocke in kürzester Zeit ihre Position ändern und die Durchfahrt ungehindert freigeben konnte (Bild **10.4.**3).

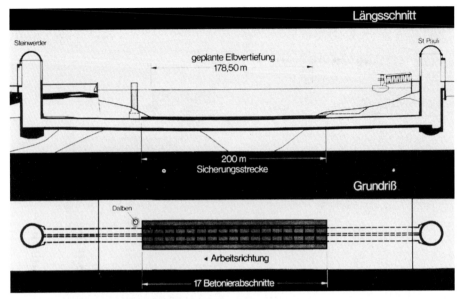

10.4.2 Längsschnitt des Alten Elbtunnels [47]

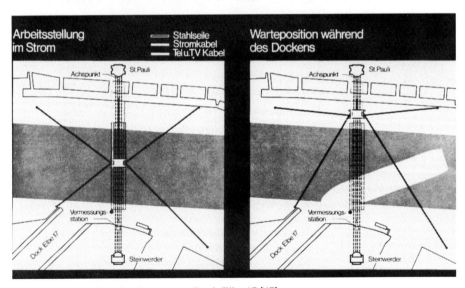

10.4.3 Arbeitsstellung im Strom – vor Dock Elbe 17 [47]

Zur Herstellung des Betondeckels mit beiderseits anschließenden Spundwandverlänge-rungen wurde eine Taucherglocke mit Grundfläche 21,3 m × 18,5 m und 20 m Höhe ein-gesetzt. Der untere Teil bestand aus Stahlbeton, darüber aufgehend schloß sich ein Stahlgerüst an, das über Wasser in einer Plattform endete (Bild **10.4.**4).

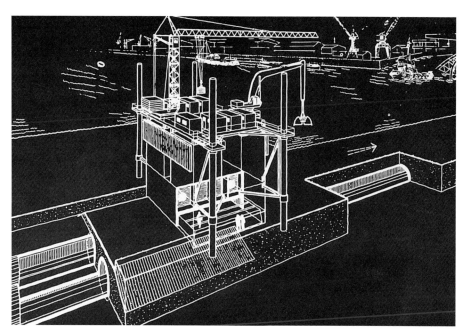

10.4.4   Bauvorgang [47]

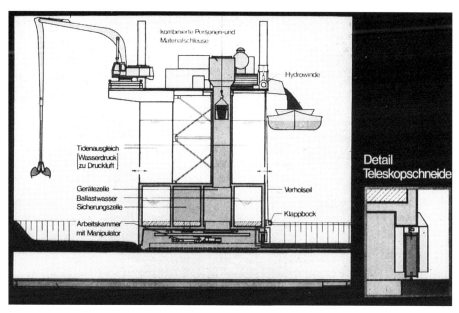

10.4.5   Materialtransport [47]

Die Taucherkammer aus Stahlbeton wurde an Land hergestellt und mit einem 700 t Schwimmkran ins Wasser gehoben. Über der eigentlichen Arbeitskammer befanden sich Zellen für die Ballastierung und Auftriebsvorrichtung. Die gesamte Taucherglocke wurde an 4 Beinen geführt, die vor allem der sicheren Positionierung der Taucherkammer während der Arbeit dienten. Horizontal bewegt wurde die gesamte Konstruktion nach Aufschwimmen durch 5 (horizontale) Seilwinden mit einer Zugkraft von je 20 t, für die vertikale Bewegung dienten fest installierte Tanks, die über eine Pumpenanlage geflutet und gelenzt werden konnten. Für die Zuführung von Beton, Bewehrung und Spundbohlen war ein Materialaufzug eingerichtet (Bild **10.4.5**).

In der Arbeitskammer der Taucherglocke (Arbeitshöhe bis 2,3 m) wird ein Überdruck zwischen 1,3 und 1,7 atü gehalten. Für den Materialtransport ist an der Kammerdecke ein „Manipulator", eine Art Einschienen-Hängebahn, angebracht. Aus der Kammer heraus werden nach Fertigstellung des jeweiligen Deckelsegments (12,5 m Länge) Spundbohlen für eine zusammenhängende Spundwandschürze (Neigung 1:3) gerammt, die als Kolksicherung dienen und vor allem auch das Unterhaken von Ankern unter die Betonplatte verhindern sollen. Gerammt wurde mit einem Schnellschlagbär, geführt an einem verfahrbaren Mäkler (Bild **10.4.6**).

10.4.6 Arbeit in der Taucherglocke

Als Besonderheit bleibt noch zu erwähnen, daß eine der 4 Schneiden an der Unterseite der Taucherglocke teleskopierbar ausgelegt war. Nur beim 1. Plattensegment sind alle 4 Schneiden mit dem Boden im Eingriff. Bei jedem weiteren Bauabschnitt legte sich die vorderste Schneide auf die soeben fertiggestellte letzte Betonplatte und mußte daher etwas zurückgezogen und weich gegen die Platte angedrückt werden.

Um einen eventuellen Auftrieb der Tunnelröhren zu verhindern, wurden in beiden Röhren Ballastwagen (aus Eisenbahnschienen) eingesetzt, die mit der Baustelle mitwanderten und eine Aufwärtsbewegung der Röhren unter der Taucherkammer infolge der reduzierten Erdauflast verhindern sollten.

10.4.7 Betonzufuhr

Die Erdüberdeckung wurde grob mit einem Greifbagger von der Plattform über Wasser abgetragen. Der Feinausgleich geschah in der Arbeitskammer der Taucherglocke und die Hochförderung des Materials in der Materialschleuse.

So ist dieser „Deckel" von 210 m Länge in insgesamt 17 Abschnitte a 12,5 m Länge mit 2200 m^3 Beton, 300 t Bewehrung und 500 t Spundbohlen fertiggestellt worden. Eine ausführliche Darstellung des gesamten Bauvorhabens enthält [47]. Die Geschichte dieses Bauwerks ist faszinierend von Anfang bis zu Ende und ein beeindruckendes Beispiel für das „Ingenium", das von den beteiligten Bauingenieuren dort investiert und erfolgreich in die Tat umgesetzt wurde (Bild **10.4.7**).

10.5 Deiche

Deiche sind „Dämme" gegen den Zutritt von Wasser in das dahinterliegende trockene oder trocken zu haltende Land. Hinsichtlich der Gründungssohle müssen unterschieden werden:

- Landdeiche,
  die nur bei Hochwasser in Funktion treten,
- Vorlanddeiche,
  die im Watt gebaut werden und dem Wechselspiel der Tide unterworfen sind,
- Seedeiche,
  die ins Wasser hinein vorgebaut werden und dem ständigen Wellenangriff unterworfen sind,
- Ringdeiche.

10.5.1 Deichbau, im Trockenen aufgespült

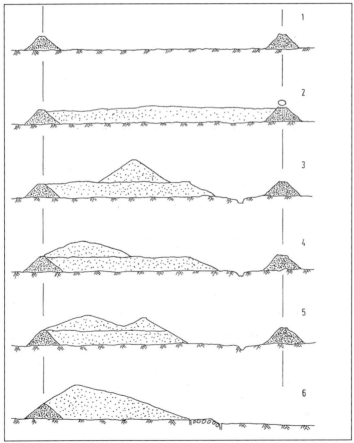

10.5.2 Aufspülen eines Naßdeiches (Neuenfelde)

Landdeiche werden vielfach noch immer von weitreichenden Schürfkübelbaggern gebaut. Deren Hauptaufgabe besteht darin, Bodenmaterial aus der näheren Deichumgebung im Deichbereich anzuhäufen und unter Profil zu bringen. Größere Trockenmassen werden, zumindest wenn sie aus naheliegenden Gewässern gewonnen werden können, aufgespült (Bild **10.5.**1), von Planierraupen und Draglinebaggern ins Deichprofil eingebaut (Bild **10.5.**2) und anschließend unter Verwendung von Deckenbaugeräten aus dem Straßenbau mit einer 10–20 cm dicken Schutzdecke aus Sand- oder Steinasphalt überzogen (Bild **10.5.**3).

10.5.3   Asphaltabdeckung für einen aufgespülten Deich

10.5.4   Bau eines Seedeiches [101]

Eine typische Seedeichbaustelle zeigt Bild **10.5**.4. Der Geräteeinsatz besteht auch hier aus den üblichen Deichbaugeräten Planierraupe, Draglinebagger, Vibrationswalzen und Lkw's, wobei das Deichbaumaterial aus Sand unter Verwendung von Saugbaggern in den Profilkörper gebracht wird. Derartige Deiche bestehen meist aus einem beiderseitigen Wall aus bindigem Material (meist Kleiboden), der durch steinernes Deckwerk gegen den Wasserangriff geschützt wird. Innerhalb dieser beiden Schutzwälle werden dann weiche Sandmassen aufgespült (Bild **10.5**.5).

10.5.5 Grenzdämme aus Kleiboden mit Steinfuß für einen (aufgespülten) Seedeich

Hochseefeste Ringdeiche zum Schutz von großen Baugruben im Tide- oder Flußbereich, wie sie etwa im Haringsvliet oder beim Eider-Sperrwerk erstellt wurden, sind ebenfalls „Seedeiche", nur mit dem Unterschied, daß sie wesentlich fester und gegen Hochwasser bis hin zur Sturmflutstärke konstruiert sind. Bei den sehr umfangreichen Bodenbewegungen kommen hauptsächlich Saugbagger in Frage, während die Gründung der Bauwerke im Baugrubeninneren dann meist auf Pfählen erfolgt. So wurden im Haringsvliet über 30 000 Betonpfähle gerammt.

Ungewöhnlich ist der Bau von Deichen im Wattgebiet, wo das Baugelände bei jeder Tide überflutet wird und dazwischen immer wieder trocken fällt. Interessantes Beispiel ist der Bau des Rüstersieler Seedeiches durch das Rüstersieler Watt bei Wilhelmshaven (Bild **10.5**.6). Das Rüstensieler Watt wird bei jeder Tide etwa 1,50 m hoch von der Flut überspült. Den Querschnitt des Deiches zeigt Bild **10.5**.7. Aus maschinentechnischer Sicht sind 2 Bauphasen besonders interessant: Die Anlage des Deichfußes und die Schließung des Deiches. Dabei wurde – damals ein Novum – mit Nylonsäcken gearbeitet.

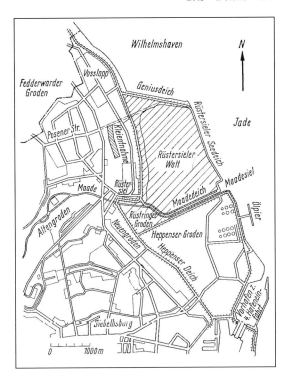

10.5.6 Lageplan:
Rüstersieler Seedeich

Ausgeschrieben war eine Spundwand durch das Watt mit seeseitiger Steinschüttung. Ausgeführt wurde dann ein Nylonsackdamm, bestehend aus je 1 m³ fassenden Nylonsäcken, die „wie Ziegelsteine" verlegt wurden. Dieser Sackdamm hat den Vorteil, daß er auch bei Überflutung (und dieser Gesichtspunkt war hier wesentlich) standfest bleibt.

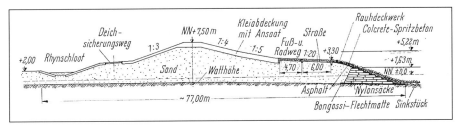

10.5.7 Deichquerschnitt

Der Aufbau des Deichfußes geht aus Bild **10.5**.8 hervor: Er besteht aus einem Sandsackwall, der auf Bongossi-Flechtmatten (zur Kolksicherung) verlegt ist und durch eine 10 cm starke Schicht aus Colcrete-Spritzbeton gegen den Wasserangriff von See her geschützt wird.

Für den Deichfuß waren 25 000 Säcke erforderlich. Die Säcke wurden in einer besonderen Anlage senkrecht gefüllt, dann über einen Kippstuhl in die Horizontale gelegt, auf Plattformwagen geschoben und über eine Feldbahn zur Einbaustelle gebracht. Die Feld-

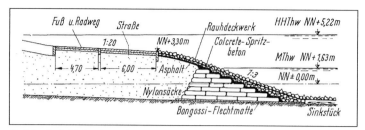

10.5.8 Deichfuß mit Außenberme

bahntrasse hatte den Vorteil, daß sie flutbeständig war. Am Einbauort übernahmen Greifbagger die Verlegung der Säcke, wobei die Greiferschneiden mit Rohren verkleidet waren, um die Säcke zu schützen (Bild **10.5**.9). Das Füllen eines Sackes dauerte ca. 1,5 Minuten, und im Durchschnitt wurden pro Tag ca. 500 Säcke hergestellt. Im Schutz dieses Sackwalles wurden – bei einer Gesamtlänge von ca. 2,5 km – ca. 1,6 Mio. m³ Sand aufgespült, die von 2 Saugbaggern in 16–18 m Tiefe aus dem offenen Meer gewonnen wurden und pro Tag etwa 20 000 m³ Material lieferten.

10.5.9 Anfuhr der Sandsäcke

Dramatisch war die Schließung der von beiden Seiten vorgetriebenen Deichhälften, die zunächst eine Lücke von 150 m für die Gezeitenbewegung offen ließen. Die eigentliche Schließaktion zeigt Bild **10.5**.10. Schritt für Schritt mußte das Schließloch eingeengt und der zunehmenden Durchflußgeschwindigkeit angepaßt werden.

Dazu diente ein Schutzschirm aus Wasserbausteinen – gewissermaßen zum Abbremsen der Tidebewegung – und dahinter in Phase 1 der Vorbau eines kastenförmig aufgebauten Nylonsackdammes nach Bild **10.5**.11. Diese Sackdamm-Karrees von 10 m Breite, abge-

10.5.10 Schließen der Deichlücke mit Sandsäcken

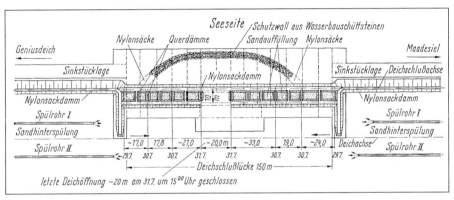

10.5.11 Aufbau des Schließloches

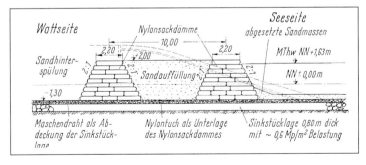

10.5.12 Querschnitt des Abriegelungsdammes

10.5.13   Sandanfüllung des Sackdammes mit einer Schürfraupe

teilt wieder durch Querdämme (Bild **10.5.**12), wurden mit Sand aufgefüllt (Bild **10.5.**13) und die Schließlücke auf 20 m eingeengt. Die Fließgeschwindigkeit stieg auf bis zu 2,8 m/s an.

Diese letzten kritischen 20 m wurden dann in nur 18 Minuten geschlossen. Ähnlich wie bei der Absperrung der alten Süderelbe in Hamburg-Finkenwerder wurden von beiden Deichköpfen aus Nylonsäcke in einem Gewalteinsatz aller vorhanden Geräte in die Lücke vorgetrieben, also nach entsprechender Grundsicherung durch Sinkstücke und 12 × 50 m große Nylonplanen ein reiner Sackdamm angelegt.

Für diese letzte Schließaktion waren nochmals 6000 Säcke erforderlich. Der seeseitige Steingürtel erforderte rund 700 t Wasserbausteine. Nach der Schließung wurde das abgesperrte Watt bis auf die endgültige Höhe von + 7,50 m über NN aufgespült.

Die Verwendung der 1 m³ großen Nylonsäcke als „Bausteine" hat sich voll bewährt. Dazu gehörten die Seilbagger mit Greiferausrüstung als Verlegegeräte und Raupenfahrzeuge (Planierraupen, Schürfraupen) mit geringem Bodendruck für die verschiedenen Sand-An- und Auffüllungen. Hervorgehoben werden muß auch der (heute oft belächelte) Gleisbetrieb für den Sacktransport über die weiche Wattfläche, – also Baugeräte gewissermaßen „von gestern", die jedoch für diese Zwecke – große Reichweiten, geringer Bodendruck, stabile Fahrbahn – sehr gut zu verwenden waren.

Die Nylonsäcke waren wasserdurchlässig und mit schluffhaltigem Feinsand gefüllt. Die Tide überflutete die Säcke immer wieder, verdichtete dabei die Sandfüllung und preßte die Säcke fugendicht aneinander.

Ausführliche Literatur enthalten [47], [48], [53].

10.6 Molen

Auch Molen sind „Deiche" im weitesten Sinne. Sie legen sich wie schützende Arme vor Hafeneinfahrten und sorgen für eine Beruhigung der Strömungsverhältnisse im Hafenmund (Bild **10.6**.1). Sie ragen oft weit in die offene See hinaus und sind ständig wasserumspült. Sie müssen den schwersten Sturmfluten standhalten und trotzdem wasserdurchlässig bleiben, um hydraulische Spannungen im Dammkörper zu verhindern.

10.6.1 Mole zum Schutz einer Hafenanlage (Skikda) [102]

10.6.2 Vorschütten einer Mole vor Kopf (San Pedro) [101]

In der einfachsten Ausführung bestehen sie aus einem vor Kopf geschütteten Damm aus schweren Wasserbausteinen, wie es Bild **10.6.**2 zeigt. Vom Ufer ausgehend wird das Material vom Molenkopf aus vorgeschüttet, wobei weitreichende Kräne mit Reichweiten bis 60 m und Schüttmulden bis ca. 55 t Gewicht (beladen) zum Einsatz kommen (Bild **10.6.**3).

10.6.3   Verlegen von Tetrapods zur Sicherung der Molenaußenseite

10.6.4   Verlegen von Steinen und Betonblöcken am Molenkopf

Beispielhaft sei hier auf den Bau der neuen Molen in Ijmuiden eingegangen [3]. Sie reichen bis 3,5 km in die offene See hinaus und werden bis zu 30 m hoch. Der Molenkörper wurde in Ufernähe zunächst auf die übliche Art mit Kränen nach Bild **10.6.**4 vor Kopf geschüttet. Je weiter die Molen in die See hinaus vordrangen, um so gefährlicher wurde diese Methode jedoch, wenn die Schüttgeräte bei aufkommender Sturmflut schnell zurückgeholt werden sollten. Daher ging man zum Einsatz von Hubinseln (Bild **10.6.**5) über.

10.6.5 Hubinseln für den Bau von Hochsee-Molen (Ijmuiden)

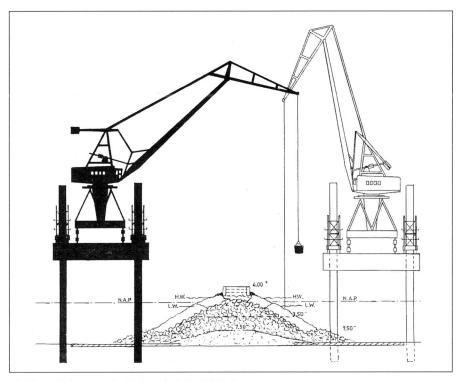

10.6.6 Arbeitsweise der Hubinseln beim Molenbau

Die Konstruktion der Molen und den Schüttvorgang zeigen Bild **10.6**.6. So wurden zum Schütten von Grobkies und Steinen im Bereich 100 bis 1000 kg für die Ablagerung unter Wasser – solange Schuten „genügend Wasser unterm Kiel" hatten – die üblichen Klappschuten verwendet, während die aus dem Wasser herausragende Molenkrone einen Kern aus Fertigteilen erhielt, die seitlich mit Steinen angeschüttet und mit Asphalt vergossen wurden.

Der Transport der Steine erfolgte in der Hauptsache mit Klappschuten, die über Stelzenpontons mit Lkw's beladen wurden.

Interessant (– und lehrreich zugleich) war der eigentliche Schüttprozeß. Man stelle sich vor: Hier müssen mehrere Millionen Kubikmeter Steine (kostbare Wasserbausteine) in bis zu 25 m Tiefe unter Wasser – und damit unsichtbar – geschüttet werden. Um die in den Schuten herangeführten „Gesteinsportionen" einigermaßen präzise in das Molenprofil einzubringen, wurde zunächst ein bis auf 1 m genaues Ortungssystem für die Schuten verwendet. Über das sogenannte Decca-Hifix-System konnte jede einzelne Schute exakt in eine bestimmte Position gebracht und das Material dort verkippt werden. Die Positionierungsanlage war so genau, daß die Schuten in ihrer Schüttposition noch gedreht werden konnten, um Vertiefungen im Dammkörper aufzufüllen.

Die Entladung der Schuten erfolgte nach einem genauen Verlegeplan, in dem nicht nur die exakte Lage jeder Schute, sondern durch unterschiedliche Farbgebung auch die Höhe und Tiefe der Schüttoberfläche eingezeichnet war (Bild **10.6**.7).

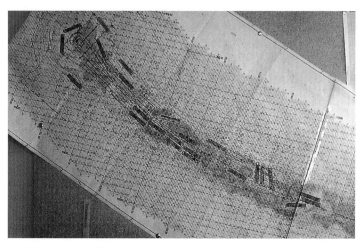

10.6.7   Schüttplan für die Materialschuten unter Wasser

Die Oberfläche der Schüttung wurde durch Echolot immer wieder genau vermessen. Um aber eine (visuelle) Vorstellung von dem Geschehen unter Wasser zu bekommen, wurde aus Plastikscheiben ein Modell aufgebaut, in das für alle 10 m das jeweilige Dammprofil eingezeichnet wurde. Blickte man dann durch diese Scheibenfolge in Molenlängsrichtung durch, so konnte man sehr gut ein Bild von der erreichten Schüttlage bekommen, um größere Unebenheiten in dem (unter Wasser nicht feststellbaren) wachsenden Oberflächenprofil des Molenkörpers zu erkennen (Bild **10.6**.8).

10.6.8 Sichtmodell für die Kontrolle der Schüttprofile

10.6.9 Die Mole erreicht die Wasseroberfläche (aus 25 m Tiefe)

Der Steinasphalt und die Steine der oberen Schüttlagen (die wegen der dann geringen Wassertiefe mit den Schuten nicht geschüttet werden konnten) wurden in Transportkübeln mit den Kränen der Hubinsel geschüttet (Bild **10.6.**9). Man stelle sich nun vor: Der Kranführer muß diese Stein-„Portionen" in den Dammkörper unter Wasser so präzise wie möglich einbringen, ohne daß er oben von seiner Führerkanzel aus etwas sieht.

Um diese präzise Verlegung der Steinpakete zu gewährleisten, wurde ein elektronisches Anzeigengerät mit Tintenschreiber-Markierung vor dem Führerstand des Kranführers installiert, das einen handgezeichneten Lageplan für die einzelnen Steinpakete je Höhenschicht enthielt und außerdem eine Vorrichtung, die mit dem Lasthaken des Kranes gekoppelt war und über den Tintenschreiber in der Führerkabine jede entleerte Lademulde mit einem Tintenstrahl auf dem Anzeigentableau markierte. Damit wurde ein ausgezeichneter Überblick über den Schüttvorgang erreicht.

Das Molenprofil wurde von einer Hängebrücke zwischen den beiden Hubinsel-Kranen alle 10 m mit Echolot genau vermessen und außerdem in das Sichtmodell eingetragen, so daß auch visuell der Fortgang der Schüttung gut zu erkennen war. Alles in allem war das ein „Bauen unter Wasser" mit dem besonderen Problem der Sichtbarmachung und Kontrolle des Bauvorganges. Derartige Ortungsgeräte werden heute immer mehr zur Überwachung unsichtbarer Prozesse verwendet, so z.B. auch beim Schütten der 10 t schweren Steine zur Kolksicherung der Pfeilerfüße an dem Oosterschelde-Sperrwerk (s. a. Abschn. 8.6).

Eng verbunden mit dem Molenbau ist die Anlage von Wellenbrechern. Eigentlich ist jede Mole, zumindest ihre jeweilige Außenseite, ein „Wellenbrecher", aber es gibt auch Wellenbrecher, die einzig und allein die Aufgabe haben, weit vor dem eigentlichen Hafenbereich die anrollende See zu brechen.

„Funktionselemente" eines Wellenbrechers zur Vernichtung der Wellenenergie sind die sogenannten „Tetrapods", – vierfüßige Betonkörper mit 8–40 t Gewicht, die ineinander verzahnt an der Seeseite verlegt werden (Bild **10.6.**10). Eine Mole mit ausgeprägter Wellenbrecher-Funktion verschlingt tausende dieser Tetrapoden, wobei diese Betonkörper nicht einfach hingelegt, sondern gut ineinanderverzahnt verlegt werden müssen, damit sie kein „Eigenleben" führen können und sich dabei dann gegenseitig zerstören.

10.6.10 Sichern einer Mole mit Tetrapods [102]

10.6.11   Unterwasserschüttung mit Spaltklappschuten

Das Steinmaterial für den Dammkörper wird, solange es mit Schuten antransportiert werden kann (ausreichende Wasserhöhe über der Schüttoberfläche erforderlich), in der Fläche geschüttet (Bild **10.6.**11), darüber hinaus dann mit Schüttmulden eingebracht. Abschließend werden die Tetrapoden zur Verlegestelle transportiert und mit weitreichenden Kränen verlegt.

10.7 Unterwasser-Tunnel

Als „Normalverfahren" kann man heute die Methode nach Bild **10.7.**1 bezeichnen, die u. a. auch beim Bau des neuen Elbtunnels in Hamburg angewandt wurde. Die in einem Trockendock hergestellten Tunnelelemente werden zum Transport in die Verlegestelle an Schwimmkörpern aufgehängt, so ausbalanciert, daß sie mit geringem Übergewicht (meist 4 × 50 t Seilzug) an dem Schwimmgerüst hängen, bei geringer Wasserbewegung eingeschwommen und am Verlegeplatz auf vorbereitete Gründungsplatten oder Pfahlroste abgesenkt werden. Die Elemente „hängen" also und sinken durch das ausbalancierte Eigengewicht nach unten, wobei stillstehendes oder nur gering bewegliches Wasser erforderlich ist.

Anders sah die beim Bau des Parana-Tunnels angewandte Methode aus (Bild **10.7.**2). Da der Rio Parana eine sehr starke Strömung hat und zudem sehr viel Schwebstoffe mitführt, mußten die Tunnel-Elemente bei der Verlegung in den vorbereiteten Graben am „straffen Zügel" geführt und „im Zaum" abgesenkt werden, um auch in der starken Strömung ihre Position exakt beizubehalten, denn jedes neu zu verlegende Element mußte ja genau in die „Aufnahmetasche" des schon verlegten letzten Elements anschließen (Bild **10.7.**3). Neu war hier der Einsatz einer Hubinsel, und deren Beine stellten gewissermaßen das Zaumzeug für den Verlegevorgang dar.

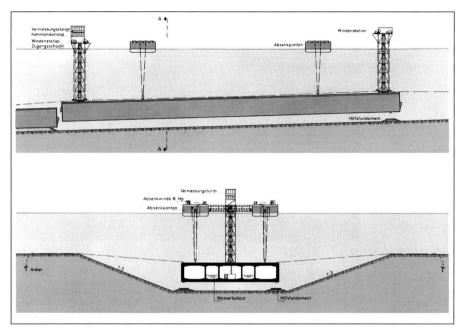

10.7.1   Bau des neuen Elbtunnels in Hamburg mit vorgefertigten Tunnelelementen von 42 000 t
Gewicht

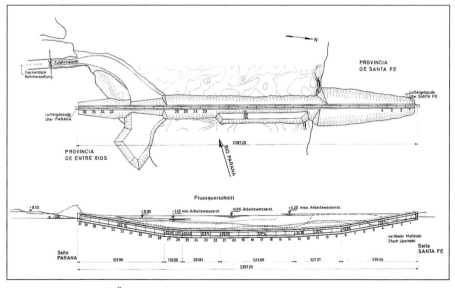

10.7.2   Parana-Tunnel: Überblick [102]

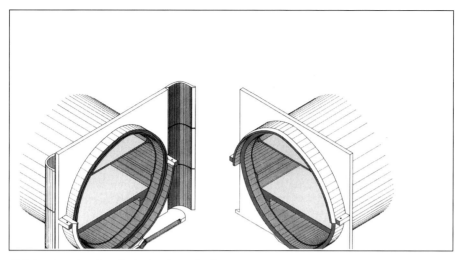

10.7.3 Koppeltaschen der Rohrschüsse [102]

Den Anfang des Bauprozesses bildete die Herstellung der Tunnelelemente (kreisförmige Röhren mit Auflegepratzen, 65 m lang und über den Pratzen 19,0 breit) (Bild **10.7**.4). Die einzelnen Elemente wurden nach ihrer Fertigstellung zu einem Liegeplatz im Flußbereich geschwommen und warteten dort auf ihren Einsatz (Bild **10.7**.5). Parallel dazu wurde der Verlegegraben ausgebaggert. Seitlich abgesenkte Ankerpontons und Windenschiffe ermöglichten das spätere Dirigieren der Rohre beim Verlegevorgang. Die einzel-

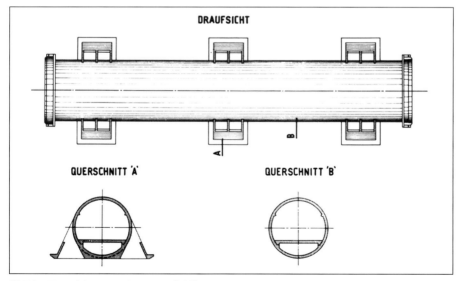

10.7.4 Tunnelelement mit Pratzen [102]

10.7.5 Tunnelelement in Wartestellung

nen Tunnelelemente erhielten zum Transport Eigenantrieb: Eine Schubeinheit, bestehend aus 6 Schottel-Navigatoren mit je 465 PS Antriebsleistung, erzeugten für jedes Rohr eine Schubkraft von 30 t, die ausreichte, um dieses bei einer Fließgeschwindigkeit von 1,35 m/s in Strömungsrichtung zu bewegen. Zusätzlich sorgten 2 weitere Schottel-Navigatoren mit je 465 PS vor dem Bug für die Steuerung der Schwimmeinheit. Das Schubgerät wurde nach dem Transport jeweils an das nächste Element umgekoppelt.

Der Verlegevorgang ging nun so vor sich (Bild **10.7.**6): Das jeweilige Rohr fuhr aus der Zwischendeponie (mit Hilfe des Schottel-Schubgerätes) parallel zur Flußrichtung des

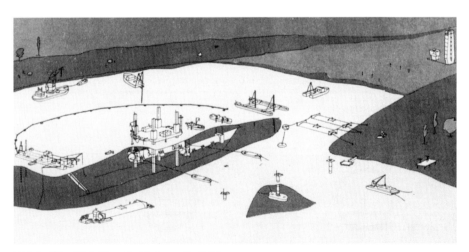

10.7.6 Überblick über die Einbaustelle [102]

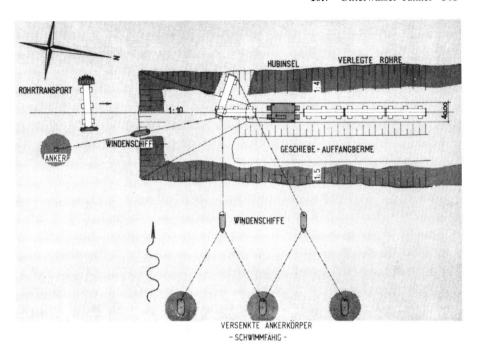

ROHRTRANSPORT

HUBINSEL VERLEGTE ROHRE

WINDENSCHIFF

ANKER

GESCHIEBE - AUFFANGBERME

1:10

WINDENSCHIFFE

VERSENKTE ANKERKÖRPER
- SCHWIMMFÄHIG -

10.7.7 Einschwimmen eines Rohres in die Tunnelachse [102]

Rio Parana vor den Verlegegraben und wurde dort an einem imaginären Drehpunkt, gebildet durch 2 rechtwinklig angreifende Seilzüge, gehalten (Bild **10.7.**7). Ein weiteres Seil, am hinteren Ende des Rohres angreifend, zog das Tunnelelement in die Verlegerichtung (quer zur Strömung), und die Hubinsel zog es an sich heran und brachte es zwischen ihre Beine. Die Seilbetätigung während des Drehens und Heranziehens des Rohres erfolgte von Windenschiffen aus, die ihrerseits an (schwimmfähigen) Ankerkörpern gehalten wurden. Das gesamte Ankersystem konnte also nach Lenzen und Aufschwimmen der Ankerkörper mit dem Verlegeprozeß mitwandern, um am neuen Verlegeabschnitt wieder geflutet zu werden und damit abgesenkt und durch Grundberührung Halt für die Windenschiffe zu geben, die die jeweils stationäre Position für die Schwimmbewegung der Tunnelelemente darstellten.

Unter der Hubinsel angekommen, wurde das einzelne Rohr von einem Verlegegerät erfaßt, das mit 4 Vertikal- und Horizontal-Seilzügen an der Hubinsel geführt wurde (Bild **10.7.**8). Jede „Haftklammer", vorn und hinten an der Hubinsel angebracht und an der Plattform aufgehängt, wurde von „Beinkatzen" vertikal und horizontal geführt (Bild **10.7.**9).

Den gesamten Absinkvorgang veranschaulicht Bild **10.7.**10. Nachdem vorn und hinten je ein Peilmast angebaut war, der die Lage des Elements unter Wasser anzeigte, und die Beinkatzen die Zentrierung der Rohrlage besorgt hatten, wurde das Rohr (das vorn und hinten abgeschottet war), geflutet, bis es ein Gewicht von 150 t erreicht hatte, und dann auf die Sohle des vorbereiteten Verlegegrabens abgesenkt.

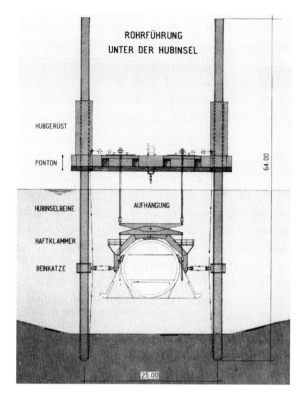

10.7.8 Absenkmechanismus
unter der Hubinsel [102]

10.7.9 Rohrklammern für das Absenken

10.7.10   Rohrabsenkung unter der Hubinsel

Nach Erreichen der Sollage wurde nun zunächst Sand unter und zwischen die Pratzen gespült und dieser durch Tiefenrüttler verdichtet (Bild **10.7.**11). Die Rüttler wurden von einem Schiff aus an Mäklern geführt. Nach dem Fixieren der Rohre über die Pratzen mit eingespültem und verdichtetem Sand wurde schließlich das gesamte Rohr mit seinem Eigengewicht belastet und die endgültige Gründungslage erreicht (Setzung: 9–17 mm).

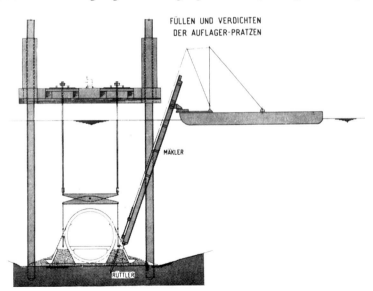

10.7.11   Einspülen der Rohrpratzen und Verdichten [102]

10.7.12   Spülschiffe mit Sanddepot

Danach erfolgte eine erste starre Verbindung mit dem vorhergehenden Tunnelelement mit je einem Stahlverbindungsbolzen von 120 mm Durchmesser und das Einspülen des Rohres im gesamten Querschnitt des Verlegegrabens. Verhindert werden mußte auf jeden Fall das Freispülen der Rohre durch die Schleppkraft der Wasserströmung (Bild **10.7.**12).

36 Tunnelelemente je 65 m lang und 4200 t schwer bildeten die 2,4 km lange Tunnelröhre, die fortan die Provinzen Santa Fe und Entre Rios miteinander verbindet und auf eine ungewöhnliche, verfahrenstechnisch hochinteressante Methode in fließendem Gewässer hergestellt wurde.

Einzelheiten über dieses Bauwerk enthält [102–6].

10.8 Kanalbau

Entsprechend der üblichen Dreiteilung für den Aushub des Kanalbettes (Trocken-Trocken/Naß-Naß) sei im trockenen Bereich zunächst hingewiesen auf den Einsatz großer weitreichender Schreitbagger (Reichweiten bis 200 m) und auf die beispielhafte Verwendung von Schaufelradbaggern, gekoppelt mit Bandbrücken und Absetzern. Kleinere Kanaldimensionen sprechen für den Einsatz von Schürfkübelbaggern, Schürf- und Planierraupen mit dem Abtransport des Aushubmaterials durch Lkw's. Der Grenzbereich Wasser/Fels ist die Domäne großer Tieflöffelbagger mit hoher Reißkraft sowie – bei kleinen Kanalquerschnitten – von Schürfraupen. Auf den Kanalaushub im Wasser wird weiter unten eingegangen.

An Detailproblemen sei hier angesprochen: Die Böschungsherstellung mit Böschungspflügen und „angeleinten" Planierraupen. Als Beispiele für die Böschungssicherung
durch Deckwerke seien angeführt: die Hydratondichtung, die Verlegung von Steinas-
phalt-Matten sowie der Einbau verzahnter Schüttsteine, die eine gute Sicherung nicht
nur gegen Wellenschlag, sondern auch gegen Ankerwurf bieten. Hingewiesen sei auch
auf die weitergehende Anlage von Querdämmen für die Austiefung von Flußläufen sowie das Ausräumen von Kanalquerschnitten mit weitreichenden und starken Schürfkübelbaggern.

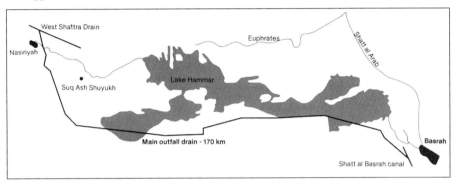

10.8.1   Lageplan des Kanals [202]

Ein bemerkenswerter Maschineneinsatz entwickelte sich beim Bau eines Kanals zwischen Nassiriyah und Basrah im Irak (Projekt: Main Outfall Drain, MOD) (Bild **10.8**.1).
Dort waren 3 Schaufelrad-Saugbagger eingesetzt, um einen Kanal mit 50 m Sohlenbreite, durchschnittlich 2,5 m Wassertiefe und einer Länge von 170 km auszuheben. Das Bodenmaterial bestand vor allem aus Ton und dicht gelagertem Sand. Die Gesamt-Kubatur
belief sich auf 65 Mill. m³, wovon 22 Mill. m³ im Trockenen bewegt wurden (für
Böschungen usw.), während 43 Mill. m³ reine Naßbaggerarbeit waren (Bild **10.8**.2).

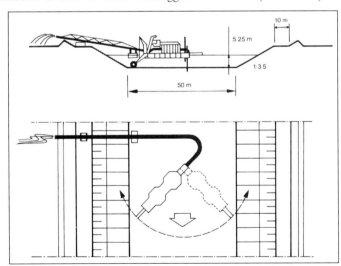

10.8.2   Kanal-
quer-
schnitt
[202]

Für die 3 Schaufelradbagger (Typ IHC Beaver 4000 W) hatte man sich u. a. entschieden, weil diese Geräte zerlegbar waren. Sie mußten nach dem Seetransport Rotterdam – Kuwait auf Landfahrzeuge umgeladen und 400 km bis zur Baustelle transportiert werden. Das maximale Eigengewicht eines Geräteteiles betrug 100 t bei einer Länge von 15 m. Insgesamt waren für den Transport der 3 Bagger 50 Tieflader erforderlich, wobei allein 39 Pontons zu transportieren waren.

Tafel **10.**1　Technische Daten des IHC Beaver 4000 W

Technische Daten Schneidrad-Bagger Beaver 4000 W (Einsatz MOD im Irak: Baggerschiffe ISIN, LARSA, URUK)		
Gesamtlänge	m	68,71
Länge des Pontons	m	55,00
Breite des Pontons	m	14,50
max. Grabtiefe	m	6,00
min. Grabtiefe	m	2,50
Saugrohrdurchmesser	mm	700
Spülrohrdurchmesser	mm	700
Pumpenantrieb	kW	1 490
Schneidradantrieb	kW	522
Gesamt-Installation	kW	3 021

10.8.3　Schneidradbagger im Einsatz, mit zusätzlichen Pontons für das Schneidrad und für die Pfähle [202]

Die technischen Daten enthält Tafel **10.**1. Die 3 Bagger wiesen einige bemerkenswerte Besonderheiten auf: Die beiden Pfähle für die Schwenkbewegung (Arbeitspfahl/Hilfspfahl) waren in einem besonderen, fest mit dem Hauptgerät verbundenen Ponton untergebracht. Für die Schwenkbewegung verwendete man Bulldozer als Anker, da diese „fahrenden Anker" schneller umgesetzt werden konnten als die übliche Methode mit dem Aufnehmen der Flußanker über die Ankerausleger (Bild **10.8.**3). Gesteuert wurden die Ankerseile über Ankerwinden mit einer Zugkraft von je 140 t.

Für die Schneidradausführung hatte man sich entschieden, weil damit höhere Leistungen in bindigen Böden zu erzielen waren (Bild **10.8.**4) und in beiden Schwenkrichtungen gleiche Förderleistungen erreicht werden konnten. Da keine größeren Steineinschlüsse vorkamen, konnte man das IHC-Schneidrad (mit Zähnen besetzt) problemlos verwenden. Als einer der 3 Bagger auf ein größeres Vorkommen von Sandstein stieß, wurde das Schneidrad gegen einen Schneidkopf ausgewechselt.

10.8.4   Schneidrad in Betrieb [202]

Die 3 Schneidradsaugbagger haben insgesamt 43 Mill. m^3 bewegt, wobei 7 Tage/Woche rund um die Uhr gebaggert und eine Stundenleistung von durchschnittlich 1000 m^3 erzielt wurde. Das Baggergut wurde über eine Rohrbrücke ca. 150 m seitlich des Kanalquerschnitts abgelagert (Bild **10.8.**5).

Ein besonderes Problem stellte die Wasserversorgung der Kanalbaustelle dar. Bei einer erzielten Feststoffkonzentration von 1 : 3 (d. h. für 1 m^3 Feststoff wurden 3 m^3 Transportwasser benötigt) mußte ein eigener Versorgungskanal angelegt werden, der parallel zum Hauptkanal verlief, das Wasser aus dem Spülfeld zurückleitete und Zusatzwasser heran-

10.8.5 Abtransport des Materials über eine Rohrbrücke [202]

führte. Für das Konstanthalten des Wasserspiegels im Kanal war also ein regelrechtes „Wassermanagement" erforderlich, das noch dazu mit einem Gefälle von 2–3 m im Kanal auf 100 km fertig werden mußte.

Die Steuerung und Arbeitsüberwachung der Geräte erfolgte mit modernsten Methoden. So waren u.a. jeweils ein sogenannter Profil-Monitor zur Überwachung des Aushubquerschnitts sowie ein IHC-Production Indicator zur Leistungskontrolle eingesetzt (s. Abschn. **9.**7)

10.8.6 Vorauslaufende Bodenuntersuchungen mit einer 200-kg-Ramme

Neu war auch die den Geräten vorauslaufende Bodenuntersuchung (Bild **10.8.**6) zur Feinabstimmung des Schneidrad-Einsatzes, galt es doch immer, Grabtiefe, Drehzahl und Schwenkgeschwindigkeit des Schneidrades so einzuregulieren, daß eine optimale Leistung erzielt wurde. Diese Bodenuntersuchungen wurden mit der 200 kg-Rammsonde durchgeführt und liefen dem Schneidrad ca. 50 m voraus. Wichtig war dabei auch die Ermittlung der erforderlichen Schneidkraft [49]. Für die Begradigung der Böschungsränder wurden Planierraupen mit V-förmigen Planierschilden verwendet.

10.9 Hubinseln

Hubinseln sind teure, aber äußerst nützliche Arbeitsgeräte für viele Wasserbauvorhaben: Mit abgesenkter Plattform schwimmen sie auf wie ein Ponton und können ihren Standort verändern, – mit aufgestützten Beinen dienen sie als ortfeste Gerüste in der sich bewegenden See (Bild **10.9.**1). Wenn sie auch keine „Maschinen" im eigentlichen Sinne sind, so haben sie doch sehr viel Maschinentechnik an und in sich und verfügen über einen hohen Stellenwert im Maschinenpark einer großen Bauunternehmung.

10.9.1 Hubinseleinsatz: Wasserbau von Land aus (El Aajun)

Unterscheiden muß man zunächst die heute üblichen 3 verschiedenen Bauformen:

- die „klassische" Hubinsel mit Ponton und Plattform als Geräteträger und 4 oder 8 Beinen als Stützen, –
- die Schreitinsel, die nicht nur schwimmend bei genügend Wasserstand zum Einsatz kommt, sondern im strandnahen Bereich sich auch schreitend fortbewegen kann,
- die fahrende Hubinsel mit je einem Raupenfahrwerk am Beinfuß zur Fortbewegung auch über Land.

Einzelheiten sind in Abschn. **8**.18 beschrieben.

Über den Einsatz von Hubinseln als Gründungsgerät berichten sehr ausführlich [50] und [202]. 3 interessante Einsätze seien beispielhaft herausgegriffen:

der Bau der Ölumschlagpier in Wilhelmshaven,
die Errichtung des Leuchtturmes „Alte Weser" und
die Hubinsel als Hilfsgerüst beim Bau der Fehmarnsund-Brücke.

Für die Umschlagpier in Wilhelmshaven waren insgesamt 515 Pfähle (Stahlrohre 546 und 750 mm Durchmesser) mit bis zu 43 m Länge als Pfeiler für die Landverbindung zur Pier zu rammen (Bild **10.9.**2). Normalerweise werden für Rammarbeiten in See Rammgerüste angelegt oder Schwimmrammen eingesetzt. Problematisch ist dabei immer die Positionsgenauigkeit der Pfähle im turbulenten Seewasser (Tide, Wasserstand, Wellenhöhe usw.). Um davon unabhängig zu sein, wurden die Rammarbeiten von einer Hubinsel aus durchgeführt.

10.9.2 Rammen von Stahlrohren für eine Verladepier

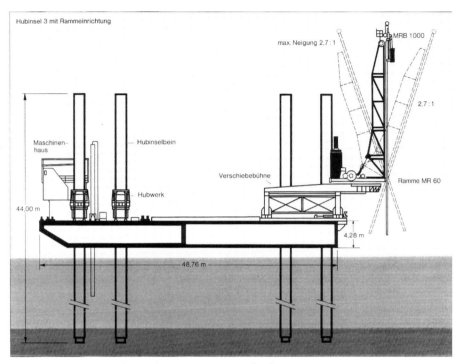

10.9.3 Rammeneinsatz (MR 60) auf einer Hubinsel [101]

10.9.4 Rammen von Rohrdalben

Die Hubinsel war mit einer Ramme MR 60 ausgerüstet, die ihrerseits auf einer Ramm-
bühne montiert war und sich auf der Hubinselplattform 9 m in der einen und 4 m quer
dazu in der anderen Richtung bewegen und dabei bis zu 3,8 m über den Pfahlplattform-
rand auskragen konnte (Bild **10.9.**3). Die Ramme war um 360 Grad drehbar und konnte
bis 1:3 geneigt werden. Weitere Einzelheiten sind aus Bild **10.9.**4 zu entnehmen. –

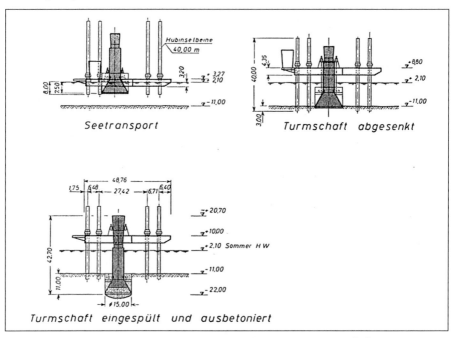

10.9.5　Absenken der Brunnengründung für den Leuchtturm „Alte Weser" [50]

Einen anderen – außergewöhnlichen – Hubinsel-Einsatz veranschaulicht Bild **10.9.**5
beim Bau des Leuchtturms „Alte Weser": Der Leuchtturm wurde in 2 Teilen von einer
Hubinsel schwimmend zur Baustelle transportiert. Dort wurde zunächst der (in umgekehrter Richtung zu betrachten) kegelförmige Fuß mit dem Turmschaft – die „Tulpe" –
abgesenkt (der Boden wurde im Kegelinnern abgesaugt) und der gesamte erste Baukörper auf die Gründungshöhe gebracht. In der zweiten Etappe wurde dann das Betriebsge-
bäude (die „Laterne") aufgesetzt, – ebenfalls mit Hilfe der Hubinsel (Bild **10.9.**6). Auch
hier wurde – mitten in der rauhen See mit Hilfe der Hubinsel ein Bauwerk errichtet, das
an Land vorgefertigt und dann in kurzer Zeit an Ort und Stelle eingebaut werden konnte. –

Beim Bau der Fehmarnsund-Brücke hatte die Hubinsel 2 Aufgaben zu erfüllen: Zunächst galt es, den als Taucherglocke ausgebildeten Senkkasten jedes Pfeilerfußes abzusenken und dann während des Betoniervorganges den aufgehenden Pfeiler als ortsfeste
Baustelleneinrichtung nach oben zu begleiten (Bild **10.9.**7).

10.9.6   Aufsetzen der „Laterne" [101]

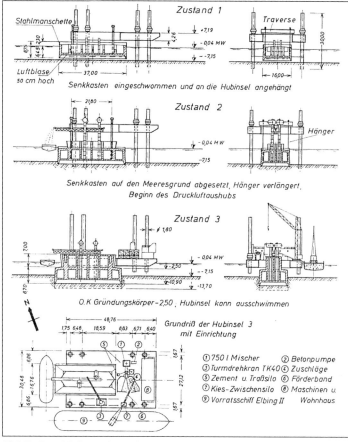

10.9.7   Druckluftgründung eines Pfeilers von einer Hubinsel aus [104]

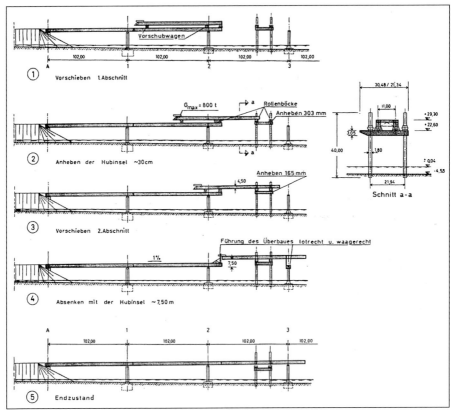

10.9.8   Hubinsel als Montagebock für Brückenträger [50]

10.9.9   Vorschieben eines Brückenfeldes

Im 2. Bauabschnitt erfolgte der Einsatz der Hubinsel als Hilfsgerät bei der Fahrbahn-Montage (Bild **10.9**.8): Jeder Stahlüberbau (Länge 102 m) wurde vom festen Brücken-kopf zunächst auf die im vorausliegenden Brückenfeld stehende Hubinsel geschoben, 7,50 m überhöht, und bis in die Mitte des (noch offenen) Brückenfeldes gebracht, so daß diese das Gesamtgewicht von 800 t übernehmen konnte, und dann nach entsprechender Zentrierung in die endgültige Lage abgesenkt.

Wie aber kam die Hubinsel aus dieser „eingesperrten" Lage wieder heraus? Der Ponton wurde auf die Wasseroberfläche abgesenkt, 2 Beine auf einer Brückenseite wurden an-gehoben und vorübergehend am Überbau befestigt, die Plattform mit den verbliebenen 2 Beinen ausgeschwommen und durch die nächste noch freie Brücköffnung zu den 2 am letzten Stahlüberbau befestigten Beinen geführt, wo diese wieder in die freien Hub-vorrichtungen des Pontons gesteckt wurden. Den Verschiebevorgang (auf Rollenbök-ken) veranschaulicht Bild **10.9**.9.

10.10 Kaimauern

Prinzipiell sind 5 verschiedene Bauverfahren zu unterscheiden, um eine Kaimauer (auch „Pier", „Kaje") als Anlegebauwerk für Seeschiffe zu erstellen:

- Betonblöcke
- Senkkästen
- Pfahlplatten
- Spundwände
- Rippenstützmauern

Im ersten Fall werden B e t o n k l ö t z e (bis 80 t schwer), in einer Feldfabrik hergestellt, mauerartig übereinander gesetzt, wobei Schwimmkräne den Verlegevorgang übernehmen. S e n k k ä s t e n (Bild **10.10**.1) werden serienweise ebenfalls auf der Baustelle herge-

10.10.1   Herstellen von Schwimmkästen in Gleitschalung (Dammam) [101]

10.10.2 Setzen von Schleuderpfählen als Gründung für eine Pierplatte (Ovendo) [104]

10.10.3 Bau einer Pfeilerkopfmauer als „Kaimauer" (Richards Bay) [101]

stellt, über ein vorgeplantes Schienensystem zu einer Art „Fahrstuhl" geschoben, dort abgesenkt, bis sie aufschwimmen, zum Verlegeplatz geschwommen und Kasten neben Kasten auf eine vorbereitete Gründungsfläche abgesenkt.

Pfahlplatten – auch „aufgeständerte Pierplatten" – werden auf (meist im Schleuder-verfahren hergestellte) Rohrpfähle von 80 bis 100 cm Durchmesser gegründet (Bild **10.10.**2), wobei die Pfähle von einer Hubinsel aus in vorgebohrte Löcher abgesenkt wer-den. Spundwände überbrücken den Geländesprung von 20–25 m und werden über Schrägpfähle rückverankert, mit Sand hinterfüllt und mit Pierplatten abgedeckt. Rip-penstützmauern (auch „Pfeilerkopfmauern") (Bild **10.10.**3) werden in vorbereiteten Gründungsgräben vor Ort hergestellt und anschließend ebenfalls hinterfüllt.

Die mit Abstand häufigste Baumethode ist die Herstellung von Spundwänden, mit Fen-dern bewehrt. Solche Spundwandbaustellen erfordern einen massierten Einsatz von Rammen und sind daher maschinentechnisch von besonderem Interesse. Zwei Beispiele sollen das verdeutlichen:

Am Kronprinzenkai im Hamburger Hafen wurde eine 613 m lange Kaimauer neu er-stellt und im Zuge dieser Baumaßnahme eine vorspringende „Ecke" am Ellerholzhöft zurückgebaut (Bild **10.10.**4).

10.10.4   Blick auf die Baustelle Kronprinzenkai (Hamburg) [101]

Den Bauvorgang verdeutlicht Bild **10.10**.5. Zunächst wurden von einer Schwimmramme nur die neue Spundwand und die 35 m langen Ankerpfähle gerammt. Zum Einsatz kam eine Rohrgerüstramme MR 60 mit einem Dampfbär MRB 600 (s. Tafel **7.**12). Die Tragbohlen wurden mit einem MRB 1000 (10 t Fallgewicht) gerammt, wobei zur Reduzie-

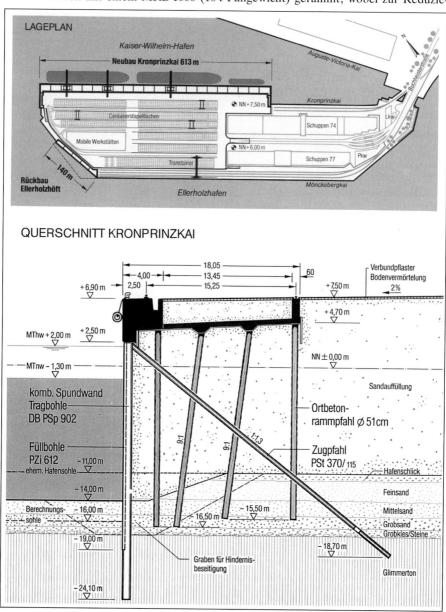

10.10.5 Querschnitt der neuen Kaimauer [101]

rung des Rammwiderstandes und zur Verringerung von Undichtigkeiten in den Spund-
wandschlössern (Schloßsprengung!) im Verlauf der neuen Spundwand ein ca. 5 m tiefer
Graben vorausgehoben wurde, um eventuelle Hindernisse wie Mauer- und Pfahlreste
sowie Blindgänger vorher zu beseitigen.

Nach Fertigstellung der neuen Spundwand und Teilabbruch der alten Kaimauer (Beton)
wurde der Zwischenraum mit Sand verspült, um die Ortspfähle für den Stahlbetonüber-
bau rammen zu können. Schließlich erfolgte der Bau der Überbauplatte mit den Kranbahnen.

Eingesetzt waren an Rammgeräten:

    – eine Schwimmramme MR 60 mit MRB 600
      für die Ankerpfähle,
    – eine Schwimmramme MR 60 mit MRB 600
      für das Rammen der 60 m langen Querwand,
    – eine Schwimmramme MR 60 mit MRB 1000
      für das Rammen der Tragbohlen,
    – eine Schwimmramme MR 40 mit MRB 500
      für das Rammen der Füllbohlen,

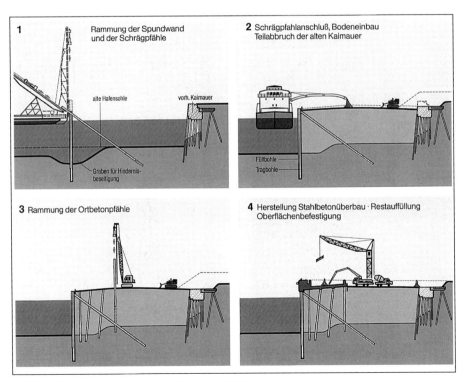

zu **10.10**.5   Querschnitt der neuen Kaimauer [101]

schließlich noch

> 2 Raupenbagger mit Kranausleger und Mäkler für das Rammen der Ortpfähle,

also ein Rammeinsatz von außergewöhnlichem Umfang (Bild **10.10**.6).

10.10.6 Rammeinsatz auf der Baustelle [101]

Ebenfalls sehr intensiv gerammt wurde beim Bau der Containerkaje in Bremerhaven [51], [101]. Bild **10.10**.7 zeigt einen Blick auf die Baustelle. Auch hier gab es eine Art „Rammen-Festival" mit millionenteuren Geräten. Eingesetzt waren 3 große Rohrgerüstrammen, eine davon mit einem 10 t-Bär, und als „Superstar" noch eine Hubinsel als Trägerplattform für eine dieser Rammen (zeitweise).

Bild **10.10**.8 stellt die Konstruktion der Kaimauer dar, wobei die Anordnung einer durchlaufenden Wellenkammer besonders bemerkenswert ist. Sie sollte bei hohen Wasserständen und starkem Wellengang den Schwall der anlaufenden Wellen abbremsen und ein Überfluten der Pierplatte verhindern.

10.10.7 Baustelle Containerkaje (Bremerhaven) [101]

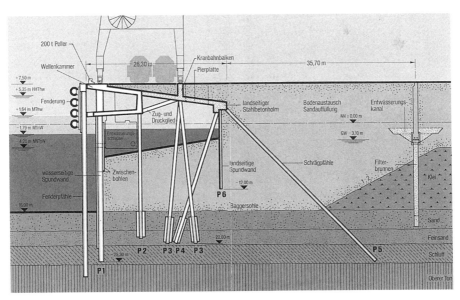

10.10.8 Die Konstruktion der Kaimauer [101]

Diese Pierplatte – 80 cm dick – ist auf 3 Pfahlreihen gegründet, wobei die dafür verwendeten Stahlrohre Fußflügel erhielten, um die Tragfähigkeit zu erhöhen.

Den Ablauf der Bauarbeiten zeigt Bild **10.10**.9: Nach dem Bodenaustausch im Hafenbecken (Phase 1) wird die landseitige Spundwand (P 6) mit einer Schwimmramme MR 40 gerammt (Phase 2). Höhepunkt der Rammarbeiten ist die Rammung der wasserseitigen Spundwand D 1 mit dem Einsatz einer schweren Rammausrüstung mit MR 60 und dem 10 t-Dampfbär MRB 1000. Die nun gerammten Pfahlreihen P 6 und P 1 bilden

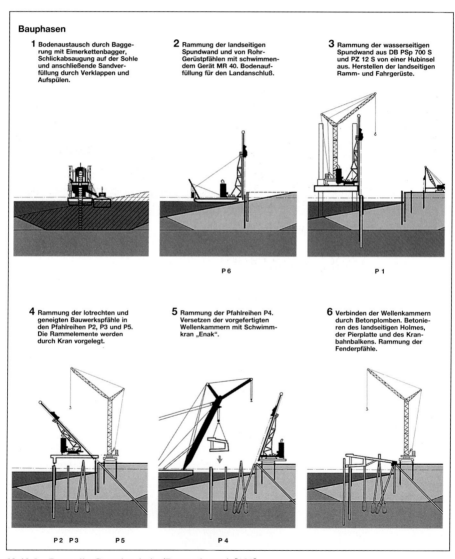

Bauphasen

1 Bodenaustausch durch Baggerung mit Eimerkettenbagger, Schlickabsaugung auf der Sohle und anschließende Sandverfüllung durch Verklappen und Aufspülen.

2 Rammung der landseitigen Spundwand und von Rohr-Gerüstpfählen mit schwimmendem Gerät MR 40. Bodenauffüllung für den Landanschluß.

3 Rammung der wasserseitigen Spundwand aus DB PSp 700 S und PZ 12 S von einer Hubinsel aus. Herstellen der landseitigen Ramm- und Fahrgerüste.

P 6　　　　　　　　　　　P 1

4 Rammung der lotrechten und geneigten Bauwerkspfähle in den Pfahlreihen P2, P3 und P5. Die Rammelemente werden durch Kran vorgelegt.

5 Rammung der Pfahlreihen P4. Versetzen der vorgefertigten Wellenkammern mit Schwimmkran „Enak".

6 Verbinden der Wellenkammern durch Betonplomben. Betonieren des landseitigen Holmes, der Pierplatte und des Kranbahnbalkens. Rammung der Fenderpfähle.

P2 P3　　　P5　　　　　　P 4

10.10.9　Baustelle Containerkaje (Bremerhaven) [101]

10.10.10   Verlegen der Wellenkammern mit einem Schwimmkran [101]

die Führung für je eine Rammbrücke mit einer MR 60 mit MRB 600 zum Rammen der Pfahlreihen P 2 und P 3 und der Ankerpfähle mit Neigung 1:1 (P 5) (Phase 4). Die Pfahlreihe P 4 schließlich wird mit einer MR 40 und MRB 500 gerammt. Ein Schwimmkran übernimmt das Verlegen der Wellenkammer-Elemente (Bild **10.10.**10) (Phase 5), während die Erstellung der Pierplatte mit den verschiedenen Hilfsarbeiten den Abschluß der Arbeiten bildet (Phase 6).

Das alles hört sich sehr einfach und logisch an, dem Kenner wird jedoch der sehr reichlich dimensionierte Maschineneinsatz (1 Hubinsel, 1 Schwimmkran, 3 schwere Rammen mit einem MRB 1000 als schwerstem Rammbär) auffallen, der notwendig war, weil sich die Baustelle im Mündungsbereich der Weser und damit unmittelbar an der Küste befand und den Überraschungen von See her und den Bodenverhältnissen mit ihren unvorhersehbaren Schwierigkeiten im besonderen Maße ausgesetzt war.

10.10.11 „Maschinendichte" beim Rammen der Pfahlreihen [101]

10.10.12 Blick auf die Baustelle. Vorn: die Wellenkammer [101]

Der Maschineneinsatz beim Bau der Containerkaje in Bremverhaven wurde ebenfalls in einer ungewöhnlichen Maschinendichte durchgeführt (Bild **10.10.**11) und stellte das Mitwirken gerade auch der schweren Rammen beim Hafenbau eindrucksvoll unter Beweis, wobei diese Rammen nicht nur von Land, sondern auch von Rammbrücken auf Hilfsgerüsten (die ebenfalls gerammt werden mußten) und sogar von einer großen Hubinsel aus (mit 8 Beinen) gearbeitet haben (Bild **10.10.**12).

10.11 Pfahlbauten

Hierher gehören vor allem Brücken, aufgeständerte Pierplatten sowie einfache Anlegepiers, – auf jeden Fall immer Bauwerke, die sich gegen zum Teil heftigen Wellenangriff behaupten müssen.

Über die Zeeland-Brücke mit ihren 4,25 m mächtigen und bis zu 80 m langen Hohlpfählen ist schon in Abschn. **10.**1 berichtet worden, ebenso über die Anlege-Brücke in El Aaiun mit Pfählen von 2,50 m Durchmesser. Eine Reihe tiefer, mit Pfahldurchmesser abwärts gehend, ist im Bereich von 1 m Durchmesser die Pierplatte von Ovendo zu erwähnen, die auf 584 Pfählen bis 25 m Länge ruht (Bild **10.11.**1). Die Pfähle hatten einen Durchmesser von 1,30 m und wurden in senkrecht vorgebohrte Löcher in den Felsuntergrund eingestellt. Die Pfähle wurden auf mindestens 3 m Länge in den Fels eingespannt. Dadurch konnte auf Schrägpfähle zur Aufnahme der Horizontalkräfte verzichtet werden.

10.11.1   Verlegen der Schleuderpfähle von der Hubinsel aus

10.11.2 Herstellen der Pfähle (1,00 m Durchmesser) in einer Schleuderbank

Interessant war die Herstellung der Pfähle in einer Schleuderbank (Bild **10.11.**2), wobei die äußere Pfahlform als Schleuderbett diente und beim Einbringen des Frischbetons durch die Zentrifugalkraft bei der Rotation die innere Schale erspart wurde. Um die Form schnell wiederverwenden zu können, wurden die Rohre anschließend sofort bedampft.

Den Einbau der Pfähle übernahm eine Hubinsel, die zur Herstellung der Pfahllöcher mit einer Wirth-Bohranlage für 1,45 m Pfahldurchmesser mit Mantelrohren und Verrohrungsmaschinen ausgerüstet war und im Lufthebeverfahren arbeitete. Die Pfähle wurden an der Hubinsel in einer Kippvorrichtung aufgerichtet und mit einem Derrik-Kran mit 45 t Tragkraft in die vorgebohrten Löcher gesetzt. –

Ist der Untergrund noch rammbar, so werden für die Gründung des Betonüberbaus meist Stahlrohre, eventuell mit Fußflügeln zur Vergrößerung der Mantelreibung verwendet. Markantes Beispiel ist hier der Bau der Umschlaganlage R ü s t e r s i e l e r G r o d e n, die aus 2 Teilen bestand: Einer Zufahrtsbrücke als Landverbindung zu der rund 1,2 km von der Küste entfernt angelegten eigentlichen Umschlag-Pier. Die Zufahrtsbrücke war gegründet auf bis zu 30 m langen Stahlpfählen 762 mm Durchmesser, die mit Neigung 1:3 gerammt wurden und deren Köpfe dalbenartig in Jochbalken einbanden. Eingesetzt für die Rammarbeiten war eine Hubinsel mit einer Rohrgerüstramme MR 60 und einem 10-t-Dampfbär MRB 1000. Um die 8 Pfähle eines Querjoches aus einer einzigen Hubinselstellung zu schlagen, war die Inselplattform U-förmig mit einem Ausschnitt versehen, in dem sich die Ramme über einen Querwagen und eine Drehbühne frei bewegen konnte (Bild **10.11.**3).

10.11.3 Pfahlgründung für die Zufahrtsbrücke Rüstersieler Groden

Die quer zur Transportbrücke liegende Umschlagpier (für Schiffe bis 80 000 tdw) mit einer Länge von 300 m und einer Breite von 30 m wurde auf einen ganzen „Pfahlwald" gegründet (Bild **10.11.**4), der ebenfalls mit einer MR 60 mit MRB 1000 gerammt wurde. Die (drehbare und quer verfahrbare) Ramme stand dazu auf einer Rammbrücke, die auf ein zuvor gerammtes Hilfsgerüst in Länge der Pier fuhr (Bild **10.11.**5). Wegen des teilweise heftigen Seeganges und der erforderlichen Einbinderuhe für die Deckplatte mußten die Pfähle durch Stahlzangen gegeneinander gesichert werden. Auch war die Ver-

10.11.4 Die Pfahlgründung für die Verladepier

10.11.5   Rammfortschritt von einer Rammbrücke aus

zahnung erforderlich, damit die Ramme von den im voraus geschlagenen Pfählen und
der Rammbrücke aus ruhig arbeiten konnte. Die Verladefläche bestand aus Ortbeton,
zu dessen Unterschalung Fertigteile von 10–15 m Grundfläche und 255 t Gewicht verwendet wurden. Ihre Verlegung erfolgte mit einem Schwimmkran nach Bild **10.11**.6.

10.11.6   Einschwimmen der Schalplatten für den Deckbeton

10.11.7   Anleger in Arzew, – Bohrpfähle von einer Hubinsel aus

10.11.8   Stahlrohre, mit Beton verfüllt, als Gründung

Einen weiteren, sehr intensiven Maschineneinsatz im Zusammenhang mit der Herstellung von Anlegepiers gab es beim Bau des Hafens in Arzew (Bild **10.11.**7). Als Auflager für die Verladebrücke wurden ebenfalls Stahlrohre verwendet, die hier nun nicht gerammt, sondern in vorgebohrte Löcher abgesenkt und dann mit Beton verfüllt wurden (Bild **10.11.**8). Als Arbeitsplattform für die Bohranlagen – hier: ein Wirth-Drehbohrgerät mit Druckwasser-Förderung (Mammutpumpe) – kamen 2 Hubinseln zum Einsatz.

10.11.9   Einsatz einer Drehbohranlage vom Pfahlkopf aus

Das Bohrgerät wurde, von einem Kran geführt, freireitend auf den jeweiligen Rohrkopf gesetzt (Bild **10.11**.9).

10.12 Hongkong

Der spektakulärste Naßbaggereinsatz der Gegenwart vollzieht sich zur Zeit beim Bau des neuen Flugplatzes in Hongkong (Chek Lap Kok). Um die Schiffahrtsrinne zu einem naheliegenden Containerhafen freizuhalten und um Schüttmaterial für das Auffüllen des Flugplatzareals zu gewinnen, sind fast alle „Stars" der Naßbaggerflotte Europas zur Zeit dort versammelt, um ca. 1300 ha Neuland aufzuspülen.

Durchgeführt werden diese Arbeiten von einer holländisch-belgischen Firmengruppe, der Marine Works and Dredging Contractors Group, bestehend aus

> Royal Boskalis Niederlande,
> Hollandsche Aannehming MJ (HAM),
> Ballast Nedam, Niederlande,
> Jan de Nul, Belgien.

10.12.1 Laderaum-Saugbagger Cornelis Zanen vor Hongkong [202]

Ihre Naßbaggerflotte umfaßt

  12 Laderaumsaugbagger,
   2 Schneidkopfsaugbagger,
   7 schwimmende Greiferschiffe,
   1 Eimerkettenbagger und
     zahlreiche Schuten.

In dieser wohl bisher nirgendwo in der Welt so zahlreich eingesetzten Naßbaggergruppierung befinden sich die berühmtesten europäischen Schwimmbagger, so z. B.

  Cornelis Zanen (Bild **10.12.**1)
    (8000 m³ Laderaum; Boskalis)
  Geopotes X
    (8645 m³ Laderaum; HAM)
  Lelystadt
    (10 330 m³ Laderaum; Ballast Nedam)
  Leonardo da Vinci (Bild **10.12.**2)
    (der größte selbstfahrende Schneidkopfbagger mit
    27 500 PS Motorleistung; de Nul)
  J. F. J. de Nul
    (11 750 m³ Laderaum; de Nul)

Letzterer ist der zur Zeit größte Laderaumsaugbagger der Welt.

10.12.2   Einer der größten Schneidkopf-Saugbagger: Leonardo da Vinci (27 524 PS) [202]

10.12.3   Zwei Schwesterschiffe beim Sandvorspülen: Cornelis und Barent Zanen, je 8000 m³ Laderauminhalt [202]

Die Entleerung des Laderaums erfolgt bei diesen Schiffen entweder über Bodenplatten, durch Spaltbewegung des gesamten Schiffskörpers (Split Hopper) oder durch Baggerpumpen über auskragende Spülleitungen bis 100 m Reichweite (HAM 310). Alle Schiffe besitzen eine automatische Positionsanzeige, eine computergesteuerte Bedienung und ein Durchflußmengen-Meßgerät mit verschiedenen Zusatzeinrichtungen.

Unter den Naßbaggerschiffen befindet sich auch ein Veteran aus der Bauzeit von Europoort, der

  Prins der Nederlanden,

der sich im Rotterdamer Hafen gut auskannte. Alles in allem: Eine „Baustelle der Superlative" speziell im Naßbaggerbereich, die vor allem durch die Schiffsmassierung und
die moderne Maschinenausrüstung herausragende Bedeutung gewonnen hat.

Die eingesetzten Schwimmbagger arbeiten vor allem bei der Anlage eines Sandlagers als
Zwischendeponie (Bild **10.12.**3) und beim Aufspülen der „künstlichen Insel" für den
neuen Flugplatz (Bild **10.12.**4).

10.12.4   Schneidkopfsaugbagger beim Aufspülen des Startbahn-Vorfeldes

11 Hydraulische Förderung

Vorbemerkung

Eine der Problemgrößen in den folgenden beiden Kapiteln ist die Gemischwichte. Früher wurde vom „Spezifischen Gewicht", später vom „Gemischgewicht" gesprochen. Dann wurde das spezifische Gewicht in γ (Wichte) und ϱ (Dichte) unterteilt, ohne daß – in den hier vorkommenden Bereichen – ein wesentlicher Unterschied erkennbar war.

Die „Philosophie" der „Neuen Einheiten" ist, daß man

für Kräfte, die der Erdanziehung unterliegen (sog. Gewichtskräfte), weiterhin bei den Dimensionen g, kg und t bleibt.

Letzteres gilt für alle Gewichte (auch „Massen") und damit auch für die Gemischwichte, die ja auch ein „Gewicht" ist.

Daher wird in den folgenden Ausführungen für die Gemischwichte die Dimension t/m^3 verwendet. Im englischen Sprachgebrauch wird durchgehend von der specific gravity gesprochen und weltweit ebenfalls t/m^3 als Dimension verwendet.

11.0 Überblick

Wie funktioniert die hydraulische Förderung? Wie bei allen Fördersystemen in der Erdbewegung heißt auch hier die Aufgabe: Fördern des Bodens von einer Gewinnungs- zur Einbaustelle. Während jedoch bei den anderen Systemen diese Aufgabe mehr oder weniger trocken und auf Band, Seil oder Rädern durchgeführt wird, erfolgt sie bei der hydraulischen Förderung auf nassem Wege: Ein Wasserstrom wird benutzt, um den Boden zu transportieren.

Zwei Funktionen stehen dabei im Mittelpunkt: Der transportierende Wasserstrom muß erzeugt und diesem eine Ladung aufgegeben werden, die er in seiner Strömung mitnimmt. Diesen Wasserstrom zu erzeugen und in einem Rohrsystem weiterzuleiten, ist nicht problematisch. Jede Hauswasserleitung gibt ein Beispiel dafür. Problematisch ist jedoch die 2. Aufgabe: Diesen Wasserstrom dazu zu bringen, daß er Boden mitnimmt.

Dieses „Mitnehmen" ist nicht so einfach. Verfolgt man ein einzelnes Bodenteilchen, z.B. ein Kieskorn – das in den Wasserstrom eingegeben wird, so wird es zunächst zwar mitgerissen, aber dann mehr oder weniger parabelförmig auf die Rohrwand absinken und nur noch ab und zu weitergeschoben werden, und das unter mehr oder weniger großen Reibungsverlusten (Bild 11.1).

Ist das Bodenteilchen leichter, so wird es zwar auch – aber in einer wesentlich flacheren Kurve – absinken, von der Strömung mitgerissen werden, wieder aufsteigen und sich in langgezogenen Sprungbewegungen weiterbewegen, ohne allzu großen Reibungswiderstand zu verursachen. Nur wenn das Bodenteilchen so leicht und die Strömungsgeschwindigkeit so groß ist, daß es gar nicht zum Absinken kommt, sondern in der Strömung „schwebt", ist der Transport mit relativ geringen Antriebskräften zu bewältigen.

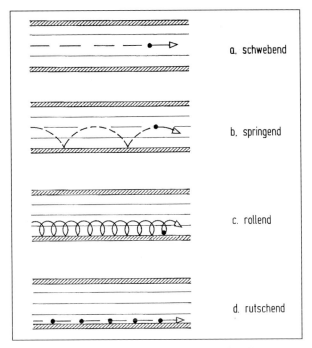

a. schwebend

b. springend

c. rollend

d. rutschend

11.1 Die Fortbewegung von Feststoffteilchen im Wasserstrom

Nicht viel anders sieht es aus, wenn nicht ein einzelnes Bodenteilchen, sondern eine ganze Bodenmasse in der Strömung zu transportieren ist. Zunächst muß diese Bodenmasse „fluidisiert", d. h. mit Wasser angereichert werden, und dann muß das Verhältnis zwischen dem Gewicht der Bodenmasse (vertikale Komponente) und der Geschwindigkeit der mitnehmenden Wasserströmung (horizontale Komponente) so ausgewogen sein, daß diese Bodenmasse schwebend linear weitertransportiert wird und nicht zum Absinken auf die Rohrwand kommt. Ist letzteres nämlich der Fall, so bildet sich hinter der abgesunkenen Bodenschwelle sehr schnell ein „Staudamm", der von der Strömung nicht mehr abgetragen werden kann, immer weiter aufwächst und schließlich die gesamte Strömung und damit auch den Materialtransport zum Erliegen bringt: das Rohr verstopft. Es kommt also bei der hydraulischen Förderung entscheidend darauf an, daß die beiden Komponenten Transportgewicht und Transportgeschwindigkeit so ausbalanciert werden, daß ein schwebender Transport der Bodenmasse erzielt wird. Außerdem soll die Bodenmenge möglichst groß sein, um einen wirtschaftlichen Transport zu erreichen.

Wie soll nun diese Bodenmasse beschaffen sein, die „gewässert", fluidisiert – werden muß, damit möglichst viel von ihr im Wasserstrom schwebend mitgenommen wird? Die Erfahrung sagt, daß die Korngröße am besten zwischen 0,2 und 0,6 mm liegen soll. Solche „Idealböden" wird es nur selten geben. Die Ungleichförmigkeit des Korngerüstes ist meist viel größer. Und es kommt auch gar nicht so sehr auf diese Korngrenzen an. Immer wieder werden viel größere Boden- und Felsstücke von diesem Wasserstrom befördert (Bild **11.**2), wenn sie von den umgebenden kleineren Bodenteilchen mitgerissen werden.

11.2 Feststoffteile bis 25 cm Stückgröße, – im Ansaugstrom bis zum Steinkasten vor der Pumpe hochgefördert

Aber hierin liegt die größte Schwierigkeit bei der hydraulischen Förderung – man spricht
auch von „Gemischförderung" – die Auswirkung der Korngrößenverteilung (Ungleichförmigkeit) auf das Mitnahmevermögen des transportierenden Wasserstromes abzu-
schätzen (nur das „Schätzen" führt hier zum Ziel!). Jeder Kalkulation einer solchen
Naßbaggerbaustelle liegt neben anderen Rechengrößen die sogenannte Feststoffkonzentration zugrunde. Während man die Wassergeschwindigkeit (wegen der bremsenden Widerstände) noch einigermaßen rechnerisch erfassen kann, läßt sich der Feststoffanteil –
also das Verhältnis Wasser zu Feststoff – immer nur über Erfahrungswerte eingrenzen,
denn es spielen dabei eine wesentliche Rolle:

> die Bodenbeschaffenheit
> (rollig oder bindig),
> die Korngrößenverteilung,
> die Ungleichförmigkeit,
> die Kornform
> (rund oder eckig),
> die Wassergeschwindigkeit,
> die Reibungswiderstände in der Rohrleitung.

Aber die „Mitnahmefähigkeit" – der „Kraftschluß" zwischen Wasserstrom und Bodenmasse, gewissermaßen der Grad der Verzahnung zwischen beiden – bleibt fast immer ein
„Mysterium", eben weil man das Verhalten der Bodenmenge in der Strömung rechnerisch nicht definieren kann.

Zu vergleichen ist die hydraulische Förderung in etwa mit der Bandförderung: Das Wasser ist das Transportband, die Bandfüllung ist die Ladung (oder Füllung) des Bandes.
Auch dort kommt es vor, daß das Band schneller läuft als die aufgeladene Bodenmasse,
– daß das Band unter der Bodenfüllung „durchrutscht", – ein merklicher Schlupf entsteht und damit die Förderleistung beeinträchtigt wird (Bild **11**.3) – vergleichbar etwa
mit Fall b in Bild **11**.1.

11.3 Bandstraße: das trockene Gegenstück zur Naßförderung

11.1 Das hydraulische Fördersystem

Ähnlich wie die Bandförderung neben dem Förderband ein Traggerüst und eine Antriebsstation benötigt, besteht das hydraulische Fördersystem aus folgenden Systemkomponenten:

Antriebsorgan:	die Baggerpumpe
Förderband:	der Wasserstrom
Traggerüst:	das Rohrleitungssystem
Gewinnungswerkzeuge:	Saugrüssel, Schneidkopf, Schleppkopf oder Schaufelrad
Absetzer:	Spülrohr

Wichtigster Teil in diesem System ist ohne Zweifel die Baggerpumpe. Man nennt sie auch das „Herz" der hydraulischen Förderung, denn sie treibt ja das Förderband an, hält den Wasserstrom in Bewegung. Ohne sie liegt der Förderbetrieb still (Bild **11.4**).

Das Rohrleitungssystem gruppiert sich um die Pumpe herum und besteht auf der einen Seite aus dem Saugrohr, auf der anderen Seite aus dem Druckrohr mit dem Spülrohr am Ende. Das Saugrohr beginnt entweder nur mit einem einfachen Saugmund, oder dieser nimmt seinen Anfang im Grabwerkzeug, also im Schneidkopf, Schleppkopf oder Schaufelrad. Wichtig ist der Rohrdurchmesser, eine der Grundgrößen für die Leistungsermittlung.

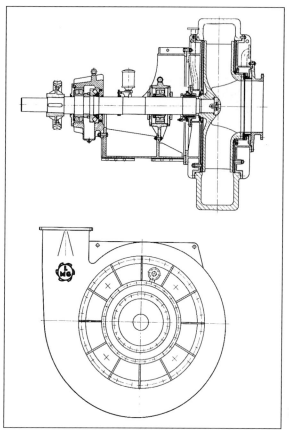

11.4 Das Herz der Naßbagger:
die Baggerpumpe

Die unter Umständen recht lange Druckrohrleitung (1000 bis 1500 m mit e i n e r Pumpe) ist aus einzelnen Rohrschüssen aufgebaut (ähnlich wie das Traggerüst einer Bandstraße), die mit einer Länge von 5 oder 10 m abschnittsweise verlegt werden (Bild **11**.5).

Wie bei vielen anderen technischen Anlagen spricht man auch hier von einem „...System". Im Gegensatz zu den anderen Bodenförder-Systemen (Gleis, Bagger-Lkw, Flachbagger, Seil), bei denen der Boden zum Transport lediglich in Transportbehälter geladen wird und in seiner Beschaffenheit (wenn auch „aufgelockert") bestehen bleibt, wird er im hydraulischen Transportsystem durch den Zwang zur Fluidisierung in seinem Zustand regelrecht verändert (Bild **11**.6). Bodenmechanisch gesprochen wird er (nach der Konsistenzskala) „breiig" oder „flüssig" gemacht. Das ist insofern von Bedeutung, als der Boden hier Bestandteil des gesamten Systems ist und alle seine Zustandsformen direkten Einfluß auf die Leistungsfähigkeit des Systems haben. Alle Änderungen an einem Glied des Systems sind immer rückzufragen mit „was sagt der Boden dazu?" und: wie beeinflußt eine Änderung an anderer Stelle sein Verhalten im fluidisierten Zustand? Es geht hier eben nicht um die klassische Boden-, sondern um eine Gemischförderung, und dieses „Gemisch" durchzieht das gesamte Fördersystem.

11.5 Rohrelement der Druckleitung mit Kugelgelenken

11.6 Fluidisierung des Transportgutes einer Spülschute: rechts die Druckstrahldüse, links daneben das Saugrohr [201]

11.2 Bodeneinfluß

Ganz am Anfang steht die Frage: Läßt sich der Boden überhaupt spülen, d. h.: in einer Wasserströmung transportieren? An einer Antwort kommt man nicht vorbei, ohne die hydraulischen und maschinentechnischen Komponenten im Zusammenhang mit der Bodentechnik zu betrachten. Einer unserer erfahrenen Naßbaggerspezialisten schreibt in [12]

> „Beim Arbeiten eines Naßbaggergerätes soll ein maschinentechnischer Vorgang eine Einwirkung auf den unter Wasser anstehenden Boden haben, so daß die Kenntnis bodentechnischer Gegebenheiten notwendig ist. Dabei handelt es sich weniger um eine Bodenmechanik im üblichen Sinne, sondern um eine dynamische Bodentechnik, welche die unmittelbare Einwirkung maschinentechnischer Maßnahmen erkennen läßt."

Wie recht hat er – nur: Wie sieht es in der Praxis aus? In Tafel **11**.1 sind eine Reihe von Bodenkennwerten zusammengestellt, die eine wesentliche Rolle spielen, wenn man an eine Naßbaggeraufgabe herangeht. Das sind gewissermaßen „Minimalforderungen". Meist aber wird man – angesichts der oft recht dürftigen Bodenangaben in der Ausschreibung – versuchen müssen, sich eine Vorstellung zu machen, wie der Boden aussehen könnte.

Tafel **11**.1 Wichtige Bodeneigenschaften im Naßbaggereinsatz

Feststoff:	Spezifisches Gewicht des Einzelkornes
	Gewicht des Haufwerkes (Körner + Luft)
Bodengemisch:	Wichte über Wasser
	Wichte im Wasser
	Feststoffgehalt
	Hohlraumgehalt
	Wasserzusatz
Kennwerte:	Kornverteilung (Sieblinie)
	mittlerer Korndurchmesser
	Lagerungsdichte
	Scherfestigkeit
	Druckfestigkeit
	Kohäsion

Erinnert sei in diesem Zusammenhang an einen im Ausgang tragischen Fall: Es ging um den Aushub mehrerer Hafenbecken zu einer mit Mittelsand bis Grobkies angefüllten Flußniederung. Um ganz sicher zu gehen, hatte man eine große im Naßbaggerwesen sehr erfahrene Bauunternehmung aus dem benachbarten Ausland beteiligt, die auch souverän an die Aufgabe herangin g und „keine Probleme" sah.

Niemand sah tatsächlich Probleme, denn das Korngemisch in den entnommenen Bodenproben sah harmlos aus. Nur: Als die Sache dann ernst wurde, hatte der aus dem Ausland herbeigeschaffte Saugbagger größte Schwierigkeiten, und die Arbeiten mußten schließlich mit Eimerseilbaggern und Lkw-Transport durchgeführt werden.

Was war die Ursache? Die Bodenproben enthielten nicht das, was diese Schwierigkeiten bereitete: Die schottergroßen Steine des Flußgeschiebes, die in einer Häufigkeit auftraten, die auch die vorhandenen Sieblinien nicht erkennen ließen. Sie fielen teilweise so zahlreich an – immer in einzelnen Exemplaren – daß die umgebende Gemischströmung sie nicht mehr mitreißen konnte, und so brachten sie den Förderstrom zum Erliegen.

Die Lehre daraus: Auch Siebanalysen (und Bodenproben kleinen Ausmaßes) können manchmal nicht helfen, den wirklichen Sachverhalt darzustellen. Erfahrene Praktiker ziehen es deshalb immer vor, z. B. mit dem Greifbagger Sondiergruben auszuheben und sich „in situ" von der Beschaffenheit des Korngemisches zu überzeugen.

Die praktischen Erfahrungen beim Grundsaugen als dem repräsentativsten Einsatz für die hydraulische Gemischförderung sehen so aus: Am besten saugen läßt sich M i t t e l - s a n d im Kornbereich zwischen 0,2 und 0,6 mm. Ist das Material gröber (etwa G r o b - s a n d oder K i e s), so läßt es sich zwar noch leicht lösen, macht aber Schwierigkeiten beim hydraulischen Rohrtransport, weil immer wieder gröbere Kornfraktionen aus der Strömung ausfallen, sich absetzen und so die gewünschte laminare in eine mehr oder weniger turbulente Strömung umwandeln, zu einer Verwirbelung führen und den Gemisch- förderstrom bremsen. Große Schwierigkeiten bereitet F e i n s a n d, weil er (unter Was- ser!) sehr dicht gelagert und damit „fest" ist und sich nicht mehr saugen läßt. Noch un- günstiger sind feinkörnige Böden wie S c h l u f f bis hin zum T o n, die sich auch unter dem Einfluß der Saugwirkung nicht mehr von der Stelle rühren. Als Lösehilfe kommt dann eine Druckwasseraktivierung (Wasserstrahl-Vorlockerung) oder der Übergang zu Schneidkopfbaggern in Frage. Aber hier tritt dann die Gefahr des Verklebens auf, wobei bindige Böden im Konsistenzbereich „weich- bis steifplastisch" besonders problematisch sind.

Generell läßt sich sagen: Je feiner die Körnung wird, um so größer ist die Lagerungs- dichte, und um so schwieriger wird das Lösen. Umgekehrt: Je gröber das Material wird, um so problematischer verhält es sich beim Rohrtransport. Abgesehen davon tritt dann immer auch erhöhter Verschleiß – vor allem in der Pumpe – auf. Bindige Beimischungen können zu einer Zusammenballung von größeren Korngruppen führen. Man spricht dann von „Kanonenkugeln". Umgekehrt wieder kann schluffiges Material eine gewisse Schmierwirkung zwischen Korngerüst und Rohrwandung ausüben.

11.3 Pumpenhydraulik

Obwohl sie meist tief im Innern des Schiffkörpers „versteckt" ist, spielt sie doch bei der Naßförderung die wichtigste Rolle. Denn: Wer hält die Trägerflüssigkeit samt ihrer „La- dung" – also den Gemischförderstrom – in Bewegung? Es ist die Pumpe, – eine Kreisel- pumpe besonderer Bauart, die sogenannte Baggerpumpe. Sie erzeugt auf der Saugseite ein Vakuum, in das der atmosphärische Luftdruck über den Wasserspiegel das Wasser in den Hohlraum und weiter in den Pumpenkreisel drückt. Dort wird die kinetische Energie des rotierenden Kreisels in linearen Leitungsdruck umgesetzt und die Gemisch- strömung mit einer Geschwindigkeit von 3–8 m/s auf den Weg geschickt.

11.7   Aufbau einer Baggerpumpe (hier: Pumpenreparatur auf See) links: Pumpenkreisel, rechts: Pumpengehäuse

11.8   Absenkpumpe in der Saugleitung eines Laderaumsaugbaggers, in der Mitte: das Pumpengehäuse [202]

Eine Baggerpumpe besteht aus dem Gehäuse (Bild **11**.7), in dem sich der Pumpenkreisel dreht. Dieser Pumpenkreisel hat – im Gegensatz zu dem der reinen Wasser-Kreiselpumpe – nur wenige Schaufeln (im allgemeinen 3–5), denn die Baggerpumpe ist eine Schmutzwasserpumpe und der Pumpenkreisel muß grobstückiges (Steine) und faseriges Material (Baumreste) durchlassen. Und darin liegt schon eine maßgebliche Bestimmungsgröße für den inneren Aufbau einer Baggerpumpe: Der Schaufelabstand sollte so groß gewählt werden, daß Steine usw., die in die Pumpe hineingelangen, aus dieser auch wieder heraus können, d.h. der Schaufelabstand sollte mindestens so groß wie der Durchmesser der Druckrohrseite sein (der Durchmesser des Saugrohres ist meist etwas größer). Vor allem bei Grundsaugern und Laderaumsaugbaggern werden die Pumpen zur Erhöhung des Druckgefälles abgesenkt, – hier im Saugrohr eines Hopperbaggers (Bild **11**.8). In Bild **11**.9 ist eine Baggerpumpe in einer schwimmenden Zwischenstation installiert, um die Reichweite der Spülleitung zu vergrößern.

Unmittelbar vor dem Pumpeneintritt befindet sich oft, um innere Beschädigungen zu verhindern, ein sogenannter Steinkasten mit einem vorgeschalteten Stabgitter, das die großen Steine ausfiltert und nur das Korngemisch durchläßt, das die Pumpe auch verarbeiten kann. –

11.9 Schwimmende Zwischenpumpe einer Spülrohrleitung
(im Hintergrund das Gewinnungsgerät, ein Schneidkopf-Saugbagger)

Maßgebend für das Leistungsvermögen einer Kreiselpumpe ist das sogenannte Q/H-Diagramm, das angibt, welche Förderhöhe H – hier als Maßzahl für den Wasserdruck der Pumpe verwendet – die Pumpe bei einer bestimmten Förderleistung Q (in m³/h) erreichen kann – oder umgekehrt. Alle Angaben über den Wasserdruck werden hier in mWS (Meter Wassersäule – also Druckhöhe) angegeben (1 mWS = 1 t/m²).

Den prinzipiellen Aufbau eines Q/H-Diagrammes mit dem inneren Zusammenhang der maßgebenden Einflußgrößen veranschaulicht Bild **11**.10.

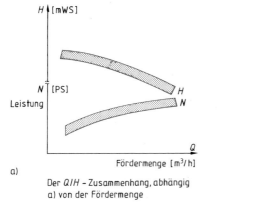

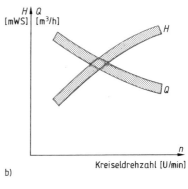

a) Der Q/H - Zusammenhang, abhängig
a) von der Fördermenge

b) von der Drehzahl

11.10 Prinzipieller Aufbau eines Q/H-Diagrammes

Ein Q/H-Diagramm soll enthalten:

- den erreichbaren Wasserdruck H (mWS) (Pumpendruck),
- die erreichbare Förderleistung Q (m³/h),
- die Drosselkurven, d. h. das Q/H-Verhalten bei gedrosselter Drehzahl,
- die Rohrleitungskennlinien, die angeben,
  welcher Pumpendruck erforderlich ist, um eine Wassermenge Q in einem
  bestimmten Rohrdurchmesser über die Rohrlänge L zu befördern, beziehen sich also auf die Rohrreibung,
- den Kraftbedarf bei verschiedenen Drehzahlen der Pumpe in Abhängigkeit von der Wassermenge (in kW oder PS).

Ein solches Q/H-Diagramm mit allen erforderlichen Einzelheiten zeigt Bild **11.**11. Von
besonderem Interesse ist dabei die Lage des Betriebspunktes. Die Kreiselpumpe entwik-
kelt im Betrieb ein gewisses Eigenleben; (sie macht nicht, was sie soll, sondern was sie
will). Während die Drosselkurven, die sich auf das Innenleben der Pumpe beziehen, eine festgefügte Beziehung darstellen, die sich aus der Konstruktion und dem Antrieb
(Drehzahl) der Pumpe ergibt, hängen die Rohrleitungskennlinien von der Beschaffenheit der Rohrleitung und deren Länge, – also von externen Einflüssen – ab. Schnittpunkt
beider Kurven (mit den jeweils geltenden Werten) ist der sogenannte Betriebspunkt, auf
den sich die Pumpe in ihrer Drehzahl einstellt [14].

Im praktischen Betrieb muß man also von den wichtigsten Eingangswerten ausgehen
(entweder Q oder H und L) und dafür die Drehzahl festlegen (die wieder von der Antriebsleistung abhängt) und danach den günstigsten Betriebspunkt auswählen. Zunächst
helfen dazu 2 Diagramme: die Leistung des verwendeten Dieselmotors in Abhängigkeit
von der Drehzahl (Bild **11.**12) und der Widerstand der jeweiligen Rohrleitung bzw. der
für seine Überwindung erforderliche Kraftbedarf. Im Fall des obigen Beispiels ergibt

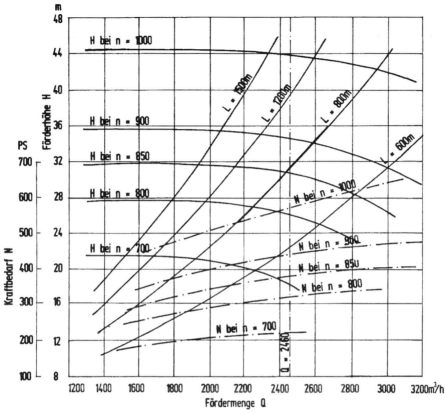

11.11   *Q/H*-Diagramm einer Baggerpumpe mit Kraftbedarfskurven und Rohrleitungskennlinien
[14]

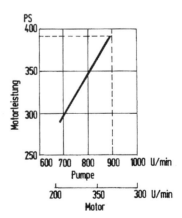

11.12   Leistung eines Dieselmotors bei wechselnder Drehzahl [14]

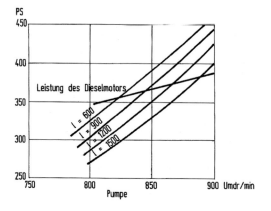

11.13 Kraftbedarf einer Baggerpumpe bei verschiedenen Leitungslängen [14]

sich ein Zusammenhang nach Bild **11.**13, wobei die Leistungskurve des Motors aus Bild **11.**12 übernommen wurde. So ist zum Beispiel zu entnehmen, daß für die Pumpe bei einer Leitungslänge von 900 m und einer Pumpendrehzahl von 800 U/min der Kraftbedarf 305 PS beträgt.

Für den praktischen Gebrauch sind die entscheidenden Werte wie

    Förderhöhe, Fördermenge
    Leitungslänge und Antriebsleistung

in einem Schaubild dargestellt (Bild **11.**14), das für jede Pumpe und jede Rohrleitung neu zusammengestellt werden muß. Daraus aber können sämtliche Größen, auf die sich

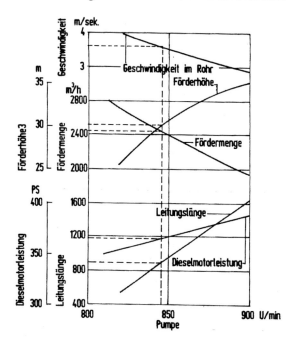

11.14 Betriebsgrößen einer Baggerpumpe [14]

der Betrieb einstellen soll und auch in welcher Richtung man sie zweckgebunden variieren kann, schnell entnommen werden. Für das obige Beispiel ist abzulesen:

Leitungslänge 900 m
Drehzahl der Pumpe 846 U/min
Fördermenge 2450 m³/h
Druckhöhe 30,2 mWS
Fließgeschwindigkeit 3,8 m/sec
Motorleistung 365 PS.

Damit lassen sich die verwickelten Verhältnisse beim Antrieb von Baggerpumpen schnell übersehen. Sie gelten zunächst nur für reine Wasserförderung. Auf die Änderung bei Gemischförderung wird weiter unten eingegangen.

Die Zusammenhänge werden noch deutlicher, wenn man die Vorgänge in umgekehrter Richtung (entgegen dem Fließen des Gemischstromes) betrachtet: Da ist zunächst die Pumpe, das eigentliche Kraftzentrum der Förderanlage. Sie erzeugt den manometrischen Pumpendruck H_{man}. Hinzu kommt u. U. der hydraulische Einfluß der Pumpenabsenkung um den Betrag A. Dadurch wirkt auf der Saugseite zusätzlich der Druck h_a, so daß insgesamt ein Sog von

$$H^S = H^S_{man} + h_a$$

erzeugt wird. Er steht zur Verfügung, um auf der Saugseite den Sog H^S und auf der Druckseite den Druck H^D zu erzeugen, – die eigentlichen Bewegungskräfte für den Gemischförderstrom. Es muß also

$$H_{man} \geqq H^S + H^D$$

sein, um das Gemsich in die Pumpe zu heben und von dort durch die Spülleitung zu drücken. Damit erhebt sich dann die Frage: Wie groß sind H^S und H^D und welche Faktoren sind dafür maßgebend.

11.4 Pumpen-Dimensionierung

In der folgenden Darstellung kann es sich nur um eine überschlägige Betrachtungsweise handeln. Nähere Einzelheiten sind den speziellen Abhandlungen über die Pumpenkonstruktion zu entnehmen [11]. Hier geht es nur um eine Erläuterung der Zusammenhänge, die dem Verständnis der internen Vorgänge in einer Baggerpumpe dienen sollen. Auszugehen ist von der Grundgleichung für die mechanische Antriebsleistung einer Baggerpumpe

$$N_e = \frac{Q \cdot H}{75 \cdot \eta} \ [\text{PS}]$$

wobei η in erster Näherung mit 0,6 angesetzt werden kann.

Im Vorfeld der Ermittlung ist zunächst zu klären, mit welchem Q zu rechnen ist, – wie groß also der Förderstrom ist, den die Pumpe transportieren soll. Dazu ist die Zusammensetzung der „Feststoffbeladenen Flüssigkeit" – das Gemisch Q_G aus Feststoff Q_F und Transportwasser Q_W – zu klären (wobei Q_F die wirtschaftlich entscheidende Größe ist, die am Ende auch vergütet wird.

Nach der Größe der von der Pumpe zu bewegenden Feststoffmenge Q_F richtet sich die Menge Q_W des Transportwassers. Allgemein wird das Verhältnis Feststoff zu Transportwasser mit n bezeichnet. ($n = 4$ bedeutet z. B.: Der Feststoffmenge Q_F wird die 4-fache Wassermenge Q_W – ohne das Porenwasser! – beigesetzt.)

Dieser Wasserfaktor n hat etwa folgende Größe:

$$n = 1 \quad \text{ideal}$$
$$n = 2 \quad \text{sehr gut}$$
$$n = 4 \quad \text{gut}$$
$$n = 6 \quad \text{mittel (Sand 0,6–2,5 mm)}$$
$$n = 10 \quad \text{schlecht}$$

Hieraus ergibt sich die erforderliche Zusatz-Wassermenge zu

$$Q_W = n \cdot Q_F$$

um auf die gesamte Gemischförderung Q_G zu kommen, die die Pumpe erbringen muß, nämlich

$$Q_G = Q_F + Q_W \, [\text{m}^3/\text{h}]$$

Dafür muß die Pumpe über die beiden Richtgrößen Rohrdurchmesser d und Fließgeschwindigkeit v abgestimmt werden.

Die (zu schätzende) Fließgeschwindigkeit richtet sich nach der Art des Feststoffes. Das Transportwasser muß so schnell fließen, daß es die Quarzkörper mitnimmt, d.h. die Fließgeschwindigkeit richtet sich nach der Korngröße. Allgemein verwendet man folgende Anhaltswerte:

Feinsand	3 m/s
Mittelsand	3–6 m/s
Grobsand	6–8 m/s
Kies	8 m/s

Hierbei ist die maßgebende Korngröße d_{50} und die Ungleichförmigkeitsziffer U zu beachten.

Auf jeden Fall sollte man schwebenden Transport anstreben. Näheres ergibt Bild **11**.15 für schwebenden, springenden, rollenden und rutschenden Transport.

Damit ist Q (oder genauer Q_G) der Pumpe, also die Menge Gemisch, die sie verarbeiten muß, festgelegt. Danach stellt sich die Frage nach der Förderhöhe H oder anders formuliert: Welchen Druck (in mWS) die Pumpe aufbringen muß, um alle Widerstände in der Bewegung des Förderstromes zu überwinden.

Die von der Pumpe zu erzeugende Förderhöhe hängt ab von

der Förderweite,
der geodätischen Druckhöhe und
den Rohrleitungswiderständen.

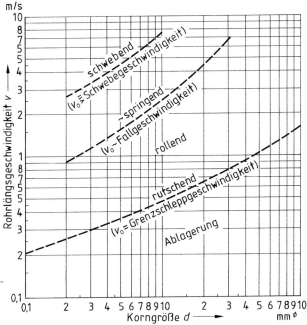

11.15 Anhaltswerte für die Rohrlängsgeschwindigkeit bei unterschiedlichen Fördermethoden [62]

Im Normalfall (Pumpe installiert etwa in Wasserspiegelhöhe) sieht die Druckbilanz so aus: Physikalisch sind ca. 10 mWS (der atmosphärische Druck) möglich; praktisch werden von der Pumpe bis 8 mWS erreicht. Davon werden 3–4 mWS für die reine Wasserförderung benötigt, so daß nur die Differenz, also ca. 4–5 mWS, zur Verfügung stehen, um das Feststoff-Material zu lösen, zu heben (auf Pumpenhöhe), in der Pumpe zu beschleunigen und in der Druckleitung zur Spülkippe zu drücken. Grundsätzlich kann man sagen: Je größer der Höhenunterschied und je länger die Förderleitung ist, um so mehr hydraulischer Druck (*H*) wird benötigt.

Die Förderhöhe *H* ist das, was man von der Pumpe fordert. Zur Vereinfachung der Darstellung geht man zunächst davon aus, daß *H* geschätzt wird; (eine genauere Ermittlung folgt später in Abschn. **12.**5). Mit dem vorgegebenen *H* – zunächst als „Wunschgröße" betrachtet – wird nun zunächst gearbeitet: Zur Debatte steht am Anfang die Kreiselumfangsgeschwindigkeit

$$u = \frac{\sqrt{2\,g \cdot H}}{\sqrt{\psi}} \quad [\text{m/s}]$$

wobei g = Erdbeschleunigung und
ψ = Druckziffer
(entnommen aus Bild **11.**16, allgemein zwischen 1,0 und 1,3)

Dann muß der Kreiseldurchmesser *D* festgelegt werden. Er ist allgemein 2,2 bis 3,2mal gleich dem Saugrohr-Durchmesser und muß wieder empirisch vorgegeben werden.

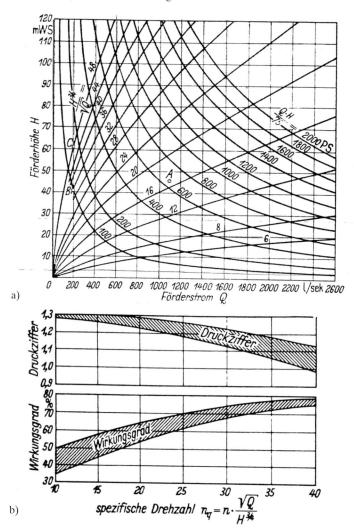

11.16 Wirkungsgrade und Druckziffern (b) von Baggerpumpen in Abhängigkeit von der spezifischen Drehzahl (a) [65]

Damit kann man die Kreiseldrehzahl

$$n = 16,6 \cdot \frac{u}{\pi \cdot D}$$

berechnen. Entnimmt man nun den Pumpenwirkungsgrad η aus ψ und n_q von Bild **11**.16, wobei die spezifische Drehzahl

$$n_q = n \ \frac{\sqrt{Q}}{H^{3/4}} \ [\text{U/min}]$$

ist, so erhält man die erforderliche Antriebsleistung für die Pumpe zunächst für reine Wasserförderung zu

$$N_e = \frac{Q \cdot H}{75 \cdot \eta} \quad [PS]$$

Die „Belastung" des Wasserstromes mit dem Feststoffgehalt erfolgt in erster Annäherung über das Verhältnis $\frac{\gamma_o}{\gamma_W}$, wobei

γ_o = Rohwichte des Gemisches über Wasser (ca. 1,2 t/m^3)
γ_W = Wichte des Wassers (1,0 t/m^3),

so daß sich die erforderliche Antriebsleistung der Pumpe für Gemischförderung (mit $\eta \approx 0{,}6$) ergibt zu

$$N = \frac{Q \cdot H}{75 \cdot \eta} \cdot \frac{\gamma_o}{\gamma_W} \quad [PS]$$

womit die ungefähre Größe der Pumpe festgelegt ist.

11.5 Kavitation

Eine wichtige Einflußgröße bei der Dimensionierung einer Baggerpumpe ist die Kavitation. Der rotierende Pumpenkreisel bewirkt eine Erhöhung der Strömungsgeschwindigkeit. Diese ergibt eine (dynamische) Druckabsenkung. Folge dieser Druckabsenkung ist – wenn der Druck im beschleunigten Förderstrom unter dem Siededruck der Umgebung sinkt – ein Verdampfen der Flüssigkeit, und es bilden sich Dampfbläschen. Welte schreibt dazu in [11]:

„Für die Saugfähigkeit einer Kreiselpumpe ist ihr Kavitationsverhalten maßgebend. Als Kavitation soll in diesem Zusammenhang derjenige Zustand beim Betrieb der Pumpe verstanden werden, wo im Bereich des Laufradeintrittes der absolute Druck örtlich den Dampfdruck des Fördermediums unterschreitet. Diese örtliche Drucksenkung führt zur Bildung von Dampfblasen, die von der Stelle ihres Entstehens mit der Flüssigkeitsströmung im Laufradkanal weitergefördert werden, bis sie an Stellen erhöhten Druckes schlagartig kondensieren. Je nach dem Grad und Umfang der Kavitation nehmen die Dampfblasen einen mehr oder weniger großen Strömungsquerschnitt im Laufradkanal in Anspruch. Damit fällt die Dichte des im rotierenden Laufrad befindlichen Fördermediums ab, die Förderung bricht zusammen."

Für die Vermeidung von Kavitation in der Baggerpumpe gilt die Forderung, daß:

der Druck in der Wasserströmung (p_s)
beim Eintritt in den Pumpenkreisel
mindestens so groß sein muß wie
der Dampfdruck der Transportflüssigkeit (p_D) und
der dynamische Druck am Kreiseleintritt p_d

d. h. es muß sein

$$p_s \gtreqless p_D + p_d$$

Kavitation tritt z. B. auch an Schiffsschrauben auf. Auch dort kann eine Verdampfung des die Schraubenflügel umgebenden Wassers auftreten. Wenn der absolute statische Druck im umgebenden Wasser auf oder unter den Dampfdruck abfällt, bilden sich „dampferfüllte Hohlräume", – Dampfbläschen, die bei wieder zunehmendem Umgebungsdruck schlagartig implodieren und die Schraubenblätter beschädigen oder zerstören.

Auf die Baggerpumpe übertragen sieht der Vorgang so aus (siehe Bild **11**.17): Der Gemischförderstrom tritt mehr oder weniger horizontal in die Pumpe ein, trifft senkrecht auf die Schaufeln des Pumpenkreisels, wird also beim Eintritt in den Pumpenkreisel „umgebogen" und durch die Rotation beschleunigt. Die Geschwindigkeitserhöhung hat eine Druckabsenkung Δ_p zur Folge; p_s geht über in p_d.

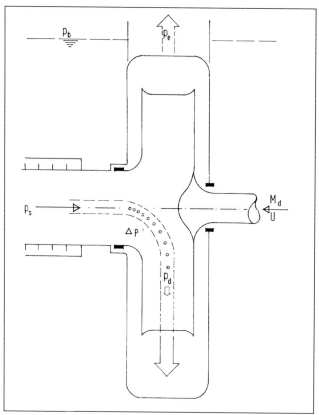

11.17 Wasserstrom beim Eintritt in den rotierenden Pumpenkreisel
  Es bedeuten:
  p_s = Eintrittsdruck am Saugstutzen der Pumpe
  Δ_p = dynamische Druckabsenkung am Saugradeintritt
  p_d = Druck am Kreiselaustritt
  p_e = Austrittsdruck am Druckstutzen

Beim Eintritt des Förderstromes in den Pumpenkreisel führt die Beschleunigung zu einer Drucksenkung. Ist nun dieser abgesenkte Außendruck der Strömung niedriger als der (innere) Verdampfungsdruck, so bilden sich Dampfblasen, die von der Strömung im rotierenden Kreisel mit nach außen gerissen werden, durch das Schaufelrad wieder in Bereiche höheren Druckes geraten und dort schlagartig zusammenbrechen: Das zunächst durch die Blasen verdrängte Wasser fällt in die (bisher von den Dampfblasen offengehaltenen) Hohlräume zurück.

Oder noch etwas anders ausgedrückt: Der Förderstrom wird beim Kreiseleintritt (vor allem infolge der Beschleunigung – „Schleuderwirkung" – durch die Rotation der Schaufeln) beschleunigt, und es entsteht erhöhter Unterdruck. Ist dieser Unterdruck so groß, daß er in die Nähe des Dampfdruckes kommt, so besteht die Gefahr, daß sich Dampfblasen bilden. Diese Blasen werden von den rotierenden Schaufeln mitgerissen – nach außen geschleudert. Da der Unterdruck an der Schaufelwurzel am größten ist und nach außen abnimmt, geraten die Blasen in Zonen geringeren Unterdrucks (höheren Druckes), platzen schlagartig – implodieren – und es entstehen punktförmige Wasserschläge.

Die Kavitation hat im Betrieb 3 Erscheinungen zur Folge:

1. Die Blasen verringern den Wasserquerschnitt und damit den Gemischförderstrom mit dem transportierten Feststoff,
2. die implodierenden Blasen attackieren durch die dabei auftretenden Schläge die Materialoberfläche des Pumpeninnern, vor allem die Schaufelblätter,
3. die Schläge der implodierenden Blasen verursachen unter Umständen erhebliche Betriebsgeräusche.

Daher muß jede Baggerpumpe kavitationsfrei arbeiten.

Der etwas „mysteriöse" Vorgang der Kavitationsbildung läßt sich auch so erklären: In jeder Flüssigkeit ist ein gewisser Druck vorhanden. Dieser Druck hat das Bestreben, sich aus den Fesseln der Flüssigkeit zu befreien. Das geschieht in der Weise, daß – wenn der sog. „Dampfbildungsdruck", auch „Siededruck" erreicht ist und die Oberhand gewinnt (z.B. auch, wenn der äußere Gegendruck abnimmt) – die Flüssigkeit verdampft, und dampfgefüllte Hohlräume entstehen. Nimmt der äußere Druck wieder zu (z.B. durch Abnahme der Strömungsgeschwindigkeit), so stürzen die Dampfbläschen schlagartig wieder zusammen.

Auf den Vorgang in der Baggerpumpe übertragen heißt das: Beim Eintritt der Strömungsflüssigkeit in den Pumpenkreisel erhöht sich diese durch den Einfluß der Rotation. Diese Geschwindigkeitserhöhung ergibt eine (dynamische) Druckabsenkung innerhalb der Gemischströmung, d.h. p_s wird kleiner, – wird kleiner als der Dampfdruck p_D in der Flüssigkeit. Ergebnis: Der Gegendruck verringert sich, und der Siededruck (innere Komponente) p_D wird größer als der Strömungsdruck (äußere Komponente) p_s (relativ).

Also: Durch die Beschleunigung bei Kreiseleintritt wird der „Gegendruck" reduziert. Relativ gesehen, wird der Gasdruck größer, und die Bläschenbildung setzt ein.

11.6 Gemischwichten

Bisher wurde (in erster Annäherung) die Rohwichte des Gemisches über Wasser mit γ_0 = 1,2 t/m^3 angenommen. In diesem Wert steckt

> das Stoffgewicht des Feststoffes und
> die Feststoffkonzentration.

Damit wird das Ausmaß der Belastung des Wasserstromes festgelegt. Wegen dieser grundsätzlichen Bedeutung ist eine tiefergehende Betrachtung der Gemischwichte zweckmäßig.

Folgendes Beispiel soll die Zusammenhänge klarstellen: Gegeben ist ein Feststoff-Wassergemisch nach Bild **11**.18 mit 5 m^3 Raumvolumen, bestehend aus:

> 4 m^3 Wasser (V_W)
> 1 m^3 Boden (V_B) mit
> > 50% Feststoff und
> > 50% Hohlraum (Poren) mit Wasser gefüllt.

D. h. der wahre Feststoffgehalt k_0 ist = 0,5 [Vol. %].

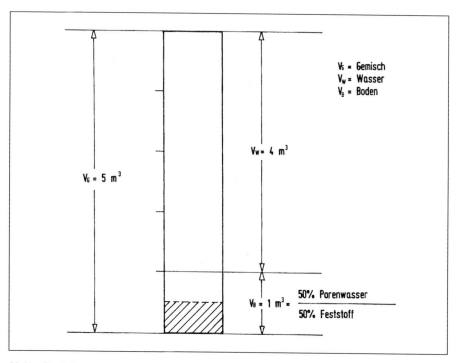

11.18 Ermittlung der Gemischwichte

Diese 5 m³ Boden/Wasser-Gemisch wiegen

über Wasser:

Wasser	$4{,}0 \text{ m}^3 \cdot 1000 \text{ kp/m}^3 = 4000 \text{ kp}$
Porenwasser	$0{,}5 \text{ m}^3 \cdot 1000 \text{ kp/m}^3 = 500 \text{ kp}$
Feststoff	$0{,}5 \text{ m}^3 \cdot 2600 \text{ kp/m}^3 = 1300 \text{ kp}$
insgesamt	$G = 5800 \text{ kp}$

Daraus ergibt sich die

Rohwichte über Wasser

$$\gamma_o = \frac{\text{Gewicht}}{\text{Volumen}} = \frac{5{,}8 \text{ t}}{5{,}0 \text{ m}^3} = 1{,}16 \text{ t/m}^3$$

Unter Wasser
wiegt der Feststoff nur:

$$\gamma_U = \gamma_F - \gamma_W = 2{,}6 - 1{,}0 = 1{,}60 \text{ t/m}^3$$

Dann lautet die Rechnung:

Wasser	4000 kp
Porenwasser	500 kp
Feststoff $0{,}5 \text{ m}^3 \cdot 1600 \text{ kp/m}^3 \quad =$	800 kp
G'	5300 kp

und es wird die Rohwichte des Gemisches *im* Wasser

$$\gamma_m = \frac{\text{Gewicht}}{\text{Volumen}} = \frac{5{,}3 \text{ t}}{5{,}0 \text{ m}^3} = 1{,}06 \text{ t/m}^3$$

Dabei sind auseinanderzuhalten:

Wasser	$\gamma_W [\text{t/m}^3]$
Feststoff über Wasser	γ_F
Feststoff im Wasser	γ_U
Gemisch über Wasser	γ_o
Gemisch im Wasser	γ_m

Die beschriebene Methode wird in der Regel oft benutzt, ist aber verhältnismäßig „rustikal" und ungenau und geprägt von der Tatsache, daß man die Gemischwichte eben immer nur im voraus spekulativ festlegen kann und sich daher sagt: Allzu große Genauigkeit hat keinen Sinn, denn die wirkliche Gemischdichte stellt sich erst im laufenden Betrieb ein – und ist auch dort noch in ihrer Größe schwer zu erfassen, weil sie laufenden Schwankungen unterworfen ist. Aber im vorhinein braucht man eben eine Größe, mit der man „rechnen" kann.

Es gibt noch einen anderen Zugang zu dem Problem, der genauer ist, aber eine Bodenanalyse voraussetzt. Nach wie vor geht es um die Zielgröße: Gemischwichte, und damit im Zusammenhang steht der Wasserzusatz, also die Menge an Spülwasser, die zur Fluidisierung des Transportgutes erforderlich ist. Für die Arbeit der Schneidkopf- und Schleppkopfbagger ist immer genügend (Umgebungs-)Wasser vorhanden, beim Schutensaugen aber muß Wasser zugesetzt werden.

Das Schutensaugen eignet sich gut als Modellvorgang für die Ausbildung eines saug- und spülfähigen Gemischförderstromes. Man stelle sich folgendes Szenario vor (**11.**19):

Gesaugt werden soll Sand aus einer Schute: Da sind zunächst die Quarzkörner mit einem Stoffgewicht von $\gamma = 2{,}65$ t/m³. Sie liegen als „Haufwerk", – als „Korngemisch" in mehr oder weniger dichter Lagerung in der Schutenmulde. Zwischen ihnen sind Hohlräume – „Poren" – die dem Sand, wenn er als Probe getrocknet wird, ein γ von z.B. 1,80 t/m³ geben. Dieser Hohlraum (mit ε bezeichnet) ist aber mehr oder weniger (meist vollständig) mit Wasser gefüllt. Durch dieses Porenwasser erhöht sich das Stoffgewicht auf z.B. 2,10 t/m³ (Korngemisch mit Wasser) und muß als solches durch Wasserzusatz (Wasserfaktor n) fluidisiert und damit saug- und spülfähig gemacht werden.
Vereinfacht dargestellt hat man es mit folgenden Gewichtskategorien zu tun:

$$\text{Stoffgewicht:} \quad \gamma = 2{,}6 \text{ t/m}^3 \quad \text{Quarzkörner}$$

1,8 t/m³	Haufwerk (trocken)
2,1 t/m³	Korngemisch (naß)
1,2 t/m³	Gemischförderstrom
1,0 t/m³	Transportwasser

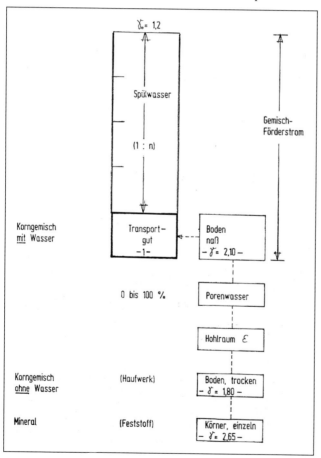

11.19 Der Weg vom Einzelkorn zum Gemischstrom ($\uparrow$)

Beim Schutensaugen wird das Spülwasser über eine separate Druckleitung direkt in den Laderaum zugegeben; bei Schneidkopf- und Schneidradbaggern wird der Wasserzusatz über den Werkzeugeingriff, bei Schleppkopfbaggern über die Gleithöhe des Schleppkopfes über den Gewässerboden reguliert. In allen Fällen aber interessiert (im voraus), mit welchem Feststoffgehalt (Boden naß) man im (durch die Pumpe festgelegten) Gemischförderstrom rechnen kann, wie groß also der Wasserfaktor n ist. Das wieder geht rechnerisch in die „Feststoffkonzentration" (den scheinbaren Feststoffgehalt k – Korngemisch mit Wasser – im Gegensatz zum wahren Feststoffgehalt k_o – Korngemisch ohne Wasser) ein.

Im Sprachgebrauch wird der Begriff „Feststoff" in 2 Versionen verwendet

> als massives Korngewicht (ohne Hohlräume) mit z.B. $\gamma = 2,6$ t/m^3
> als „Boden naß" (Korngemisch mit Wasser) mit z.B. $\gamma = 2,1$ t/m^3

und das bringt eine gewisse Unsicherheit in die Betrachtungsweise. Beim Auftauchen des Begriffes „Feststoff" sollte man sich daher immer überlegen: Ist damit das spezifische Gewicht

> des Einzelkornes oder
> das Korngemisch mit wassergefüllten Poren-Hohlräumen

gemeint. Grundsätzlich gilt:
Bei allen Bodenangaben sind die Poren mit enthalten!

11.7 Gemischförderung

Nachdem die 3 Schwerpunkte der Leistungsberechnung

> Bodenzusammensetzung,
> Pumpenbetrieb,
> Gemischwichten

im Detail geklärt sind, kann man die Gemischförderung in ihrer Gesamtheit betrachten und die Überlegungen auf das konzentrieren, was im Naßbaggerbetrieb letztendlich interessiert:

> Welche Förderweite kann erreicht werden?
> Welche Förderleistung ist zu erzielen? –

und dazu wieder einige technische Details wie

> welcher Rohrdurchmesser muß gewählt werden?
> welche technischen Daten muß die Pumpe haben?
> welche Antriebsleistung (Motor) ergibt sich daraus?

Die Zusammenhänge sind in Bild **11**.20 veranschaulicht.

Als erstes stellt sich die Frage nach der Saugwirkung der Pumpe. Um ein Wasser-Feststoffgemisch, das schwerer als Wasser ist und sich im Saugrohr befindet, auf die Höhe des Pumpeneintritts zu heben, muß die Pumpe einen Unterdruck erzeugen.

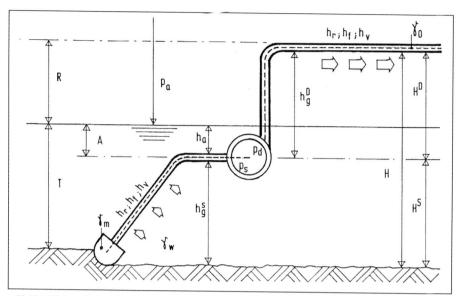

11.20 Hydraulische Zusammenhänge bei der Gemischförderung

Insgesamt umfaßt die erforderliche Saugwirkung das

Ansaugen des Gemisches,
Beschleunigen des Gemisches,
Heben des Gemisches (wie oben),
Überwinden der Rohrreibungswiderstände und
Sog aus Pumpenabsenkung.

Insgesamt ist die erforderliche Saughöhe der Pumpe

$$H^S = h_g + h_r + h_f + h_v \text{ [mWS]}$$

wobei

h_g = geometrische Höhe für das Heben des Gemisches
h_r = Rohrreibungswiderstände
h_f = Summe aller Formwiderstände

$$\Sigma \, \zeta \, \frac{v^2}{2_g}$$

h_v = Geschwindigkeitswiderstand

Für Überschlagsrechnungen wird in [65] ein vereinfachtes Verfahren erwähnt, in dem eine sog. äquivalente Rohrleitungslänge l verwendet wird:

$$l = 4 \cdot T \text{ für } 45° \text{ Rohrneigung}$$
$$l = 2 \cdot T \text{ für senkrechte Saugrohre}$$

mit T = Saugtiefe [m]

womit die Rohrleitungslänge und sämtliche sonstigen Widerstände auf der Saugseite zusammenfassend berücksichtigt werden. Damit ergibt sich

$$H^S = \frac{v^2}{2_g} \cdot \frac{l}{d} \cdot \lambda + \frac{v^2}{2_g} \text{ [mWS]}$$

wobei

v = Fließgeschwindigkeit im Saugrohr [m/s]
l = äquivalente Länge des Saugrohres [m]
d = Saugrohrdurchmesser [m]
λ = Widerstandskoeffizient der Rohrleitung ($\approx 0{,}02$)

Auf der Druckseite ist

$$H^D = h_g + h_r + h_f + h_v \text{ [mWS]}$$

Die gesamte für eine gegebene Aufgabe erforderliche Förderhöhe H der Pumpe ist dann gleich der gesamten Saug- und Druckhöhe zunächst für Wasser

$$H = H^S + H^D$$

Umgekehrt ergibt sich aus einer ermittelten Höhe H einer Förderanlage auch die nutzbare Förderweite L. Reicht sie nicht aus, müssen Zwischenpumpen eingesetzt werden.

11.8 Spülkippe

Sie ist das Gegenstück zur Baggerbank und bildet den Schlußpunkt der Gemisch-Förderstrecke. Eigentlich muß man 3 Varianten unterscheiden:

      das Spülfeld,
      das Absetzbecken,
      die Spülkippe

und im weiteren Sinne noch

      die Neulandgewinnung und
      die Landvorspülung.

Bei der Anlage eines S p ü l f e l d e s geht es einfach darum, größere Flächen aufzuspülen, etwa eine Bodensenke, ein Industriegelände, eine Hafengegend usw. Das A b s e t z b e c k e n (Bild **11**.21) dient dazu, den Feststoffanteil aus dem Bodengemisch wieder heraus-

11.21 Absetzbecken, mit Nylonplanen abgedichtet

11.22   Spülkippe zur Materialdeponie für eine Deichbaustelle

zufiltern, zurückzugewinnen, während die Spülkippe die Aufgabe hat, Boden als Baumaterial auf flüssigem Wege anzuhäufen, um ihn dann, wenn er ausreichend trocken ist, mit den üblichen Erdbaugeräten (Planierraupen, Flachbagger, Seilbagger) in die vorgegebenen Profile einzubauen (Bild **11.**22). Eine Deichbaustelle ist das beste Beispiel dafür.

11.23   Neulandgewinnung zur Anlage von Europoort

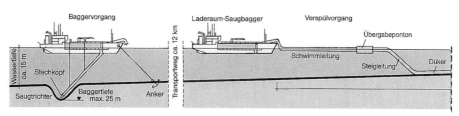

11.24   Sandvorspülung Sylt: Sandgewinnung

Bei der Neulandgewinnung wird Boden weit über die bisherige Küstenlinie hinaus im Vorland aufgespült, wie es etwa der Komplex Europoort vor Rotterdam zeigt (s. Abschn. **10.**3). Dort wurde eine große Geländefläche, die sogenannte Maasvlakte, im Küstenvorland angelegt, um die Hafenbecken in diese so gewonnene Fläche „einzuschneiden" (Bild **11.**23).

Bestes Beispiel für die Sandvorspülung ist die Westküste der Insel Sylt, wo der bei jeder neuen Sturmflut ins Meer hinausgespülte Sand durch eine weitreichende Saugbaggeranlage wieder ergänzt wird, um der stark strapazierten Küstenlinie „Masse" vorzugeben (Bild **11.**24).

Dort wird der Sand für die Strandvorspülung ca. 12 km vor der Küste mit einem Laderaumsaugbagger („SAGA") in 15–25 m Wassertiefe mit einem Stechkopf, also mehr oder weniger stationär wie nach Art eines Grundsaugers, gewonnen, in den Laderaum verfüllt und dann nach ca. 12 km Fahrt zunächst in eine Schwimmleitung und dann über einen Übergabeponton in einen ca. 500 m langen Düker (Stahlrohr) übergeben und aufgespült. Dabei gilt es besonders auf die Brandungszone Rücksicht zu nehmen. Am Ende des Dükers wird das angespülte Material dann mit Planierraupen unter Profil gebracht.

Der Übergabeponton enthält eine Fluidisierungsvorrichtung, die das Gemisch im Verhältnis 30:70 (Sand zu Wasser) pumpfähig macht, damit es von der im Übergabeponton eingebauten Pumpe durch die anschließende Stahlrohrleitung zum Strand gedrückt werden kann. (Bild **11.**25)

Die in eine Spülkippe eingebrachten Bodenmassen kann man in gewissem Umfang schon beim Spülvorgang dorthin lenken, wo man sie gern hinhaben möchte, – entweder durch Leitbleche oder durch eine besondere Form des Spülkopfes und schließlich durch entsprechende Linienführung der Begrenzungsdämme, etwa beim Aufspülen von Straßendämmen (Bild **11.**26). Unverzichtbar ist der Einsatz von Planierraupen auf der Spülfläche, wobei allerdings mit einem hohen Verschleiß des Raupenfahrwerkes gerechnet werden muß.

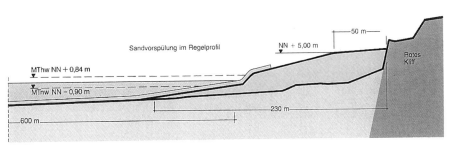

11.25 Einbau des Spülsandes

11.26 Spülfeld für einen Autobahn-Damm

11.9 Besonderheiten

Die hydraulischen Zusammenhänge in diesem Fördersystem sind kompliziert und auch in der Rechnung nur schwer zu erfassen, weil einige wesentliche Bestimmungsgrößen im Betrieb schwankend sind wie z. B. die Gemischdichte, die Bodenzusammensetzung, die Förderweite usw. Auf einige Besonderheiten sei hingewiesen:

Pumpenabsenkung:
Lange Zeit war es üblich, die Baggerpumpe in Höhe des Wasserspiegels anzuordnen. Inzwischen ist man dazu übergegangen, die Pumpen so tief wie möglich abzusenken oder überhaupt die Saugtiefe erheblich auszudehnen, – auf 40 und mehr Meter, um wertvolle Bodenschichten (z. B. günstige Sandkörnungen) zu erreichen.

Das Absenken einer Pumpe unter den Wasserspiegel nutzt den nach unten zunehmenden Wasserdruck aus und erhöht den Unterdruck im Saugrohr. Der erhöhte Wasserdruck bewirkt eine Art zusätzliche „Vorspannung" im Saugrohr und erhöht damit den wirksamen Sog. Nichts anderes erklärt ja auch die Saugwirkung jeder Pumpe: Sie erzeugt ein Vakuum im Ansaugrohr, in das der Atmosphärendruck das Wasser hineindrückt, – nur daß hier eben die Saugwirkung um die in der Tiefe wirkende Wassersäule erhöht wird.

Die Absenkung der Baggerpumpe und das dadurch erhöhte Vakuum hat zur Folge, daß

a) die Saugtiefe gesteigert werden kann (bei gleicher Pumpeninstallation),
b) die Gemischdichte erhöht wird, wenn die Saugtiefe gleich bleibt.

Auf jeden Fall bringt die Absenkung der Pumpe erhebliche praktische Vorteile. So wird – in den gängigen Dimensionen – die Saugtiefe um mehr als 20 m bzw. die Gemischdichte um 0,2 bis 0,3 t/m³ gesteigert, was einer Erhöhung des Feststoffaustrages von 20–40% zur Folge haben kann. –

Ein anderer wichtiger Punkt ist die Fließgeschwindigkeit. Hier werden Grenzen gesetzt

– nach unten durch die Forderung nach schwebendem Transport in der Spülleitung,
– nach oben durch die Schwelle der beginnenden Kavitation, die geschwindigkeitsabhängig ist.

Hier ist also besonders darauf zu achten, daß der günstige Geschwindigkeitsbereich im Betrieb eingehalten wird. Die untere Grenze kann zum Verstopfen der Spülleitung führen, die Überschreitung der oberen Grenze kann durch den Einfluß der Kavitation einen drastischen Leistungsabfall in der Förderleitung (geringere Geschwindigkeit) verursachen – abgesehen von den anderen möglichen Schäden (Verschleiß, Verstopfung). –

Erhöhtes Augenmerk ist auch auf den Arbeitspunkt – den Schnittpunkt zwischen Pumpenlinien und Rohrwiderstand – zu legen. Dieser Schnittpunkt wandert in einem gewissen Bereich hin und her, je nachdem wie sich die äußeren Betriebsbedingungen ändern. Auch hier ist die Grenze gezogen:

> a) durch die Fließgeschwindigkeit, –
> nach unten durch das Absetzen des Feststoffes im Rohrinnern, nach oben durch den Kavitationsbereich, –
> b) durch die unterschiedliche Rohrlänge der Spülleitung –
> die im praktischen Betrieb oft verändert wird und den Rohrreibungswiderstand beeinflußt.

Die Gemischzusammensetzung kann einen entgegengesetzten Einfluß auf die Kavitation haben. Je ungleichmäßiger das Korngemisch ist, um so mehr wird während des Fließtransportes die Homogenität im Förderstrom gestört und dadurch die Kavitationsgefahr erhöht. So kann das verstärkte Auftreten von Kies auf der einen oder Feinsand auf der anderen Seite das Gemisch in seinem Fließverhalten stark verändern und damit auch immer wieder „Kavitationsimpulse" auslösen.

Und noch etwas muß in diesem Zusammenhang gesagt werden: So faszinierend etwa die Spezialgeräte in Kap. 8 und der Maschineneinsatz in Kap. 9 sind, so enttäuschend ist der bescheidene Informationsgehalt von Kap. 12. Nach gründlicher Überlegung ist dort nur von Rechenwegen gesprochen worden, und die Rechenbeispiele kommen zu klaren Ergebnissen nur unter starker Vereinfachung der Ausgangsvoraussetzungen. Wo bleiben die präzisen Rechenmethoden, die helfen können, Transportaufgaben des Naßbaggerwesens „konkret" zu lösen?

Aber dieses „konkret" gibt es hier eben nicht. Noch einmal sei der Altmeister der Naßbaggerei, FRIEDMUT VON MARNITZ, mit seinem reichen Erfahrungsschatz in diesem Metier zitiert, wenn es um die erste Stufe jeder Rechenoperation, die Bodendefinition, geht:

> Man kann den Erfolg einer Saugbaggerung nur einschätzen, wenn ungestörte Bodenproben aus richtiger Tiefe und in genügender Anzahl vorliegen, was für Naßbaggerarbeiten schwer zu erreichen ist. Bei großen Projekten sollte man die Kosten einer Probebaggerung mit mechanisch wirkenden Geräten nicht scheuen, um ein richtiges Bild von der Bodenart und deren Eignung für das Saugverfahren zu gewinnen.

Was erst soll man zu der Frage nach Wasserzusatz und Gemischdichte, zu der sog. äquivalenten Rohrlänge, den zweckmäßigen Grabwerkzeugen usw. sagen? Zu viele Einflußfaktoren sind zu berücksichtigen, die sich oft noch gegenseitig beeinflussen. Zuviele Imponderabilien sind im Spiel, als daß die „Rechenwege" mehr als nur Hinweise auf die wichtigsten Einflußfaktoren und ihre operative Verknüpfung sein können.

12 Rechenwege

12.0 Vorbemerkungen

Schon die Überschrift weist darauf hin, daß es mehrere Wege gibt, um die Naßbagger-Förderung rechnerisch in den Griff zu bekommen. Eine wesentliche Rolle spielt dabei der Genauigkeitsgrad (gewissermaßen die „Vergrößerung"), den man bei der Rechnung zugrundelegen möchte, – und damit die Frage, welche „Genauigkeit" überhaupt sinnvoll ist. Wie die folgenden Ausführungen zeigen werden, gibt es eine Reihe von Rechengrößen, die man nicht exakt „berechnen", sondern nur annäherungsweise ermitteln kann, – mit anderen Worten: die man schätzen muß.

Der hydraulische Transport ist ein typisches Beispiel dafür, wie im Bereich von Boden und Wasser (teilweise sogar Fels) immer wieder mit „Unschärfen", ja oft sogar mit „Imponderabilien" gearbeitet werden muß, um zu einer rechnerisch fundierten Lösung zu kommen.

Auch die folgenden Ausführungen kommen an den Unsicherheiten nicht vorbei. Da ist z.B. die weitgehend empirische Rechenweise von Volker [60], wobei die Holländer als klassische Naßbagger-Spezialisten gelten und Volker versucht hat, die Fülle eigener praktischer Erfahrungen für die gesamte Naßbaggerzunft anwendbar zu machen; da ist die ausführliche Darstellung von Friedmut von Marnitz [65] mit seiner gründlichen Analyse etwa der verschiedenen Gemischdichten; da sind die sehr präzisen Überlegungen von Spezialisten wie Bröskamp [62], die versucht haben, die praktischen Erfahrungen mit wissenschaftlichen Methoden zu untermauern; da ist – um in der Genauigkeitsskala aufzusteigen – die Rechenmethode eines der größten Hersteller von Naßbaggergeräten, die Firma IHC in Holland [202] und da ist schließlich ein „gelernter Hydrauliker" wie Welte [64], der vor allem den Schlupf der Feststoffteilchen in der Trägerflüssigkeit in seine Betrachtungen mit einbezogen hat, und dessen Berechnungssystem durch fachliche Substanz und wissenschaftliche Tiefe besticht.

Schließlich sei für alle Widerstandsberechnungen in Rohrleitungen die Untersuchung von Führböter [63] erwähnt, an der man nicht vorbeikommt, wenn man genauer rechnen will.

Sie alle kommen ohne Schätzwerte nicht aus und arbeiten mit „Einflußfaktoren", die geschätzt werden müssen (oft freilich auf hoher empirischer Grundlage), aber eben doch „geschätzt" werden, um die theoretischen Erkenntnisse mit den praktischen Ergebnissen in Übereinstimmung zu bringen.

In den folgenden Ausführungen wird nun versucht, aus den verschiedenen Verfahren – bei moderatem Genauigkeitsanspruch – eine Art mixtum compositium zusammenzustellen, das ohne allzu großen formeltechnischen Aufwand der Wahrheit möglichst nahe kommt und für die Baustellenpraxis brauchbar ist.

12.1 Systematik

Die wichtigsten geometrischen Rechengrößen sind in Bild **12.**1 dargestellt: Die Baggerpumpe ist um die Distanz A unter die Wasseroberfläche abgesenkt. Von da reicht der
Saugmund um die Strecke S auf die Saugsohle herunter. Insgesamt ergibt sich damit ab
Wasseroberfläche eine Baggertiefe T. Auf der Druckseite gilt Ähnliches mit der Spül-
höhe D (bzw. $A + R$) für die Spülweite L.

Hydraulisch gesehen muß die Pumpe eine Gesamtdruckhöhe H in mWS erzeugen, wobei diese sich wieder unterteilt in die Saughöhe H^S und die Druckhöhe H^D. Hinzu kommen die unterschiedlichen Dichten der Flüssigkeit: γ_W als Dichte des umgebenden Wassers (allgemein annähernd ≈ 1 für Süßwasser bzw. 1,02 für Salzwasser) und γ_o als Gemischdichte im Druckrohr bzw. im Saugrohr.

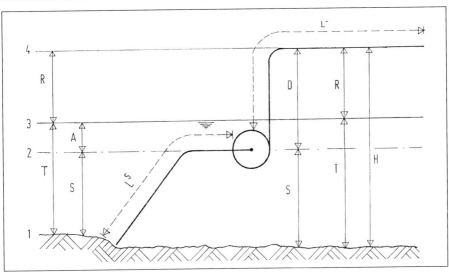

12.1   Die geometrischen Rechengrößen

In der alltäglichen Praxis wird die Rechnung zunächst mit den üblichen Formeln für reines Wasser (ohne Feststoffanteil) durchgeführt und im einfachsten (und damit „gröbs-
ten") Fall in der Weise in die „Gemischebene" übertragen, daß man die errechnete Förderhöhe für Wasser mit einem Gemischfaktor multipliziert. Das sieht dann so aus:

$$H^* = H \cdot \frac{\gamma_o}{\gamma_W} \text{ [mWS]}$$

wobei γ_W eigentlich nur Bedeutung für Salzwasser hat, während es für Süßwasser weg-
bleiben kann (Salzwasser mit $\gamma_W = 1,02$, Süßwasser mit $\gamma_W = 1$).

Dabei bedeuten

H^* = hydraulische Förderhöhe für Feststoff-Wasser-Gemisch
H = hydraulische Förderhöhe für Wasser
γ_o = Gemischwichte über Wasser,
γ_W = Wichte des Wassers

12.2 Grundsystem

Der Zusammenhang des gesamten Naßbaggersystems stellt sich so dar:

Auf der „Verbraucherseite" müssen Widerstände überwunden werden, die insgesamt einen Pumpendruck H_{man} zu ihrer Überwindung erfordern (damit das Gemisch mit der nötigen Geschwindigkeit fließen kann). Diesen erforderlichen Pumpendruck H_{man} bzw. H_{erf} stellt auf der Erzeugerseite die Pumpe – die Kraftquelle des Systems – her.

Die Arbeitsleistung, die die Pumpe zur Überwindung der Widerstände auf der Verbraucherseite erzeugen muß, setzt sich aus einem Unterdruck vor der Pumpe (H^S) und einem Überdruck auf der Abtriebsseite der Pumpe (H^D) zusammen, sodaß sich insgesamt ein Kräftespiel

$$H_{man} \gtreqqless H^s + H^D$$

oder anders bezeichnet:

$$H_{verf} \gtreqqless H_{erf}$$

ergibt. Diese Situation gilt nur für reine Wasserförderung. Wird eine Gemischförderung betrachtet, so erhöht sich der Verbraucher-Widerstand um die Gemischwichte γ_o, und die von der Pumpe geforderte Leistung erhöht sich auf

$$H^*_{man} \gtreqqless (H^S + H^D) \cdot \gamma_o \text{ [mWS]}$$

Damit liegt die hydraulische Ausgangsleistung der Pumpe fest. Sie wird im Q/H-Diagramm dargestellt. Ausgegangen wird dabei vom Förderstrom Q als maßgeblicher Einflußgröße, der seinerseits wieder vom Rohrdurchmesser und von der Fördergeschwindigkeit des Gemischstromes bestimmt wird. Zielgröße des Diagrammes ist der Pumpendruck H, der die eigentliche operative Größe der Pumpe darstellt. Insgesamt sind Q, H und v die primären Bestimmungsgrößen für die Pumpe, die zu Beginn aller weiteren Überlegungen maßgebend sind. –

Auf der „Verbraucherseite" treten auf

> der erforderliche Unterdruck zum Ansaugen des Gemisches (H^S)
> und
> der erforderliche Überdruck für den Transport des Gemisches zum Spülfeld (H^D)

Der Unterdruck H^S wird vereinfacht abgedeckt

> – entweder durch die physikalisch mögliche Druckhöhe von 10 mWS (praktisch nutzbar sind 6 bis 8 m)
> – oder durch Verwendung einer sog. äquivalenten Rohrlänge l, die mit $4 \times$ der Saugtiefe T angenommen wird (die sämtlich Widerstände usw. auf der Saugseite enthält)

Der zu erzeugende Überdruck zur Überwindung aller Widerstände im Druckbereich (H^D) setzt sich zusammen aus

> der Geschwindigkeitshöhe h_v
> der geodätischen Druckhöhe h_g
> dem Rohrreibungswiderstand (gerade) h_r
> der Summe aller Formwiderstände h_f

Damit ist der Fördervorgang prinzipiell dargestellt. Im Einzelfall (z. B. Absenkung der Pumpe unter den Wasserspiegel, Rohrwiderstandsziffer, Förderlänge usw.) sind Zusatzrechnungen erforderlich.

So erhöht sich z. B. H_{man} auf H'_{man}, wenn die Pumpe unter den Wasserspiegel abgesenkt wird. Dann kommt zum eigentlichen Manometerdruck der Absenkdruck h_a hinzu, und der effektiv wirksame Unterdruck auf der Saugseite der Pumpe erhöht sich auf

$$H_{man} + h_a = H'_{man}$$

Die Förderweite der Pumpe ist von dem auf der Druckseite noch verfügbaren Überdruck abhängig; die Größe der Widerstandszahl λ ist nur bei laufendem Betrieb – also im nachhinein – feststellbar, und der Wasserzusatz und sein Einfluß auf die Gemischwichte und diese wieder auf den erforderlichen Pumpendruck kann auch erst im konkreten Einsatz präzisiert werden.

Diese grundsätzlichen Betrachtungen führen zu 3 Rechenoperationen:

1. Ermittlung der Antriebsenergie für die Pumpe, die benötigt wird, um
   für einen bestimmten Förderstrom Q
   die gewünschte Druckhöhe H
   zu erzeugen.
2. Ermittlung der Größe des Förderstromes Q aus den beiden maschinentechnischen Werten
   Rohrdurchmesser d und
   Fördergeschwindigkeit v.
3. Ermittlung der hydraulischen Förderhöhe H (Pumpendruck)
   für die Überwindung der einzelnen Widerstände bei der Gemischförderung, die sich zusammensetzen aus
   der (geodätischen) Saughöhe,
   der (geodätischen) Druckhöhe,
   der Geschwindigkeitshöhe,
   dem Rohrleitungswiderstand,
   den Formwiderständen.

12.3 Ausgangswerte

12.3.1 Bodenangaben

Darüber ist bereits ausführlich in Kapitel 4 und Kapitel 11 geschrieben worden. Hier sei lediglich e in Punkt nochmals herausgehoben, weil er in der Praxis meist in seiner Wichtigkeit übersehen wird: Da es sich bei den meisten Naßbagger-Arbeiten um Bauvorhaben „im Nassen", noch genauer: im Wasser – handelt, haben die für den trockenen Erdbau verwendeten Untersuchungsmethoden wenig Sinn. Ein nasser Untergrund, in dem die Bodenkörner im Grundwasser „schwimmen", kann nicht mit einem Bohrgreifer oder einem Spiralbohrer untersucht werden, weil das miterfaßte Wasser beim Hochführen des Bohrwerkzeuges wieder abläuft und dabei das Feinkorn im Material mit herausschlämmt. Das Ergebnis ist eine Sieblinie, die nur gröberes Material aufweist und gerade diese Korngrößen, die die meisten Schwierigkeiten bereiten, verschweigt. Bei jeder Naßbaggeraufgabe ist die Schlauchkernbohrung, die auch die feinsten Kornbereiche erfaßt, geradezu ein „Muß".

Sehr häufig kommen in der Praxis Korngemische mit breit gestreuten Kornbereichen (flache Sieblinie) vor. Um diese Streuung noch rechnerisch berücksichtigen zu können, ersetzt man sie durch einen Symbolwert, den sogenannten mittleren Korndurchmesser d_m, – entweder über einen Schätzwert oder durch rechnerische Ermittlung (s. Abschn. **12.3**.6).

12.3.2 Rechengrößen

Es ist für den weiteren Gang der Rechnung zweckmäßig, zur besseren Unterscheidung eine Unterteilung der Bezeichnungen in

> Geometrische Größen (s. Bild **12.**1) und
> Hydraulische Größen (Bild **12.**2)

vorzunehmen. Wichtig ist vor allem die genaue Angabe der Pumpenhöhe, also ob die Pumpe – wie früher üblich – in Wasserspiegelhöhe angeordnet ist oder abgesenkt wird – daß also zum Atmosphärendruck ein Wasserdruck hinzukommt, der einen zusätzlichen Unterdruck im Ansaugrohr erzeugt.

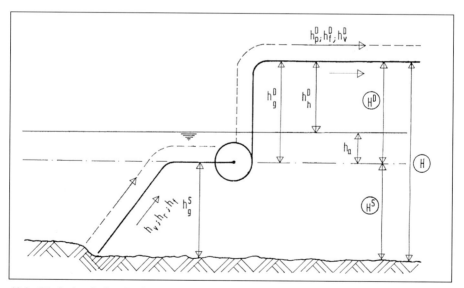

12.2   Die hydraulischen Rechengrößen

12.3.3 Gemischwichte

Die wohl einflußreichste „Problemgröße" ist die Gemischwichte. Um sie dreht sich jede Angebotskalkulation. Das Verhältnis Feststoff : Wasser bewegt sich in den Grenzen von 1:1 (ideal) bis 1:10 (wirtschaftliche Grenze). In bekannten Gewässern liegen meist genügend Erfahrungswerte vor, sie liegen im Bereich zwischen 1:3 bis 1:4; mit welchen Werten aber muß man rechnen, wenn man einen Einsatz in unbekanntem Gelände kalkulieren soll?

Wasser wirkt bei der Gemischförderung nur als Transportmedium mit. Nutzbares Transportgut ist der Feststoff. Und aus hydromechanischer wie aus wirtschaftlicher Sicht dreht sich alles um die Frage: wie groß ist der Feststoffgehalt im Gemischförderstrom. Daher ist γ oder y, wie die Gemischwichte allgemein bezeichnet wird, eine wichtige Rechengröße, die aber immer nur angenähert festgelegt werden kann und daher im allgemeinen aus der Erfahrung heraus geschätzt wird.

Allgemein wird die Gemischwichte mit $1,2 \ t/m^3$ in der Rechnung verwendet, jedoch hängt ihre Größe von mehreren Einflußfaktoren wie

> Stoffgewicht des Wassers,
> Stoffgewicht des Feststoffes,
> Hohlraumgehalt (Porenanteil),
> Füllung der Hohlräume mit Wasser (Porenwassergehalt),

ab (s. Bild **11**.19). Daraus ergibt sich dann wieder das

> Raumgewicht des Gemisches über Wasser (γ_o),
> Raumgewicht des Gemisches im Wasser (γ_m),

wobei zu bemerken ist, daß das hier betrachtete Gemisch, wenn man es genauer sieht, zwei „Aggregatzustände" während des Transportes durchläuft:

> – im Saugrohr, also auf der Saugseite der Pumpe, ist es
>   „Gemisch unter Wasser",
> – im Spülrohr, d.h. auf der Pumpen-Druckseite ist es
>   „Gemisch über Wasser",

wobei jedoch grundsätzlich davon ausgegangen werden kann, daß sämtliche Hohlräume voll mit Wasser gefüllt sind, der Sättigungsfaktor also = 1 ist. Im Zahlenbeispiel aus Kapitel 11 ist bereits verdeutlicht worden, daß bei den dortigen Postulaten das

> Gemischgewicht über Wasser = $1,16 \ t/m^3$
> Gemischgewicht im Wasser = $1,06 \ t/m^3$

beträgt, da der Feststoff über Wasser zwar $2,6 \ t/m^3$, unter Wasser dagegen nur $1,6 \ t/m^3$ wiegt und der Feststoffgehalt des Gemisches damit das Gemisch-Gewicht wesentlich beeinflußt.

In Tafel **12**.1 wird ein Überblick über die verschiedenen Begriffe, ihre Bezeichnungen und an einem Zahlenbeispiel auch eine Vorstellung von der rechnerischen Größe gegeben.

Tafel **12**.1   Die verschiedenen Begriffe und Zeichnungen für die Gemischwichten

	Bezeichnung	Zahlenbeispiel t/m^3
Stoffgewicht:		
Bodenkörner über Wasser	γ_F	2,6
Bodenkörner unter Wasser	γ_u	1,6
Wasser:		
Süßwasser	γ_w	1,0
Salzwasser		1,02
Raumgewicht:		
Gemisch über Wasser	γ_o	1,16
Gemisch unter Wasser	γ_m	1,06
Porenanteil:		
lockerste Schüttung	ε	0,48
dichteste Schüttung		0,26
Sättigung:		
trockener Sand	ϱ	0
gesättigter Sand		1,0

Zu unterscheiden ist dabei zwischen

Stoffgewicht γ_F und
Raumgewicht γ_o bzw. γ_m

Das erstere bezieht sich – um den Sand als Beispiel zu nehmen –, auf das Gewicht des Einzelkornes, also auf die feste Masse, während das Raumgewicht das Gewicht des Korngemisches betrifft.

In Tafel **12**.2 wird ein Überblick über die Raumgewichte des gleichen Korngemisches, jedoch mit verschiedenem Hohlraumgehalt gegeben. Für den Naßbaggerbetrieb sind eigentlich nur (in der Bezeichnung nach [67]):

wassergesättigter Boden,
Boden unter Wasser

oder in der Bezeichnung nach [65]

γ_o Korngemisch über Wasser (Poren mit Wasser gefüllt),
γ_m Korngemisch unter Wasser

von Interesse.

Tafel **12.2** Raumwichten

trockener Boden	$\gamma_1 = (1-\varepsilon) \cdot \gamma_F$
feuchter Boden	$\gamma_t = (1-\varepsilon) \cdot \gamma_F + \varepsilon \cdot \sigma \cdot \gamma_w$
wassergesättigter Boden	$\gamma_o = (1-\varepsilon) \cdot \gamma_F + \varepsilon \cdot \gamma_w$
Boden im Wasser	$\gamma_m = (1-\varepsilon) \cdot (\gamma_F - \gamma_w)$

mit ε = Porenanteil
         σ = Wassersättigung

oder:

$$\gamma_o = k_o \cdot \gamma_F + (1-k_o) \cdot \gamma_w$$
$$\gamma_m = k_o \cdot (\gamma_F - \gamma_w) + (1-k_o) \cdot \gamma_w$$

mit k_o = wahrer Feststoffgehalt (%)

Wie groß also ist das Gemischgewicht, das der Unterdruck der Pumpe heben muß? Er muß heben

die Bodenkörner (Feststoffgehalt),
das Porenwasser und
das Transportwasser.

Am klarsten wird die Situation wohl im Verfahren nach VOLKER [61]. Er rechnet nur mit dem Gemisch über Wasser und definiert es so:

y = Gemischwichte über Wasser

$$= \frac{y_1 + n \cdot y_2}{n + 1}$$

wobei

y_1 = Raumgewicht Sand naß ($\approx$ 2 t/m^3)
y_2 = Stoffgewicht Wasser
n = Wasserkoeffizient
    $\approx$ 3 für Sand
    $\approx$ 5 für bindigen Boden

ist.
Setzt man den nassen Sand (y_1) mit 2,0 t/m^3, das Wasser (y_2) mit 1 und den Wasserkoeffizient (n) mit 4 an, so erhält man

$$y = \frac{2 + 4 \cdot 1}{5} = \frac{6}{5} = 1,2 \text{ t/m}^3$$

was etwa dem meist verwendeten (Erfahrungs-)wert entspricht.

Das Verfahren nach MARNITZ ist etwas genauer und trennt in Gemischdichten über und unter Wasser, berücksichtigt den Hohlraumgehalt und das Stoffgewicht der Bodenkörner. Legt man den bei VOLKER berechneten Fall zugrunde, wobei

das Stoffgewicht mit $\gamma_F = 2,6 \text{ t/m}^3$
der Hohlraumgehalt mit $\varepsilon = 0,85$
und damit
der wahre Feststoffgehalt mit $k_o = 0,15$ berücksichtigt wird,

so ergibt die Rechnung folgendes Resultat:

$$\begin{aligned}
\gamma_o &= k_o \cdot \gamma_F + (1 - k_o) \cdot \gamma_W \\
&= 0,15 \cdot 2,6 + (1 - 0,15) \cdot 1 \\
&= 0,39 + 0,85 \\
&= 1,24 \text{ t/m}^3
\end{aligned}$$

Das Ergebnis liegt also nicht weit von dem der Methode VOLKERS entfernt.

Noch einen Schritt genauer geht MARNITZ mit der folgenden Formel für das Gemisch über Wasser:

$$\gamma_o = \frac{\gamma_F + z_o \cdot \gamma_W}{z_o + 1}$$

wobei

$z_o =$ wahrer Wasserzusatz
$\quad = \dfrac{z + \varepsilon}{z - \varepsilon}$
$\qquad$ mit z (scheinbarer Wasserzusatz)
$\qquad\qquad \approx 3$ für Sand
$\qquad\qquad \approx 5$ für Kleiboden
$\qquad$ und $\varepsilon = 1 - k_o$

Im bzw. unter Waser gilt

$$\gamma_m = k_o (\gamma_F - \gamma_W) + 1 (1 - k_o) \cdot \gamma_W$$

Zusammenfassend läßt sich die Frage nach γ_o (Gemisch über Wasser) und γ_m (Gemisch im Wasser) mit folgenden Rechenvarianten beantworten:

1. Man rechnet generell mit $\gamma_o = 1,2 \text{ t/m}^3$, was in etwa das Gemisch über Wasser beinhaltet, oder
2. man verwendet die Methode VOLKER, die das Gemisch über Wasser mit y bezeichnet und als charakteristische Bestimmungsgröße das Raumgewicht von nassem Sand (y_1) verwendet, oder
3. man rechnet nach MARNITZ
entweder über den wahren Feststoffgehalt k_o
oder über den wahren Wasserzusatz z_o,
ausgehend von scheinbarem Wasserzusatz z, der sich mit dem Wasserfaktor n von VOLKER trifft.

Daneben gibt es noch andere Methoden, aber sie umkreisen alle mehr oder weniger dicht bzw. genau den möglichen wahren Wert von γ, den man jedoch vor Beginn einer Naßbaggeroperation nicht kennt und immer erst nach Betriebsaufnahme ermitteln kann. Am übersichtlichsten ist auf jeden Fall die in Abschn. **11**.6 dargestellte Vorgehensweise, die sowohl γ_o (Gemisch über Wasser) wie γ_m (Gemisch im Wasser) erfaßt.

12.3.4 Widerstände

Verwendet werden die in der Hydraulik üblichen Größen und Formeln, die zunächst für die reine Wasserhydraulik gelten und dann um einen Gemischfaktor γ erweitert werden. Dieses γ verwischt etwas die sonst übliche Unterscheidung zwischen Wichte und Dichte, also zwischen γ und ϱ, ist jedoch international gebräuchlich.

Im einzelnen seien angeführt (zunächst für Wasser):

a) die Geschwindigkeitshöhe (für die Bewegung des Wassers)

$$h_v = \frac{v^2}{2g}$$

wobei $\quad$ v = Rohrlängsgeschwindigkeit
$\qquad$ g = Erdbeschleunigung

b) die verschiedenen Formwiderstände (s. Tafel **12**.4)

$$h_f = \Sigma\ \zeta \cdot \frac{v^2}{2g}$$

c) der Rohrreibungswiderstand (gerade Rohrleitungen)

$$h_r = \frac{v^2}{2g} \cdot \frac{L}{d} \cdot \lambda$$

mit $\qquad$ L = gerade Rohrlänge [m]
$\qquad$ λ = Rohrreibungsbeiwert

d) die Hubhöhe (hydraulisch)

$$h_g \text{ Saugseite } = h_g^S = H^S$$
$$\text{Druckseite } = h_g^D = H^D$$

Auf folgende Problembereiche sei speziell hingewiesen:

12.3.5 Fördergeschwindigkeit v

Möglich ist gleitender – rollender – springender – schwebender Transport. Anzustreben ist immer schwebender Transport. Anhaltswerte für die zweckmäßige Fördergeschwindigkeit gibt Bild **11**.15. Auf den Schlupf zwischen Feststoff und Transportflüssigkeit wird in dieser allgemeinen Darstellung nicht näher eingegangen. Zur genaueren Ermittlung der daraus resultierenden Veränderung von v wird auf [14] verwiesen.

12.3.6 Mittlerer Korndurchmesser d_m

Wenn auch der günstigste Kornbereich für die hydraulische Förderung zwischen 0,2 und 0,6 mm Korndurchmesser liegt, so kommen in der Praxis immer Korngemische mit oft sehr breit gestreuten Kornbereichen (flache Sieblinien) vor. Um diese Streuung rechnerisch berücksichtigen zu können, ersetzt man sie durch einen Symbolwert, den sogenannten mittleren Korndurchmesser d_m und hat damit den Vorteil, den gesamten Kornbereich über einen einzigen d_m-Wert in die Rechnung einzuführen. (Inwieweit man damit das wirkliche Verhalten des Korngemisches im hydraulischen Förderprozeß trifft, steht allerdings auf einem anderen Blatt!)

Der d_m-Wert wird wie folgt ermittelt:

a) Ausgangspunkt: die Sieblinie
b) Aufteilung der Ordinate in gleiche Abschnitt Δ1-n (bzw. in die Gewichtsbereiche 0–20; 20–40; 40–60; 60–80; 80–100%)
c) Abgreifen des mittleren Korndurchmesser jedes Gewichtsbereiches über die Sieblinie: z. B. für 0–20% ist der Mittelwert 10%
d) Eintragen der Mittelwerte jedes einzelnen Bereiches in die Tabelle (Tafel **12.3**)
e) Bilden der reziproken Werte 1:d_i der einzelnen Bereiche
f) Addieren aller 1:d_i-Werte (ergibt hier 8,24)
g) Auswertung nach der Formel

$$d_m = \frac{1}{\Delta \, \overset{n}{\underset{1}{\Sigma}} \cdot \frac{1}{d_i}} = \frac{1}{0,2 \cdot 8,24} = 0,61 \text{ mm}$$

Tafel **12.3** Ermittlung des mittleren Korndurchmessers d_m

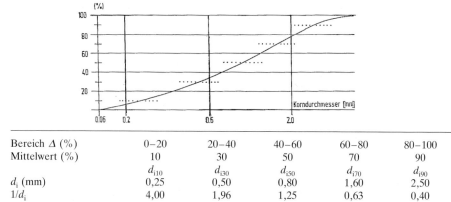

Bereich Δ (%)	0–20	20–40	40–60	60–80	80–100
Mittelwert (%)	10	30	50	70	90
	d_{i10}	d_{i30}	d_{i50}	d_{i70}	d_{i90}
d_i (mm)	0,25	0,50	0,80	1,60	2,50
1/d_i	4,00	1,96	1,25	0,63	0,40

$\Delta = 0,2$ $\Sigma \dfrac{1}{d_i} = 8,24$ $d_m = \dfrac{1}{\Delta \cdot \overset{n}{\underset{1}{\Sigma}} \cdot \dfrac{1}{d_i}}$

12.4 Aufbau der Rechnung

Vorbemerkung

Wie schon in Abschn. 12.1 erwähnt, wird bei der Berechnung praktischer Probleme so vorgegangen, daß

– beim verfügbaren Pumpendruck (H_{verf}) die Gemischdichte (geschätzt) von vornherein berücksichtigt wird,
– die andere Seite der Gleichung, – die Größe der von der Pumpe zu überwindenden Widerstände im Fördersystem ($H^S + H^D$) – aber zunächst für reine Wasserförderung berechnet und erst am Schluß die Gemischdichte eingerechnet wird. (Formelzeichen s. S. 390)

12.4.1 Pumpendruck

Um den Gemisch-Förderstrom zu bewegen, muß die Pumpe eine Druckdifferenz (Pumpendruck) aufbauen, die sich

aus der geometrischen Förderhöhe,
der Summe aller Widerstände in der Rohrleitung und
der Gemischwichte

ergibt (Bild **12**.3).

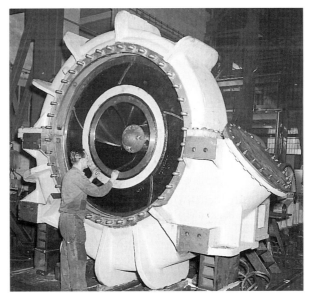

12.3 Aufbau der Baggerpumpe.
Blick von der Eintrittsseite auf den offenliegenden Pumpenkreisel

In der Praxis geht man so vor, daß man zunächst die erforderliche Antriebsleistung der Pumpe ermittelt. Diese ist

$$N_e = \frac{Q \cdot H}{75 \cdot \eta} \cdot \gamma_0 \; [\mathrm{PS}]$$

wobei

Q = Transportleistung des Förderstromes (m³/s)
H = erforderliche Gesamt-Druckhöhe
η = Wirkungsgrad der Pumpe
γ_0 = Gemischwichte ($\approx 1{,}2$ t/m³)

ist.

Theoretisch müßte man γ aufsplitten in

γ_0 für den Bereich ab Pumpenaustritt
γ_m für den Bereich bis Pumpeneintritt

Zur Vereinfachung wird jedoch insgesamt meist durchgehend mit γ_0 gerechnet.
In der obigen Rechnung müssen Q und H vorgegeben werden. Es ist

$$Q = \frac{\pi}{4} \cdot d^2 \cdot v \; [\mathrm{m}^3/\mathrm{s}]$$

mit

d = Rohrdurchmesser
v = gewünschte Fördergeschwindigkeit (allgemein 3,5–8 m/s).

Die Höhe des erforderlichen Gesamt-Pumpendrucks H setzt sich zusammen aus

– dem erforderlichen Sog (Druck auf der Saugseite der Pumpe) (allgemein angenommen mit 7 mWS),
– dem erforderlichen Druck auf der Druckseite der Pumpe, wesentlich abhängig von der gewünschten Förderweite.

Folgende Einzelheiten sind im Zusammenhang mit der Pumpenarbeit zu beachten:

1. Geschwindigkeit
2. Kavitation
3. Pumpenkennwerte
4. Q/H-Diagramm
5. Absenkung der Pumpe

Für die Fördergeschwindigkeit v gibt es kritische Grenzwerte nach oben und unten. Die Geschwindigkeit an der unteren Grenze soll 3 m/s nicht unterschreiten, damit auf jeden Fall schwebender Transport der Feststoffteilchen sichergestellt ist und die Spülleitung (Druckseite) nicht durch zunehmende Bodenablagerungen blockiert wird.

Nach oben hin liegt die Grenze bei etwa 8 m/s. Hier beginnt der Einfluß der Kavitation. Ist die Strömungsgeschwindigkeit zu groß, so besteht die Gefahr, daß der Wasserstrom beim Eintritt in die Pumpe abreißt (s. Bild **11.**17) und sich Dampfbläschen bilden, die weiter oben bei abnehmender Geschwindigkeit und Außendruck in sich zusammenstürzen und durch die dabei auftretenden Schläge den Pumpenkreisel beschädigen und die Förderleistung reduzieren können (s. a. Abschn. **11.**5).

In der Praxis wird eine Pumpe durch nur 3 Kennwerte festgelegt:

den Förderstrom Q,
die Druckhöhe H_{man} und
den Rohrdurchmesser d.

Maßgebend für die hydraulische Leistungsfähigkeit einer Pumpe ist das zugehörige Q/H-Diagramm (Bild **12.**4), das neben den Grundgrößen

Förderstrom Q [m³/h] bzw. [m³/s]
Druckhöhe H [mWS]

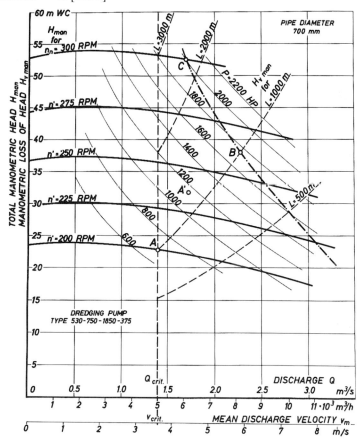

12.4 Das industrielle Q/H-Diagramm einer Baggerpumpe [15]

——————— H_{man} für unterschiedliche Kreiseldrehzahlen
——————— Pumpenantrieb P in PS
— · — · Leistungsgrenze der Pumpe
— — — Rohrleitungswiderstand bei verschiedener Länge L
Q = Förderleistung (m³/s)
v_m = mittlere Fördergeschwindigkeit (m/s)
d = Rohrdurchmesser 700 mm

jeweils (bezogen auf verschiedene Geschwindigkeiten v) angibt

> die Antriebsleistung (PS),
> die nutzbare Förderweite (L),
> den unteren Grenzbereich der Geschwindigkeit (v_{crit}).

Hingewiesen sei noch auf den (sehr nützlichen) Einfluß der Absenkung der Pumpe unter den Wasserspiegel (um das Maß A) und die damit erreichte Erhöhung des Wasserdruckes. H_{verf} findet dann ihre Grenze nicht nur bei dem atmosphärischen Druck von 10 mWS, sondern es kommt der Wasserdruck infolge Absenkung (ebenfalls in mWS) hinzu bzw. muß berücksichtigt werden, wenn es um die Ermittlung der Antriebsleistung geht (Bild **12**.5).

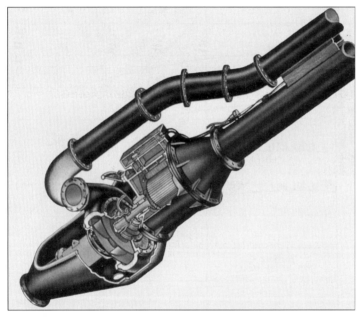

12.5　Elektrisch angetriebene Unterwasser-Pumpe, eingebaut in die Saugleitung eines Grundsaugers

12.4.2 Saugwirkung

Der Weg der zu fördernden Bodenteilchen beginnt damit, daß diese – die entweder locker auf dem Gewässergrund liegen (Sand, Kies) oder durch ein Schneidorgan (Schneid-, Schleppkopf) gelöst werden müssen – aufgesaugt und zunächst in die Pumpe befördert werden (Bild **12**.6). Dazu muß auf der Saugseite der Pumpe ein Unterdruck erzeugt werden, um die gegen den Pumpensog wirkenden Widerstände:

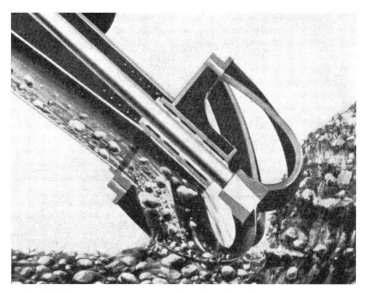

12.6   Die Strömungsvorgänge um einen Schneidkopf

die „Hubhöhe" (geodätische Höhe) h_g [mWS]
die Rohrreibung h_r
die Formwiderstände h_f
die Beschleunigung (Geschw.-Höhe) h_v

zu überwinden.

Der Pumpensog kann dadurch erhöht werden, daß man die Pumpe unter den Wasserspiegel absenkt. In Wasserspiegelhöhe installiert, erzeugt die Pumpe den (manometrischen) Pumpendruck H^S_{man}. Wird sie um die Distanz A abgesenkt, so kommt der durch die Absenkung verursachte Wasserüberdruck h_a hinzu (man denke an die Verhältnisse beim Einsatz einer Tauscherglocke), sodaß dann insgesamt auf der Saugseite der Pumpe verfügbar sind:

$$H^S_{verf.} = H^S_{man} + h_a$$

Man bezeichnet den durch die Absenkung erzeugten Wasserüberdruck auch als Vorspannung, die v o r der Pumpe in Fließrichtung als Druckerhöhung bzw. umgekehrt betrachtet als Sog wirksam wird.

Man kann nun diesen Unterdruck-Gewinn um h_a

– entweder in voller Höhe nutzen, also mit $H^S_{man} + h_a$ arbeiten,
– oder von dem Pumpen-H_{man} abziehen, sodaß $H_{man} - h_a$ wird,
    h_a also an der Pumpenleistung eingespart wird.

Der Einfluß der Rohrreibung auf der Saugseite wird unterteilt in

gerade Rohrabschnitte und
Formwiderstände (Saugmund, Krümmungen usw.)

Die Reibung in den geraden Rohrabschnitten berechnet sich zu

$$h_r^S = \frac{v^2}{2g} \cdot \frac{L}{d} \cdot \lambda$$

wobei

v = Fördergeschwindigkeit (m/s)
L = Länge der geraden Rohrabschnitte
g = 9,81 m/s^2
λ = Wandreibungsbeiwert

Hinzu kommen Formeinflüsse für

Saugmund (Rohreintritt),
Querschnittsänderungen,
Krümmungen,
Rohraustritt (Pumpeneintritt usw.)

Sie werden über h_f mit dem Faktor ζ (s. Tafel **12**.4) berücksichtigt.

Insgesamt wird die erforderliche Saughöhe ermittelt über

$$H_{erf}^S = h_g + h_r + h_f + h_v - h_a$$

In der Praxis wird vielfach die Rohrreibung mitsamt den (schwer zu quantifizierenden) Formeinflüssen (h_f) ersetzt durch eine sogenannte äquivalente Rohrlänge l, die

für Geräte mit vertikalem Saugrüssel = $2 \cdot T$
für Geräte mit schrägem Saugrüssel = $4 \cdot T$

in der h_r-Rechnung die Rohrlänge L ersetzt, so daß

$$h_r^S = \frac{v^2}{2g} \cdot \frac{4 \cdot T}{d} \cdot \lambda \quad \text{mWS}$$

wird. Wobei λ die Widerstandsziffer für die Rohrreibung ($\approx 0{,}02$) ist

Noch einfacher – wenn auch ungenauer – kann man die Saughöhe in die Rechnung einsetzen, indem man davon ausgeht, daß die Pumpe sowieso nur 10 mWS (= atmosphärischer Druck auf die Wasseroberfläche) erbringen kann, von denen praktisch nur 6–8 mWS nutzbar sind, also $H^S \approx 7$ mWS in die Rechnung eingesetzt werden können.

Zu den einzelnen Rechenkomponenten wie

Geschwindigkeitsverlust
Rohrreibung
Formwiderstände
Hubhöhe

wird auf die folgenden Abschnitte 12.4.3 bis 12.4.5 verwiesen.

12.4.3 Geschwindigkeitsverluste

Überall dort, wo das Wasser bzw. Gemisch als Strömung auftritt, d. h. in Bewegung ist, tritt ein gewisser Druckverlust auf, der generell

$$h_\mathrm{v} = \frac{v^2}{2g} \ [\mathrm{mWS}]$$

wobei

v = Gemisch-Fördergeschwindigkeit
g = 9,81 m/s^2

ist. Das ist der Fall

im gesamten Rohrleitungssystem und bei den einzelnen Formhindernissen wie
Saugöffnung,
Ein- und Austrittswiderstände in den Rohrleitungen,
Rohrkrümmungen,
Querschnittsänderungen,
Rohrgelenken,
Absperrschiebern usw.

Der hier auftretende Druckverlust wird nach Abschn. **12.4.**5 berechnet.

12.4.4 Rohrreibung

Der Druckverlust, der durch die Rohrreibung verursacht wird, berechnet sich für gerade Leitungen zu

$$h_\mathrm{r} = \lambda \cdot \frac{L}{d} \cdot \frac{v^2}{2g}$$

wobei

λ = Widerstandsziffer für die Rohrreibung
L = Leitungslänge horizontaler gerader Abschnitte
d = Rohrdurchmesser.

Zweckmäßig ist jedoch, sich hierzu einer Rechentabelle z. B. von FÜHRBÖTER [63] zu bedienen. Dort wird auch der Einfluß des Mischungsverhältnisses mitberücksichtigt. So gibt z. B. Tafel 15 für einen Spülrohrdurchmesser von 450 mm

einen Druckhöhenverlust Δ_H auf je 100 m Förderlänge
bei Mischung 1: 3   von 12,43 mWS
bei Mischung 1: 5   von 9,62 mWS
bei Mischung 1:10   von 6,46 mWS

an. Allgemein sei darauf hingewiesen, daß die „Reibungshöhe" h_r meist wesentlich größer ist als die geodätische Druckhöhe h_g.

Jede genauere Berechnung des Rohrwiderstandes ist mit großen Schwierigkeiten verbunden. v. MARNITZ schreibt dazu in [65]:

> Berechnungsformeln für den Druckabfall, welche den Boden berücksichtigen sollen, führen zu kaum brauchbaren Ergebnissen. Man kann nur so vorgehen, daß man die Rechnung für Wasser durchführt und nach Erfahrung für die vorliegende Bodenart Zuschläge macht.

Für reine Wasserförderung lautet die Formel

$$h_r = \frac{v^2}{2g} \cdot \frac{L}{d} \cdot \lambda \ [\text{mWS}]$$

wobei L = Förderlänge
d = Rohrdurchmesser
λ = Rohrreibungsbeiwert

Bei Gemischförderung kommt γ_o hinzu, so daß die Formel sich dann auf

$$h_r = \frac{v^2}{2g} \cdot \frac{L}{d} \cdot \lambda \cdot \gamma_o \ [\text{mWS}]$$

erweitert.

Wie groß aber ist λ? Allgemein liegt es im Bereich 0,01 bis 0,035. Für überschlägige Ermittlungen wählt man 0,02, wobei dann meist alle zusätzlich in der Rohrleitung verborgenen Widerstände (Schwankungen im Boden, Rohrrauhigkeit, Formänderungen usw.) eingeschlossen sind. Das aber sind dann eben „Vermutungen". v. MARNITZ schreibt dann weiter:

> „Eine Vorausberechnung ist ... trotz aller Versuche und Berechnungsformeln nicht möglich, so daß man weitgehend auf Erfahrungsbeispiele angewiesen ist.

In diesem Zitat sind schon Hinweise für die Praxis enthalten. Es gibt Tabellen über den durchschnittlichen Druckabfall in Spülleitungen und Diagramme mit Rohrwiderstandslinien für verschiedene Rohrdurchmesser, Fördergeschwindigkeiten und Förderweiten. Am gebräuchlichsten ist jedoch das Tabellenwerk von FÜHRBÖTER [63], das Zahlenmaterial in einem weiten Geltungsbereich enthält.

Genau genommen sollte man λ und γ_o exakt angeben, – nur: man kann es nicht, und daher ist man so oder so auf Erfahrungswerte angewiesen. Noch einmal sei v. MARNITZ zitiert:

> Durch die Unbestimmbarkeit der Einzelgrößen wird eine genaue Berechnung für Gemische unmöglich, und man ist auf Annäherungsverfahren und Schätzungen angewiesen. Dabei kann man so vorgehen, daß man die äquivalente Rohrreibungslänge mit dem 1,1-fachen Wert der wirklichen Länge ansetzt und nach Erfahrung für die vorliegende Bodenart die Fördergeschwindigkeit annimmt. Danach berechnet man h_r unter Zugrundelegung eines Widerstandswertes von $\lambda = 0,02$ und macht nach Erfahrung Zuschläge, die bis 75% gehen können. Dies ist eigentlich keine Berechnung, aber man erhält auch keine genaueren Ergebnisse bei den Formeln, welche den Bodenanteil berücksichtigen wollen. Auch bei ihm sind viele Annahmen zu machen, die nur auf Erfahrung beruhen.

Um das rechnerische Vorgehen zu vereinfachen, schleust man noch einen Koeffizienten δ für „sonstige Widerstände" ein und operiert dann mit $\lambda \cdot \gamma_0 \cdot \delta$, oder man begnügt sich mit λ und bringt dort genügend Sicherheitsreserven unter. Und IHC, der große holländische Naßbaggerexperte, rechnet allgemein mit

$$h_p = \frac{L}{100} \, W_{100} \, [\text{m WS}]$$

wobei L = Förderweite in m,

W_{100} = zusammenfassender Widerstandskoeffizient je 100 m Rohrlänge.

12.4.5 Formwiderstände

Die geraden Abschnitte der Rohrleitung werden gemäß Abschn. **12.4.**4 berechnet. Für die Durchflußwiderstände in Formstücken und den dabei auftretenden Druckverlust wird ein etwas abgewandeltes Verfahren benutzt, das jedoch im Prinzip dem der geraden Rohrleitung ähnelt, – nur mit dem Unterschied, daß der Begriff „Länge" (L) wegfällt und der Widerstandswert λ durch ζ ersetzt wird.

Allgemein gilt die Gleichung

$$h_f = \zeta \cdot \frac{v^2}{2g} \, [\text{mWS}]$$

wobei für Richtwerte von ζ die Tafel **12.**4 verwendet werden kann. Zu unterscheiden ist also zwischen

dem Reibungswiderstand in geraden horizontalen Rohrabschnitten und
dem Durchflußwiderstand in den Formstücken.

Tafel **12.**4 Widerstandswerte ζ zur Ermittlung der Formwiderstände in Rohrleitungen

	ζ		ζ
Saugwiderstand	2,5	Krümmung 45°	0,07
Eintrittswiderstand (Rohr)	0,5	Kugelgelenk	0,12
Austrittswiderstand (Rohr)	0,2	Schlauchgelenk	0,03
Krümmumg 90°	0,14	Schieber	0,15

$$h_f = \zeta \cdot \frac{v^2}{2g}$$

12.4.6 Druckhöhe

Allgemein setzt sich der erforderliche Pumpendruck auf der Druckseite zusammen aus

$$H^D = h_g \qquad \text{(statischer Druck)}$$

$$+ \frac{L}{d} \cdot \frac{v^2}{2g} \cdot \lambda \qquad \text{(Rohrreibung gerade)}$$

$$+ \Sigma \, \zeta_f \cdot \frac{v^2}{2g} \qquad \text{(Formwiderstände)}$$

12.4.7 Pumpendruck, gesamt

Der gesamte Pumpendruck H_{man}, also die Ausgangsleistung der Pumpe, muß sein

$$H_{man} = H_{erf}^S + H_{erf}^D$$

bzw. wenn die Pumpe abgesenkt ist

$$H_{verf} = H_{man} - h_a$$

oder

$$H'_{verf} = H_{man} + h_a$$

d. h.:

Im 1. Fall wird der Absenkdruck vom Pumpendruck abgezogen, – es wird nur der reine Pumpendruck genutzt,

im 2. Fall wird der Absenkdruck dem Pumpendruck zugeschlagen und der nutzbare Arbeitsdruck der Pumpe dadurch erhöht. (Bild **12**.7)

12.7 Hier wird H_{man} erzeugt: Der Pumpenraum eines großen Naßbaggers

12.4.8 Zusammenfassung

1. Der erforderliche Pumpendruck wird vereinfacht.

a) zunächst für Wasser

$$H_{\mathrm{man}} = H^{\mathrm{S}} + H^{\mathrm{D}} \ [\mathrm{mWS}]$$

b) für Gemisch

$$H^* = (H^{\mathrm{S}} + H^{\mathrm{D}}) \cdot \gamma_{\mathrm{o}} \ [\mathrm{mWS}]$$

Er muß von der Pumpe erbracht werden, um alle Widerstände zu überwinden.

2. Die erforderliche Antriebsleistung der Pumpe ist mechanisch

$$N_{\mathrm{e}} = \frac{Q \cdot H^*}{75 \cdot \eta} \ [\mathrm{PS}] \quad (\text{wobei } \eta \approx 0{,}6)$$

hydraulisch (für Gemischförderung)

$$N = N_{\mathrm{e}} \cdot \gamma_{\mathrm{o}}$$

3. Die Verluste auf der Saugseite (H^{S}) setzen sich zusammen – wenn man nicht von vornherein 10 mWS ansetzen will – aus

$$\text{Geschwindigkeitshöhe} \quad h_{\mathrm{v}}^{\mathrm{S}} = \frac{v^2}{2g}$$

$$+ \ \text{Rohrwiderstand gerade} \quad h_{\mathrm{r}}^{\mathrm{S}} = \frac{v^2}{2g} \cdot \frac{4 \cdot T}{d} \cdot \lambda$$

$$+ \ \text{Formwiderstände} \quad h_{\mathrm{f}}^{\mathrm{S}} = \Sigma \zeta \cdot \frac{v^2}{2g}$$

$$+ \ \text{Geodätische Höhe} \quad h_{\mathrm{g}}^{\mathrm{S}} \quad (= S)$$

4. Die Verluste auf der Druckseite (H^{D}) sind:

$$\text{Geodätische Höhe} \quad h_{\mathrm{g}}^{\mathrm{D}} = h_{\mathrm{h}} + h_{\mathrm{a}}$$

$$+ \ \text{Rohrwiderstand gerade} \quad h_{\mathrm{r}}^{\mathrm{D}} = \frac{v^2}{2g} \cdot \frac{L}{d} \cdot \lambda$$

$$+ \ \text{Formwiderstände} \quad h_{\mathrm{f}}^{\mathrm{D}} = \Sigma \zeta \cdot \frac{v^2}{2g}$$

5. Insgesamt sind die Widerstände (Verluste), die die Pumpe zu überwinden hat, bei

Gemischförderung

$$= (H^{\mathrm{S}} + H^{\mathrm{D}}) \cdot \gamma_{\mathrm{o}} \ [\mathrm{mWS}]$$

sodaß zum Schluß sein muß

$$H^* \geqq (H^S + H^D) \cdot \gamma_o \ [\text{mWS}]$$

6. Die erreichbare Förderweite wird

$$L = \frac{h_r^D \cdot d}{\frac{v^2}{2g} \cdot \lambda} \cdot \frac{1}{\gamma_o} \ [\text{m}]$$

12.5 Rechenbeispiele

12.5.0 Zielgrößen

Bei dem Berechnen eines Naßbaggereinsatzes sind zwei Wege von praktischer Bedeutung:

- Entweder man hat die Gegebenheiten einer Baustelle mit konkreten Einsatzaufgaben vor sich und steht vor der Aufgabe, den Gerätepark dafür zu dimensionieren,
- oder man verfügt über einen bestimmten Gerätepark und möchte wissen, welchen Wirtschaftlichkeitsbereich man damit abdecken kann.

Im ersten Fall stehen die Fragen nach

- der Größe der Baggerpumpe und seiner technischen Auslegung (Rohrdurchgang, Drehzahl, Kreiselform, Antriebs- und hydraulische Leistung),
- dem erforderlichen Durchmesser der Saug- und Druckleitung,
- der notwendigen Fließgeschwindigkeit des Förderstromes (zur Erzielung eines schwebenden Transportes),
- der Absenkung der Baggerpumpe mit ihrem Einfluß auf die Druckverhältnisse in der Pumpe und deren Auswirkung,
- der zu erzielenden Gemischdichte und der Abhängigkeit von den Bodenverhältnissen (z.B. mittlerer Korndurchmesser, Lagerungsdichte, Kohäsion usw.)

im Mittelpunkt.

Im 2. Fall stehen die wirtschaftlichen Kenngrößen wie

- erzielbarer Feststoffaustrag und
- erreichbarer Förderweite

zur Lösung an.

Von welcher Seite her man auch eine Aufgabe angeht, – ob von der Baustelle oder vom Gerätepark her, – immer geht es darum, die Besonderheiten des Transportes von Feststoffen mittels eines (hydraulischen) Förderstromes zu berücksichtigen und rechnerisch in das Gesamtsystem einzubauen. Aber man sollte nicht die rechnerische Genauigkeit auf die Spitze treiben, denn: Zu viele Imponderabilien sind im Spiel. Hier kann auch ein empirischer Wert (z.B. die Feststoffkonzentration), solange er nur durch die Erfahrung genügend untermauert ist, eine „exakte Qualität" bekommen.

12.5.1 Rechenpraxis

Generell ist zu sagen:

1. Die verwendeten Bezeichnungen sind zunächst als Symbolgrößen zu verstehen. Bei Berechnungen ist darauf zu achten, daß eine gemeinsame Rechenbasis verwendet wird. Üblicherweise werden die hydraulischen Widerstände in kg/m^2 oder t/m^2 (schon im Hinblick auf die γ-Werte) und die Pumpendrücke in mWS bezeichnet und erst zum Schluß gleichgestellt auf der Basis

$$1\ kg/cm^2 = 10\ mWS\ \text{oder}$$
$$1\ mWS = 1000\ kg/m^2$$
$$= 1\ t/m^2$$

Das gilt zunächst für reine Wasserförderung. Bei Gemischförderung (mit $\gamma = 1{,}2\ t/m^3$) sinkt die Höhe der Gemischsäule dann z.B. von 10 m auf 8,35 mWS.

2. Am zweckmäßigsten ist es, zunächst die Widerstandsseite in t/m^2 bzw. kg/cm^2 und die Pumpendruckseite in mWS für sich zu berechnen und erst zum Schluß die Gleichstellung der beiden Dimensionen vorzunehmen (oder was vielleicht noch einfacher ist: von vornherein in mWS zu rechnen).

3. Soweit wie möglich wurden Großbuchstaben für die geometrischen Größen und für hydraulische Größen durchgehend h . . . mit entsprechender Fußbezeichnung verwendet.

4. Die Literatur beschreitet unterschiedliche Wege in der Rechenpraxis, wobei die Vielfalt der mitwirkenden Einflußfaktoren zu einer weitgehenden Vereinfachung zwingen. Dabei wird eine durchgreifende eigene Korrektur in den Dimensionen erwartet, – z.B. wenn die geometrischen Längenmaße (T, L, S usw.) neben hydraulischen Bezeichnungen verwendet werden.

H_{erf}	Pumpendruck, erforderlich	ζ	Formkoeffizienten für Rohrleitung
H_{verf}	Pumpendruck, verfügbar	γ_W	Wichte Wasser
H_{ges}	Pumpendruck, gesamt	γ_F	Feststoff über Wasser
H_{man}	Pumpendruck, manometrisch	γ_U	Feststoff unter Wasser
H^S	Saughöhe (bis Pumpeneintritt)	γ_o	Gemisch über Wasser
H^D	Druckhöhe (ab Pumpenaustritt)	γ_m	Gemisch unter Wasser
H^*	Gemisch (Wasser + Feststoff)	Δ_γ	Wichte-Differenz
h_h	Druckhöhe über Wasserspiegel	v	Gemischgeschwindigkeit
h_g	geometrische Förderhöhe (mWS)	g	Erdbeschleunigung
h_v	Geschwindigkeitshöhe	d	Rohrdurchmesser
h_r	Reibungshöhe	L	Förderweite
	(gerade Rohrstrecken)	T	Wassertiefe
h_f	Formwiderstände in der Rohrleitung	S	Saugtiefe der Pumpe

A	Absenkung der Pumpe unter Wasserspiegel	u	Kreiselumfangsgeschwindigkeit
D	Druckhöhe ab Pumpenaustritt	n	Kreiseldrehzahl
R	Druckhöhe ab Wasseroberfläche	ψ	Druckziffer
l	äquivalente Förderweite (Saugseite)	λ	Widerstandsbeiwert Rohrreibung
		ζ	Formbeiwert Rohrleitung
N_e	mechanische Antriebsleistung	ε	Porenziffer
N	hydraulische Leistung	d_m	mittlerer Korndurchmesser
η	Wirkungsgrad der Pumpe	k	Feststoffgehalt
		z	Wasserzusatz

Einzelheiten siehe Bilder **11.**17; **11.**20; **12.**1 u. **12.**2.

12.5.2 Rechengang (vereinfacht)

Vorklären:
Bodenart, Aufbau, Beschaffenheit
Mittlerer Korndurchmesser d_m
Zweckmäßige Fördergeschwindigkeit (schwebender Transport)
Wasserbeigabe (Faktor n)
Gemischwichte γ_o

1. Bestimmungsgrößen Antriebsmotor:

Drehzahl
Drehmoment
Antriebsleistung   PS

2. Antriebsleistung (für Wasserförderung)

$$N_e = \frac{Q \cdot H}{75 \cdot \eta} \quad [\text{PS}]$$

3. Vorgaben für Pumpenwahl:

Rohrdurchmesser	d	(mm)
Fördergeschwindigkeit	v	(m/s)
Förderstrom	Q	(l/s); (m³/h)
Förderhöhe	H	(mWS)
Förderweite	L	(m)

4. Lieferumfang der Pumpe – siehe Q/H-Diagramm (S. 349, 381).
   Q ergibt sich aus d und v

$$Q = \frac{\pi}{4} \cdot d^2 \cdot v \ \text{(m}^3\text{/s) bzw. (m}^3\text{/h)}$$

5. H muß zunächst vorgegeben (geschätzt) werden. H besteht im Prinzip (für die Berechnung)

auf der Saugseite aus dem Grenzwert = 10 mWS
auf der Druckseite aus der Summe aller Widestände, also

$$H = H^S + H^D \ [\text{mWS}]$$

wobei

$$H^S \approx 10 \text{ mWS}$$
$$H^D = h_g + h_r + h_f + h_v$$

H wird als H_{man} bzw. H_{verf} bezeichnet und ist der verfügbare Pumpendruck am Pumpenausgang.

6. Wird die Pumpe unter den Wasserspiegel abgesenkt, so wird ein zusätzlicher Wasserdruck (Absenkdruck) h_a erzeugt. Damit wird

$$H_{verf} = H_{man} + h_a \text{ (mWS)}$$

7. Nun muß entschieden werden, ob

h_a zugeschlagen wird zu H_{man}
oder abgezogen wird von H_{man}, sodaß
H_{verf} auf dem ursprünglichen Wert bleibt, also

$$H_{verf} = H_{man} - h_a$$

8. Die Widerstände auf der Druckseite, die der Pumpendruck überwinden muß, berechnen sich zu

$$H^D = h_g^D + h_r^D + h_f^D + h_v^D$$

9. Die Widerstände insgesamt werden

$$H_{erf} = H^S + H^D \text{ (mWS)}$$

10. Bis hierher wird auf der Druckseite (Widerstände) zunächst mit reiner Wasserförderung gerechnet.
    Nun muß die Gemischwichte (γ_o) berücksichtigt werden (S. 357; 372)
    Dafür ist der Wasserzusatz n wichtig (S. 396)
    a) Im Pumpendruck wird γ_o von vornherein eingerechnet:

$$H_{verf} = H_{man} \cdot \gamma_o$$

    b) auf der Widerstandsseite wird γ_o erst zum Schluß eingerechnet:

$$H_{erf} = (H^S + H^D) \cdot \gamma_o$$

    Insgesamt muß sein

$$H_{verf} \geqq H_{erf}$$

11. Die erreichbare Förderweite L ist

$$L = \frac{h_r \cdot d}{\frac{v^2}{2g} \cdot \lambda} \cdot \frac{1}{\gamma_o} \text{ [m]}$$

12.5.3 Rechenbeispiel: Pumpendruck

Auf der Antriebsseite der Baggerpumpe erzeugt der Dieselmotor ein Drehmoment, das den Pumpenkreisel antreibt. Dieser Pumpenkreisel erzeugt durch seine Rotation auf der Eintrittseite einen Unterdruck (Sog), auf der Austrittseite einen Überdruck. Wie groß ist der gesamte Pumpendruck, den die Baggerpumpe erzeugen kann (bzw. muß)?

Gesucht ist die hydraulische Kapazität der Baggerpumpe – eine wichtige Ausgangsgröße für fast jede Berechnung eines Naßbagger-Einsatzes.

Aus der mechanischen Antriebsleistung (N_e) des Dieselmotors wird die hydraulische Leistung der Pumpe (N) über die Formel

$$N = N_e \cdot \eta \; [\text{PS}]$$

ermittelt.

Angenommen, die Pumpe wird mit einem Dieselmotor von N_e = 1200 PS angetrieben. Aus dem Q/H-Diagramm sei zu entnehmen, daß diese Pumpe bei einem Rohrdurchmesser von d = 650 mm und einer Strömungsgeschwindigkeit von v = 3,5 m/s einen

$$\text{Förderstrom von } Q = 1150 \; l/s$$

erzeugt. Bei einem η von 0,6 ist die Leistung, die in der Pumpe genutzt werden kann, dann 1200 · 0,6 = 720 PS.

$$H = \frac{75 \cdot N}{Q}$$

$$= \frac{75 \cdot 720}{1150}$$

$$= 47 \; \text{mWS}$$

Das ist der „Lieferwert" der Pumpe – oder anders ausgedrückt die Antwort auf die Frage: in welchem Umfang aus den PS des Dieselmotors nun Pumpendruck in mWS des Förderstromes gemacht wird.

Angenommen wurde ein η = 0,6. Bei einer verfeinerten Betrachtung wird allgemein davon ausgegangen, daß der Nutzeffekt

des Antriebsmotors $\approx$ 0,7 bis 0,85,
von Pumpe und Leitungen $\approx$ 0,55 bis 0,7

ist und der Gesamtbereich zwischen Motor und Spülleitung sich zwischen η = 0,4 bis 0,6 bewegt.

Der so ermittelte Gesamt-Pumpendruck H_{man} steht nun zur Verfügung, um

auf der Saugseite den erforderlichen Sog zum
Ansaugen und Heben des Gemisches zu erzeugen,
auf der Druckseite die Rohrreibung (entfernungsabhängig) und eventuell
geodätische Höhenunterschiede zu überwinden.

Bei überschlägigen Ermittlungen ist es üblich, den Unterdruck mit pauschal 10 mWS anzusetzen, so daß für die Druckseite im vorliegenden Beispiel nur noch 37 mWS zur Verfügung stehen.

Im umgekehrten Weg errechnet sich die erforderliche Antriebsleistung für den Dieselmotor einer Baggerpumpe

$$N_e = \frac{N}{\eta} \quad \text{bzw.}$$

$$N_e = \frac{Q \cdot H}{75} \cdot \frac{1}{\eta} \quad [PS]$$

Die obigen Betrachtungen gelten bis hierher zunächst für reine Wasserförderung. Um
die Gemischförderung zu berücksichtigen, muß die Gemischwichte eingefügt werden,
die sich negativ auswirkt.

So muß

der ermittelte Pumpendruck um $\dfrac{1}{\gamma_o}$ reduziert,

die errechnete Antriebsleistung mit γ_o multipliziert

werden, – es sei denn, man gibt sich mit einem reichlich bemessenen η zufrieden.

Zur schnellen überschlägigen Ermittlung kann das Monogramm in Bild **12.8** herangezogen werden.

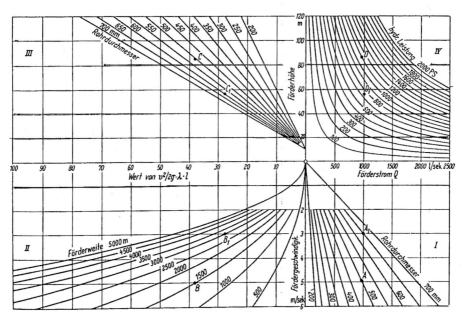

12.8 Vierteiliges Monogramm zur Bestimmung der hydraulischen Leistung einer Baggerpumpe
aus Rohrdurchmesser, Fördergeschwindigkeit und Förderweite [65]

Dort wird ausgegangen im

1. Quadranten von Fördergeschwindigkeit und Rohrdurchmesser, im
2. Quadranten kommt der Widerstandswert der Förderweite hinzu, während im
4. Quadranten für den ermittelten Förderstrom Q und die Förderhöhe H die erforderliche hydraulische Leistung abgelesen werden kann. Ermittlungsbeispiele geben das Vorgehen an.

Im übrigen empfiehlt sich, bei einer überschlägigen Vorausrechnung mit folgenden Festwerten zu rechnen:

$$\gamma_o = 1{,}2 \text{ t/m}^3$$
$$\lambda = 0{,}02$$
$$\eta = 0{,}6$$

12.5.4 Rechenbeispiel: Feststoffaustrag

Die zweite wichtige Frage (mit großem wirtschaftlichen Hintergrund) gilt dem Verhältnis Feststoff zu Spülwasser – oder anders ausgedrückt: Wieviel Feststoff enthält der Förderstrom?

Hier führt die Formel

$$F = \frac{Q}{1 + n} \quad [\text{m}^3]$$

am schnellsten zum Ziel,

wobei

F = Feststoffmenge
Q = Gemischmenge
n = Wasserfaktor.

Hat man z. B. eine Gemischleistung von $Q = 1000$ m³/h und einen Wasserfaktor von $n = 4$, also ein Verhältnis Feststoff zu Wasser wie 1:4 bzw. 20% Feststoff zu 80% Wasser (Zusatzwasser für die Fluidisierung), so ergibt sich ein Feststoffaustrag von

$$F = \frac{Q}{1 + n}$$

$$= \frac{1000}{5}$$

$$= 200 \text{ m}^3/\text{h}$$

wobei allerdings mit n wieder eine „unsichere" Größe in der Rechnung steckt, denn n muß geschätzt werden. Anhaltswerte liefert Tafel **12.5**.

Tafel **12**.5 Richtwerte für den Wasserfaktor *n*

Mischungsverhältnis Feststoff (1): Wasser (*n*)	
Ideale Bedingungen	$n = 1$
Sehr gute Bedingungen	$n = 2$
Mittelsand (0,2–0,6 mm $\varnothing$)	$n = 3$
Sand-Ton-Gemisch	$n = 4$
Kleiboden	$n = 5$
Grobsand (0,6–2,5 mm $\varnothing$)	$n = 7$
Sand-Schluff-Gemisch	$n = 10$
Feinsand (0,1–0,2 mm $\varnothing$)	$n = 15$
– wirtschaftliche Grenze –	

Beispiel:
Wasserfaktor $n = 5$ (geschätzt)
Gemisch enthält 5 mal soviel Wasser wie Feststoff (1:5)

Um auch das noch zu erwähnen: Die erforderliche hydraulische Leistung ist

$$N = \frac{Q \cdot H}{\eta \cdot 75} \cdot 1000 \cdot \gamma_0 \; [PS]$$

wenn Q in m³/s angegeben wird. In die obige Formel ist γ_0 eingefügt. Allgemein wird die Gemischwichte über ein reichlich bemessenes γ_0 berücksichtigt. Im Zweifelsfall sollte jedoch γ_0 (Gemischwichte über Wasser, $\approx 1{,}2$ t/m³) gesondert berücksichtigt werden.

12.5.5 Rechenbeispiel: Förderweite

Die erreichbare Förderweite hängt wesentlich ab von der verfügbaren (d. h. noch freien) Pumpendruckhöhe, die ihrerseits wieder durch die Rohrreibung, die Formwiderstände, die geometrische Hubhöhe usw. beeinträchtigt wird.

Allgemein gilt die Formel

$$L = \frac{h_p \cdot d}{\frac{v^2}{2g} \cdot \lambda}$$

wobei

h_p = die noch freie Pumpendruckhöhe [mWS]
d = Rohrdurchmesser [m]
v = Fördergeschwindigkeit [m/s]
g = Erdbeschleunigung [m/s²]
λ = Rohrreibungskoeffizient

Geht man z. B. von der in Abschn. **12.5**.3 ermittelten Pumpendruckhöhe von 47 – 10 = 37 mWS für die Spüllcitung aus und rechnet man mit

$$h_\text{p} = 37 \text{ mWS}$$
$$d = 0,65 \text{ m}$$
$$v = 3,5 \text{ m/s}$$
$$g = 9,81 \text{ m/s}^2$$
$$\lambda = 0,02$$

so ergibt sich eine nutzbare Förderweite von

$$L = \frac{37 \cdot 0,65}{0,625 \cdot 0,02}$$
$$= 1960 \text{ m}$$

Dieser Wert gilt jedoch wieder nur für Wasserförderung. Er muß durch die Gemischwichte reduziert werden, so daß sich die Förderweite (mit $\gamma_\text{o} = 1,2 \text{ t/m}^3$) auf

$$1960 \cdot \frac{1}{1,2}$$
$$= 1630 \text{ m}$$

verkürzt.

13 Ausblick

Die Zukunft des maschinellen Wasserbaus ist geprägt durch die – in ihren Dimensionen riesenhaften – Schwerpunkte

Hafenbau / Kanalbau / Landgewinnung.

Den Hafenbau der Zukunft veranschaulicht nichts deutlicher als Europoort, jener größte Hafen der Welt im Küstenvorland von Rotterdam, wo die benötigte Landfläche zur Schonung des Hinterlandes dazu zwang, riesige Flächen ins Meer hinaus aufzuspülen und die neuen Hafenbecken dort „einzuschneiden". Neue Kanäle werden nicht nur für die Schiffahrt, sondern auch für die Bewässerung benötigt. Man denke nur an den in Abschn. **10.**8 beschriebenen Kanal in Irak, oder man denke noch etwas weiter an den Tschad-See und das dort ständig verdunstende Wasser der beiden großen Zuflüsse aus dem Innern der Sahara. Sie führen Süßwasser heran, das an anderer Stelle dringend für die Bewässerung der urbar zu machenden Wüste benötigt würde. Der Negew gibt hier richtungweisende Beispiele! Und da sind die großen Landgewinnungsprojekte im Küstenvorland, wo es nicht nur um neue Ackerflächen und Wohngegenden, sondern z. B. auch um aufgespülte neue Landebahnen für Flugplätze geht. In Hongkong ist z. Zt. die stärkste Naßbaggerflotte der Welt mit bis zu 12 riesigen Saugbaggern versammelt, um den neuen Flugplatz mit 4 km langen Startbahnen ins Meer hinein aufzuspülen.

Schließlich sollte man auch an die Offshore-Projekte denken, die in ganz neue Richtungen weisen: An die Verlagerung der Industriebauten auf das „Neubauland Meeresboden" und an den Meeresbergbau in 6000 m Tiefe zur Gewinnung von wichtigen Erzen, – oder als neuestes Beispiel: den „sozialen Wohnungsbau" für die (teilweise schon leergefegten) Fischbestände: Die Amerikaner versenken ausgediente Panzer vor der Küste, um den Fischen gesicherte „Wohnungen" zu bieten.

All dies wäre ohne den maschinellen Wasserbau nicht denkbar. Man schätzt das Anlagevermögen in diesem Bereich auf rd. 40 Milliarden DM, und dahinter steht der überhaupt größte maschinelle Sektor in der Weltwirtschaft, wozu etwa 5000 Naßbagger sowie eine Riesenflotte von Hilfsgeräten gehört. Im Mittelpunkt stehen dabei Eimerkettenbagger, Saugbagger, Schneidkopf- und Schneidradbagger sowie Laderaumsaugbagger, – die einen mit immer größeren Saugtiefen (heute schon bis 100 m), die anderen mit Laderäumen bis 17 000 m³. Die Dimensionen sind fließend, und immer wieder werden die Grenzen des Machbaren hinausgeschoben. Erinnert sei nur an Bagger wie „Herkules", „Cornelis Zanen" oder „Leonardo da Vinci", die imposante Vertreter ihrer Gattung sind.

Und da ist schließlich noch ein ganz neues Gebiet, das die maschinellen Möglichkeiten immer mehr revolutioniert: die Elektronik. Erinnert sei an das, was beim Bau des Oosterschelde-Sperrwerkes schon erreicht wurde (und das ist aus heutiger Sicht ein bescheidener Anfang): da werden 200 m lange, 40 m breite und 5000 t schwere „Filtermatten" in einem gewaltigen hin- und hergehenden Tidestrom mit max. 50 cm Seitenabweichung bei wechselnden Wasserständen verlegt, oder es werden gewaltige Betonpfeiler mit 18 000 t Gewicht zentimetergenau unabhängig von der Wasserbewegung in Ebbe und Flut auf den Meeresboden gesetzt – mit minimalen Abweichungen auch in der Senkrechten. Das alles machen heute schon Computer, die die Verlegeschiffe und ihre Baulasten unabhängig von den Wasserbewegungen steuern und das Ineinandergreifen von Zyklopen-Bausteinen beim Verlegungsvorgang sicherstellen: der Lego-Baukasten im Gezeitenstrom!

Und über allem sollte man die Faszination nicht übersehen, die von diesem Szenario ausgeht: Da ist die weite Welt des Schiffbaues und der Schiffahrt: Man besuche einmal das Schiffahrtsmuseum in Bremerhaven und wird aus dem Staunen nicht herauskommen. Ob es der berühmte „Seeteufel" mit seinem Telefonbuch, ob es Commodore Ziegenbein mit dem blauen Band der „Bremen" oder Gorch Fock mit „Seefahrt tut not" ist, ob (draußen vor der Tür) die „Seute Deern" an ihre berühmten Schwestern wie die „Passat" in Travemünde oder heute noch an den wohl schönsten Windjammer, der je gebaut wurde, die „Kruzenstern", erinnert, – ob das Gold in der Turmspitze von St. Katharinen in Hamburg an den legendären Seeräuber Klaus Störtebecker erinnert oder der „weiße Schwan", wie die „Cap San Diego" genannt wurde, an die schnellen Bananenfrachter, die Hamburg mit Südamerika verbanden – das alles „riecht" nach Wasser, nach Schiffahrt und nach Seemannswelt, – und in diesem Umfeld bewegen auch wir uns mit unserem hydraulischen Feststofftransport, unseren Baggerpumpen, unseren maschinentechnischen, nautischen und bautechnischen Künsten und sorgen dafür, daß auch die großen Pötte noch immer ihren „Fuß Wasser unter dem Kiel" vorfinden, wenn sie in die großen Häfen einlaufen, daß die Flugzeuge draußen im Meer landen können und daß die Insel Sylt durch die Landvorspülung (hoffentlich) gerettet werden kann. Es ist eine faszinierende Welt, die uns mit unserem Beruf verbindet, und wir sind solz darauf, in unserer modernen Welt mit unserem „maschinellen Wasserbau" ganz vornean zu stehen.

Wer denkt hier nicht an die ORIANA, mit 69 000 BRT das größte in Deutschland gebaute Passagierschiff: Entstanden auf einer Werft in Papenburg, mußte die Fahrtrinne der Ems über eine Strecke von 25 km 50 cm tief nachgebaggert werden, damit die ORIANA den Dollart und von da aus bei Emden das offene Meer erreichen konnte. Naßbagger haben dem Schiff erst den Weg geöffnet, – Baggerschiffe, von denen hier die Rede war, und die als die großen Stars diese Ausführungen begleiteten.

Anhang

Hinweise

1. Wichtige Vorschriften und Empfehlungen

Bodenuntersuchungen

DIN   4 020 Bautechnische Bodenuntersuchung
DIN 18 121 Untersuchung von Bodenproben
DIN 18 196 Bodenklassifikation für bautechnische Zwecke
DIN 18 300 Bodenklassen

Naßbaggerarbeiten

DIN 18 311 Naßbaggerarbeiten
             Boden- und Felsarbeiten
PIANC Permanent International Association of Navigation Congresses

Rammen

DIN 18 304 Rammarbeiten

Drucklufthaltung

Druckluftverordnung

2. Informationsmaterial der Tiefbau-Berufsgenossenschaft

Unfallverhütungsvorschriften

VBG 37 Bauarbeiten
      41 Rammen
      46 Sprengarbeiten
      39 Taucherarbeiten
(VBG: Vorschriften der Berufsgenossenschaften)

Merkhefte

Abr. Nr. 401 Sicherheit am Bau
(Abr. Nr.: Abruf-Nummer)

3. BGL Baugeräteliste

4. VOB

Verdingungsordnung für Bauleistungen

Quellenverzeichnis

Literatur

BMT   Zeitschrift Baumaschine und Bautechnik
BW   Bauwirtschaft
IMB   Institut für Maschinenwesen im Baubetrieb, Universität Karlsruhe
TIS   Zeitschrift Tiefbau, Ingenieurbau, Straßenbau

[1] Kühn, G.: Der Bau des Gezeitenkraftwerkes an der Rance. BMT 14 (1967), S. 141 ff.
[2] NN: Seedeiche, – Entwicklung und Technik. Techn. Bericht Ph. Holzmann AG 12/1972
[3] Kühn, G.: Bau der neuen Hafenmolen in Ijmuiden. BMT 12 (1965), S. 473
[4] NN: Sturmflutsperrwerke. Techn. Bericht Ph. Holzmann AG 8/1974
[5] Hartmann, E.: Oosterschelde wird abgeschlossen. Tiefbau 1975, S. 222
[6] Jecht, E.: Felslösen unter Wasser mittels Sprengarbeiten. Nobel-Hefte 40 (1974), S. 125
[7] Morrison, W. R.: Underwater Drilling and Blasting. World Dredging 1974, S. 32
[8] NN: Overburden Drilling Equipment reduces Costs of Blasting. World Dredging 1974, S. 23
[9] Richardson, M. J.: Theme: Rock Dredging. World Dredging 1974, S. 6
[10] Kühn, G.: Der maschinelle Tiefbau. Stuttgart 1992
[11] Welte, A.: Naßbaggertechnik. IMB Heft V/20
[12] Zimmermann, W.: Die Anwendung des Spülverfahrens bei der Auskofferung von nicht tragfähigen Böden. BMT 7 (1982) S. 368
[13] Zimmermann, W.: Voraussetzungen für eine Bodenbewegung im Spülbetrieb. BMT 8 (1981) S. 303
[14] Schmidt, H.: Betrieb von Baggerpumpen. Schiff und Werft, 6/1943 S. 191
[15] Ernst, R.: Centrifugal Dredge Pumps. Eigenverlag O & K, Lübeck
[16] Zimmermann, W.: Praxisnahe Leistungsermittlung für Naßbagger. Nicht veröffentlicht (1982)
[17] Benoit, Chr.: Ermittlung der Antriebsleistung bei Unterwasser-Schaufelrädern. IMB Heft F 33 (1985)
[18] Schlick, G.: Adhäsion im Boden-Werkzeugsystem. IMB Heft F 39 (1989)
[19] Sauter, F.: Optimierungskriterien für das Unterwasser-Schaufelrad (UWS) mittels Modellsimulation. IMB, Heft F 40 (1991)
[20] Walter, H.; Witt, Wolfram: Fortschritte der Bagger- und Schiffbautechnik beim Hopperbagger „Ludwig Franzius". Schiff und Hafen 1965, Heft 7 und 8
[21] Kühn, G.: Der maschinelle Erdbau. Stuttgart 1984
[22] Ropohl, G.: Systemtechnik – Grundlagen und Anwendung. München/Wien 1975
[23] Churchman, C.: Einführung in die Systemanalyse. München 1968
[24] Kühn, G.: Was ist die Systemtechnik – und was nutzt sie dem Bauingenieur. IMB Heft F 14 (1984)
[25] Zierep, J.: Ähnlichkeitsgesetze und Modellregeln. Karlsruhe 1972
[26] Kobus, H.: Anwendung der Dimensionsanalyse in der experimentellen Forschung des Bauwesens. Die Bautechnik 1974, S. 88
[27] Kühn, G.: Modellsimulation für die Optimierung der Erdbaumaschinen. BMT 41 (1993) S. 327
[28] Gudehus, G.: Die Erdrakete als Sonde. BMT 40 (1992) S. 129
[29] Land, J. M.: Ground Investigations for Dredging Work. Dredging and Port Construction 3/1982 S. 13
[30] Kühn, G.; Benoit, Chr.; de la Motte, Tamminga: Entwicklung, Bau und Betrieb eines ferngelenkten Unterwasser-Boden-Untersuchungsgerätes. IMT 82 – 123/01 S. 279
[31] Kühn, G.: Wie fest ist Boden wirklich? BMT 5 (1988) S. 265
[32] Kühn, G.: Bodenmechanik und Terramechanik – 2 verschiedene Welten. BMT 41 (1994) S. 64

[33] PIANC: Permanent International Association of Navigation Congresses-Bodeneinteilung für Naßbaggergeräte

[34] Rasper, L.; Scholz, K.: Bemerkenswertes kontinuierlich arbeitendes Erdbaugerät für den Chasma Jelum Link-Kanal. Braunkohle, Wärme und Energie 1969, Heft 1, S. 1

[35] Wild, H. W.: Sprengtechnik. Bd. 10, 3. Auflage Essen 1993

[36] NN: Verordnung für das Arbeiten unter Druckluft v. 4. 10. 72 BGBL Nr. 110 (S. 1909–1928)

[37] Finke, G.: Der Einsatz schwimmender Geräte im Wasserbau. BMT 2/1981, S. 47

[38] Schmidt, H. E. G.: Kombinierter Schneidkopf-Saugbagger und Schutenentleerer „Spüler V". Hansa 1959, Heft 23/24

[39] Heuer, Gubany, Hinrichsen: Baumaschinen-Taschenbuch. 4. Aufl. Wiesbaden 1994

[40] Kühn, G.: Handbuch Baubetrieb. Düsseldorf 1991

[41] Kühn, H.; Kröger, H.: Unterwasser-Rammung mit einem Hydraulikhammer. IMT 82-120/01 Menck-Köhring GmbH

[42] Kühn, G.: Erkenntnisse und Probleme in der Meerestechnik. BMT 23 (1976) S. 329

[43] Dörfler, G.: Fahrwerksentwicklung für weiche Meeresböden. BMT (1992) S. 371

[44] Kühn, G.: Extremtechnik, ein zukunftsorientiertes Forschungsgebiet. BMT 1992, S. 305 und 376

[45] Holz, K.; Pohl, G.: Bau einer Erzverladeanlage in Spanisch Sahara. Der Bauingenieur 43 (1968) S. 273

[46] Maleton, G.: Bau der Verladebrücke El Aaiun. Baupraxis 10 (1969) S. 31

[47] Rausch, E.: Sicherung Alter Elbtunnel. Tiefbau BG 2/1984, S. 66

[48] Cordes, F.: Der Bau des Rüstersieler Seedeiches. Die Bautechnik 42 (1965) Heft 2

[49] Benoit, Chr.: Bestimmung der erforderlichen Antriebskraft von Unterwasser-Baggern. IMB 1986, Heft F 35

[50] Holz, K.: Gründungsarbeiten mit Hubinseln. Bau und Bauindustrie Nr. 5 (1964)

[51] Vollstedt, H. W.; Gaede, L.. Containerkaje Bremerhaven. Tiefbau BG 4 (1983), S. 250

[52] Kühn, G.: Bau der Schleuse Haringvliet. BMT 10 (1963) S. 13

[53] Kühn, G.: Deichbau in Hamburg. BMT 9 (1962) S. 413

[54] Kühn, G.: Der Bau des Grevelingen-Dammes. BMT 11 (1964) S. 185 und BMT 12 (1965) S. 385

[55] Kühn, G.: Der Bau von Europoort in Rotterdam. BMT 17 (1970) S. 205

[56] Kühn, G.: Die Bauarbeiten am Delta-Plan. BMT 17 (1970) S. 509

[57] hno: Flughafen Chek Lap Kok – eine Baustelle der Superlative. BW 4/94 S. 20

[58] Meijer, H. P.: Rotterdam Europoort. Ministry of Transport, The Hague, Nederlands 1965

[59] Kühn, G.: Die Verfahrenstechnik beim Bau des Oosterschelde Sturmflutwehres. BMT 12 (1985) S. 453 und BMT 13 (1986) S. 7

[60] NN: Oosterscheldebrugg. Provinzial Waterstaat van Zeeland (1968)

[61] Volker, L. G.: Baggermaterial. Amsterdam (1957)

[62] Brösskamp, K. H.: Förderweite und Fördermenge im Spülbetrieb. Bautechnik 1957

[63] Führböter: Über die Förderung von Sand- und Wassergemischen in Rohrleitungen. Franzius-Institut, TH Hannover (1961)

[64] Welte, A.: Berechnung des hydraulischen Feststofftransportes in horizontalen Rohrleitungen. Konstruktion 1971 S. 190; 235

[65] Blaum, v. Marnitz: Die Schwimmbagger. Berlin, Göttingen, Heidelberg 1963

[66] NN: Driemaandelijks Bericht, Deltawerken. Deltadienst, s'Gravenhage

[67] Smolzyk, H.: Grundbautaschenbuch. Berlin, Göttingen, Heidelberg

[68] Zimmermann, W.: Erfahrungen mit Schneidkopfsaugbaggern bei schwierigen Bodenverhältnissen. BMT 2/81

[69] Kühn, G.: Die Mechanik des Baubetriebes. (I) Transportmechanik. Wiesbaden 1974

[70] Ports and Dredging. Schriftenreihe der IHC Holland. Sliedrecht/Holland

[71] Schulze, W. E.: Grundbau. Stuttgart 1961

[72] Finnart, S.: Naßbaggertechnik vor weltweit neuen Aufgaben – dhf 10/73 S. 126

[73] Welte, A.: Naßbaggertechnik – neue Entwicklungen und Anwendungen. BMT 10 (1979), S. 522

[74] Trümper, Th.; Weid, J.: Untersuchungen zur optimalen Gestaltung von Schneidköpfen bei Unterwasserbaggern. Karlsruhe, IMB Heft F 7 (1973)

[75] Ulbricht, F.: Baggerkraft bei Eimerketten-Schwimmbaggern. Untersuchungen zur Einsatzdimensionierung. Karlsruhe, IMB Heft F 15 (1977)

[76] Guth, G.: Optimierung von Bauverfahren – dargestellt an Beispielen aus dem Seehafenbau. Karlsruhe, IMB Heft F 20 (1978)

[77] Pfarr: Planen und Bauen in systemtheoretischer Sicht. BW 1972, S. 130

[78] Beran, V.; Leschka, E.: Rationalisierung von Entscheidungsprozessen. BMT 17 (1970) S. 335

[79] Brunner, U.: Submarines Bauen – Entwicklung eines Bausystems für den Einsatz auf dem Meeresboden. Karlsruhe, IMB Heft F 22 (1979)

[80] Schott, U.: Rammbagger. Deutsches Baublatt Nr. 210 (1995) S. 12

[81] Dörfler, G.: Untersuchungen der Fahrwerk-Boden-Interaktion zur Gestaltung von Raupenfahrzeugen zur Befahrung weicher Tiefseeböden. Karlsruhe, IMB Heft F 43 (1995)

Firmenunterlagen

Betreiber:

[101] Holzmann AG, Frankfurt
[102] Hochtief AG, Essen
[103] Bilfinger & Berger AG, Mannheim
[104] Strabag AG, Köln
[105] Dyckerhoff & Widmann, München
[106] Hirdes GmbH, Hamburg
[107] Held & Franke GmbH, München
[108] Adrian Volker NV, Sliedrecht
[109] Zanen Verstoep, Amsterdam
[110] J. F. J. de Nul, Antwerpen

Hersteller:

[201] LMG / O & K / Krupp, Lübeck
[202] IHC Holland NV, Sliedrecht
[203] M. u. K. H. Schreiner, Buir/Köln
[204] Schottel-Werft, Spay/Rhein
[205] Voith KG, Heidenheim/Brenz
[206] Skandvik Rock Tools GmbH, Düsseldorf
[207] Wirth & Co., Erkelenz
[208] DELMAG GmbH, Esslingen
[209] Vögele AG Mannheim

Sachverzeichnis

Standardwerke für Ingenieure von Günter Kühn

Der maschinelle Tiefbau

Von Prof. Dr.-Ing. Günter Kühn, Universität Karlsruhe (TH)

779 Seiten mit 954 Bildern und 90 Tafeln. ISBN 3-519-05244-X
Geb. DM 248,– / ÖS 1810,– / SFr 223,– Preisänderungen vorbehalten

Leitgedanken und Ziele / Das Wesen des Tiefbaus / Problemlösungsmethoden / Struktur des Tiefbaus / Bodenerkundung / Verfahrenstechnik / Die maschinellen Möglichkeiten / Maschinen und Geräte / Hilfsbetriebe / Arbeitstechnik / Dimensionierungshilfen / Umweltprobleme / Rechenbeispiele: Langsam schlagende Ramme, Vibrationsrammung, Drehendes Bohren, Grundwasserabsenkung, Tunnelbohrmaschinen.

„Literatur von Kühn gehört zu den Standardwerken für den Praktiker wie auch für den Studierenden. Das vorliegende Buch gibt einen sorgfältigen Überblick über die Grundstruktur des Tiefbaus eine deutliche Darstellung der wesentlichen Zusammenhänge... Die Darstellungen über die maschinellen Tiefbauarbeiten sind umfassend, sorgfältig gegliedert und sehr übersichtlich... Erfreulich ist, daß der Boden als unsichere Größenordnung bei der Dimensionierung deutlich berücksichtigt wird. Neue Impulse sind hier noch von den Gedanken Kühns über die Terramechanik zu erwarten... Das Buch ist wirklich gut. Man sollte es benützen.“

Der Bauingenieur

Der maschinelle Erdbau

Von Prof. Dr.-Ing. Günter Kühn, Universität Karlsruhe (TH)

398 Seiten mit 387 Bildern und 91 Tafeln. ISBN 3-519-05233-4
Geb. DM 78,– / ÖS 569,– / SFr 70,– Preisänderungen vorbehalten

Grundlagen / Projektentwicklung / Kalkulation / Einsatz / Maschinenwesen / Projektierungsfragen / Zukunftstrend / Führungstechnik / Rechenbeispiel

„Wer den Autor kennt, weiß, daß mit diesem Lehrbuch die längjährigen Erfahrungen eines engagierten Hochschullehrers – sozusagen die „Hohe Schule“ des maschinellen, gleislosen Erdbaus – zusammengetragen sind. Über allem Geschriebenen steht die Erkenntnis dieses wissenschaftlichen Praktikers, daß beim Erdbau – ausgeprägt wie kaum in einem anderen Arbeitsbereich des Bauingenieurs – der wirtschaftliche Erfolg der Arbeit vom sicheren Erfassen der Wechselwirkung zwischen Baumaterial und Geräteeinsatz einerseits und der richtigen Führungstechnik – also dem Zusammenspiel zwischen Mensch und Maschine – andererseits abhängig ist. – Dieses grundlegende und mit äußerster Sorgfalt erarbeitete Lehrbuch gehört in die Hände aller derjenigen, die sich beim Lehren, in der Lehre und der praktischen Durchführung mit dem maschinellen Erdbau auseinandersetzen.“

Der Bauingenieur

 B. G. Teubner Stuttgart und Leipzig